机教学与网络安全管理

李旭炯　何登平　曹型兵　主编

吉林科学技术出版社

图书在版编目（CIP）数据

计算机教学与网络安全管理 / 李旭炯，何登平，曹型兵主编. -- 长春 : 吉林科学技术出版社，2020.9
ISBN 978-7-5578-7549-7

Ⅰ. ①计… Ⅱ. ①李… ②何… ③曹… Ⅲ. ①电子计算机－教学研究②计算机网络－网络安全－研究 Ⅳ. ①TP3

中国版本图书馆 CIP 数据核字 (2020) 第 200261 号

计算机教学与网络安全管理

主　　编　李旭炯　何登平　曹型兵
出 版 人　宛　霞
责任编辑　汪雪君
封面设计　薛一婷
制　　版　长春美印图文设计有限公司
幅面尺寸　185mm×260mm
开　　本　16
字　　数　430 千字
印　　张　19.5
印　　数　1-1500 册
版　　次　2020 年 9 月第 1 版
印　　次　2021 年 5 月第 2 次印刷

出　　版　吉林科学技术出版社
发　　行　吉林科学技术出版社
地　　址　长春净月高新区福祉大路 5788 号出版大厦 A 座
邮　　编　130118
发行部电话 / 传真　0431—81629529　81629530　81629531
81629532　81629533　81629534
储运部电话　0431—86059116
编辑部电话　0431—81629520
印　　刷　保定市铭泰达印刷有限公司

书　　号　ISBN 978-7-5578-7549-7
定　　价　80.00 元

前 言

随着信息化的到来，教学方式也逐步转变为网络教学。然而要使网络教学得到很好的利用，则需要保证网络系统的安全管理。计算机网络管理和安全系统是计算机网络的重要组成部分，是保证计算机网络高效、可靠、经济和安全运行的重要支撑手段。很多网络特性的使用和提供，在很大程度上取决于相应的网络管理和安全系统的能力和质量。随着通信技术的高速发展，网络规模不断扩大，网络复杂性日益提高，为了提高服务质量和降低运行成本，对网络的管理和安全系统的要求越来越多，也越来越高，网络的管理和安全系统一直是网络建设中的热点、焦点和难点问题。因此，迫切需要工程网络技术专业的人才对网络安全管理系统进行进一步的建设。

目 录

第一章　计算机与信息社会

第一节　计算机的发展

一、电子计算机在国外的发展

1. 第一代电子计算机的发展

第一代电子计算机又称“电子计算机”。以电子管为主要电路元件的电子计算机。第一台电子管计算机于 1946 年在美国制成，取名埃尼阿克（eniac）。1946 ~ 1957 年生产的电子计算机都是第一代电子计算机。

世界上第一台电子计算机是个庞然大物：重 30 吨，占地 150 平方米，肚子里装有 18800 只电子管。它是 1954 年，在美国宾夕法尼亚大学诞生的。

在第二次世界大战中，敌对双方都使用了飞机和火炮，猛烈轰炸对方军事目标。要想打得准，必须精确计算并绘制出“射击图表”。经查表确定炮口的角度，才能使射出去的炮弹正中飞行目标。但是，每一个数都要做几千次的四则运算才能得出来，十几个人用手摇机械计算机算几个月，才能完成一份“图表”。针对这种情况，人们开始研究把电子管作为“电子开关”来提高计算机的运算速度。许多科学家都参加了实验和研究，终于制成了世界上第一台电子计算机，起名为“埃尼阿克”。

20 世纪 40 年代中期，美国宾夕法尼亚大学电工系由莫利奇和艾克特领导，为美国陆军军械部阿伯丁弹道研究实验室研制了一台用于炮弹弹道轨迹计算的“电子数值积分和计算机”（Electronic Numerical Integrator and Calculator 简称 ENIAC）。这台叫作“埃尼阿克”的计算机占地面积 170 平方米，总重量 30 吨，使用了 18000 只电子管，6000 个开关，7000 只电阻，10000 只电容，50 万条线，耗电量 140 千瓦，可进行 5000 次加法 / 秒运算。这个庞然大物于 1946 年 2 月 15 日在美国举行了揭幕典礼。这台计算机的问世，标志着电脑时代的开始。

2. 第二代电子计算机的发展

第二代电子计算机采用晶体管制造的电子计算机。国外第二代电子计算机的生存期大约是 1957 ~ 1964 年。其软件开始使用面向过程的程序设计语言，如 fortran、algol 等。中国第一台晶体管计算机于 1967 年制成，运算速度为每秒五万次。

第二代电子计算机是用晶体管制造的计算机。在 20 世纪 50 年代之前，计算机都采用电子管作元件。电子管元件有许多明显的缺点。例如，在运行时产生的热量太多，可靠性较差，运算速度不快，价格昂贵，体积庞大，这些都使计算机发展受到限制。于是，晶体管开始被用来作计算机的元件。晶体管不仅能实现电子管的功能，又具有尺寸小、重量轻、寿命长、效率高、发热少、功耗低等优点。使用了晶体管以后，电子线路的结构大大改观，制造高速电子计算机的设想也就更容易实现了。

1954 年，美国贝尔实验室研制成功第一台使用晶体管线路的计算机，取名“催迪克”（TRADIC），装有 800 个晶体管。1955 年，美国在阿塔拉斯洲际导弹上装备了以晶体管为主要元件的小型计算机。10 年以后，在美国生产的同一型号的导弹中，由于改用集成电路元件，重量只有原来的 1/100，体积与功耗减少到原来的 1/300.1958 年，美国的 IBM 公司制成了第一台全部使用晶体管的计算机 RCA501 型。由于第二代计算机采用晶体管逻辑元件，及快速磁芯存储器，计算机速度从每秒几千次提高到几十万次，主存储器的存贮量，从几千提高到 10 万以上。1959 年，IBM 公司又生产出全部晶体管化的电子计算机 IBM7090。1958 ~ 1964 年，晶体管电子计算机经历了大范围的发展过程。从印刷电路板到单元电路和随机存储器，从运算理论到程序设计语言，不断的革新使晶体管电子计算机日臻完善。1961 年，世界上最大的晶体管电子计算机 ATLAS 安装完毕。

3. 第三代电子计算机的发展

第三代电子计算机采用中、小规模集成电路制造的电子计算机。1964 年开始出现，60 年代末大量生产。其机种多样化、系列化，外部设备品种繁多，并开始与通信设备相结合而发展为由多机组成的计算机网。运算速度可达每秒几百万次，甚至几千万次、上亿次。

4. 第四代电子计算机的发展

1967 年和 1977 年分别出现了大规模和超大规模集成电路。由大规模和超大规模集成电路组装成的计算机，被称为第四代电子计算机。美国 ILLIAC-IV 计算机，是第一台全面使用大规模集成电路作为逻辑元件和存储器的计算机，它标志着计算机的发展已到了第四代。1975 年，美国阿姆尔公司研制成 470V/6 型计算机，随后日本富士通公司生产出 M-190 机，是比较有代表性的第四代计算机。英国曼彻斯特大学 1968 年开始研制第四代机。1974 年研制成功 ICL2900 计算机，1976 年研制成功 DAP 系列机。1973 年，德国西门子公司、法国国际信息公司与荷兰飞利浦公司联合成立了统一数据公司，共同研制出 Unidata7710 系列机。

第四代计算机是指从 1970 年以后采用大规模集成电路（LSI）和超大规模集成电路（VLSI）为主要电子器件制成的计算机。例如 80386 微处理器，在面积约为 10mm X l0mm 的单个芯片上，可以集成大约 32 万个晶体管。

第四代计算机的另一个重要分支是以大规模、超大规模集成电路为基础发展起来的微处理器和微型计算机。

微型计算机大致经历了四个阶段

第一阶段是 1971 ~ 1973 年，微处理器有 4004、4040、8008。1971 年 Intel 公司研制出 MCS4 微型计算机（CPU 为 4040，四位机）。后来又推出以 8008 为核心的 MCS-8 型。

第二阶段是 1973 ~ 1977 年，微型计算机的发展和改进阶段。微处理器有 8080、8085、M6800、Z80。初期产品有 Intel 公司的 MCS 一 80 型（CPU 为 8080，八位机）。后期有 TRS-80 型（CPU 为 Z80）和 APPLE-II 型（CPU 为 6502），在八十年代初期曾一度风靡世界。

第三阶段是 1978 ~ 1983 年，十六位微型计算机的发展阶段，微处理器有 8086、8088、80186、80286、M68000、Z8000。微型计算机代表产品是 IBM-PC（CPU 为 8086）。本阶段的顶峰产品是 APPLE 公司的 Macintosh（1984 年）和 IBM 公司的 PC/AT286（1986 年）微型计算机。

第四阶段便是从 1983 年开始为 32 位微型计算机的发展阶段。微处理器相继推出 80386、80486。386、486 微型计算机是初期产品。1993 年，Intel 公司推出了 Pentium 或称 P5（中文译名为“奔腾”）的微处理器，它具有 64 位的内部数据通道。现在 Pentium III（也有人称 P7）微处理器已成为了主流产品，而 Pentium IV 在 2000 年 10 月推出。

由此可见，微型计算机的性能主要取决于它的核心器件——微处理器（CPU）的性能。

微型机的出现与发展

将 CPU 浓缩在一块芯片上的微型机的出现与发展，掀起了计算机大普及的浪潮。1969 年，英特尔（Intel）公司受托设计一种计算器所用的整套电路，公司的一名年轻工程师费金（Federico Fagin）成功地在 4.2 × 3.2 的硅片上，集成了 2250 个晶体管。这就是第一个微处理器——Intel 4004。它是 4 位的。在它之后，1972 年初又诞生了 8 位微处理器 Intel 8008.1973 年出现了第二代微处理器（8 位），如 Intel 8080（1973）、M6800（1975，M 代表摩托罗拉公司）、Z80（1976，Z 代表齐洛格公司）等。1978 年出现了第三代微处理器（16 位），如 Intel 8086、Z8000、M68000 等。1981 年出现了第四代微处理器（32 位），如 iAPX432、i80386、MAC-32、NS-16032、Z80000、HP-32 等。它们的性能都与七十年代大中型计算机大致相匹敌。微处理器的两三年就换一代的速度，是任何技术也不能比拟的。

个人计算机的诞生

最早的个人计算机之一是美国苹果（Apple）公司的 Apple Ⅱ型计算机，于 1977 年开始在市场上出售。继之出现了 TRS — 80（Radio Shack 公司）和 PET — 2001（Commodore 公司）。从此以后，各种个人计算机如雨后春笋一般纷纷出现。当时的个人计算机一般以 8 位或 16 位的微处理器芯片为基础，存储容量为 64KB 以上，具有键盘、显示器等输入输出设备，并可配置小型打印机、软盘、盒式磁盘等外围设备，且可以使用各种高级语言自编程序。

随着 PC 机的不断普及，IBM 公司于 1979 年 8 月也组织了个人计算机研制小组。两年后宣布了 IBM — PC，1983 年又推出了扩充机型 IBM — PC/XT，引起计算机工业界极大震动。在当时，IBM 个人计算机具有一系列特点：设计先进（使用 Intel8088 微处理器）、软件丰富（有八百多家公司以它为标准编制软件）、功能齐全（通信能力强，可与大型机相连）、价格便宜（生产高度自动化，成本很低）。到 1983 年，IBM – PC 迅速占领市场，取代了号称美国微型机之王的苹果公司。

5. 第五代电子计算机的发展

第五代计算机是把信息采集、存储、处理、通信同人工智能结合在一起的智能计算机系统。它能进行数值计算或处理一般的信息，主要能面向知识处理，具有形式化推理、联想、学习和解释的能力，能够帮助人们进行判断、决策、开拓未知领域和获得新的知识。人 - 机之间可以直接通过自然语言（声音、文字）或图形图像交换信息。第五代计算机又称新一代计算机。

1981 年 10 月，日本首先向世界宣告开始研制第五代计算机，并于 1982 年 4 月制订为期 10 年的“第五代计算机技术开发计划”，总投资为 1000 亿日元，目前已顺利完成第五代计算机第一阶段规定的任务。

第五代计算机是为适应未来社会信息化的要求而提出的，与前四代计算机有着本质的区别，是计算机发展史上的一次重要变革。

二、电子计算机在国内的发展

1958 年，中科院计算所研制成功我国第一台小型电子管通用计算机 103 机（八一型），标志着我国第一台电子计算机的诞生。

1965 年，中科院计算所研制成功第一台大型晶体管计算机 109 乙，之后推出 109 丙机，该机为两弹试验中发挥了重要作用；

1974 年，清华大学等单位联合设计、研制成功采用集成电路的 DJS-130 小型计算机，运算速度达每秒 100 万次；

1983 年，国防科技大学研制成功运算速度每秒上亿次的银河 -I 巨型机，这是我国高速计算机研制的一个重要里程碑；

1985 年，电子工业部计算机管理局研制成功与 IBM PC 机兼容的长城 0520CH 微机。

1992 年，国防科技大学研究出银河 -II 通用并行巨型机，峰值速度达每秒 4 亿次浮点运算（相当于每秒 10 亿次基本运算操作），为共享主存储器的四处理机向量机，其向量中央处理机是采用中小规模集成电路自行设计的，总体上达到 80 年代中后期国际先进水平。它主要用于中期天气预报；

1993 年，国家智能计算机研究开发中心（后成立北京市曙光计算机公司）研制成功“曙光一号”全对称共享存储多处理机，这是国内首次以基于超大规模集成电路的通用微处理器芯片和标准 UNIX 操作系统设计开发的并行计算机；

1995 年，曙光公司又推出了国内第一台具有大规模并行处理机（MPP）结构的并行机曙光 1000（含 36 个处理机），峰值速度每秒 25 亿次浮点运算，实际运算速度上了每秒 10

亿次浮点运算这一高性能台阶。曙光 1000 与美国 Intel 公司 1990 年推出的大规模并行机体系结构与实现技术相近，与国外的差距缩小到 5 年左右。

1997 年，国防科大研制成功银河 -III 百亿次并行巨型计算机系统，采用可扩展分布共享存储并行处理体系结构，由 130 多个处理结点组成，峰值性能为每秒 130 亿次浮点运算，系统综合技术达到 90 年代中期国际先进水平。

1997~1999 年，曙光公司先后在市场上推出具有机群结构（Cluster）的曙光 1000A，曙光 2000-I，曙光 2000-II 超级服务器，峰值计算速度已突破每秒 1000 亿次浮点运算，机器规模已超过 160 个处理机，

1999 年，国家并行计算机工程技术研究中心研制的神威 I 计算机通过了国家级验收，并在国家气象中心投入运行。系统有 384 个运算处理单元，峰值运算速度达每秒 3840 亿次

2000 年，曙光公司推出每秒 3000 亿次浮点运算的曙光 3000 超级服务器。

2001 年，中科院计算所研制成功我国第一款通用 CPU——“龙芯”芯片

2002 年，曙光公司推出完全自主知识产权的“龙腾”服务器，龙腾服务器采用了“龙芯 -1”CPU，采用了曙光公司和中科院计算所联合研发的服务器专用主板，采用曙光 LINUX 操作系统，该服务器是国内第一台完全实现自有产权的产品，在国防、安全等部门将发挥重大作用。

2003 年，百万亿次数据处理超级服务器曙光 4000L 通过国家验收，再一次刷新国产超级服务器的历史纪录，使得国产高性能产业再上新台阶。

三、计算机的发展方向

（一）生物计算机

生物计算机的运算过程就是蛋白质分子与周围物理化学介质相互作用过程，计算机的转换开关由酶来充当，而程序则在酶合成系统本身和蛋白质的结构中极其明显地表示出来。

20 世纪 70 年代人们发现脱氧核糖核酸（DNA）处于不同状态时可以代表信息的有或无，DNA 分子中的遗传密码相当于存储的数据 DNA 分子间通过生化反应从一种基因代码转变为另一种基因代码。反应前的基因代码相当于输入数据，反应后的基因代码相当于输出数据，如果能控制这一反应过程那么就可以制作成功 DNA，计算机蛋白质分子比硅晶片上电子元件要小得多，彼此相距甚近，生物计算机完成一项运算所需的时间仅为 10 微微秒，比人的思维速度快 100 万倍，DNA 分子计算机具有惊人的存储容量。1 立方米的 DNA 溶液可存储 1 万亿亿的二进制数据， DNA 计算机消耗的能量非常小，只有电子计算机的十亿分之一，由于生物芯片的原材料是蛋白质分子，所以生物计算机既有自我修复的功能又可直接与生物活体相联，预计 10~20 年后 DNA 计算机将进入实用阶段。

（二）纳米计算机

目前计算机使用的硅芯片已经到达其物理极限，体积无法太小，通电和断电的频率无法再提高，耗电量也无法再减少，科学家认为，解决这个问题的途径是研制 纳米晶体管，并用这种纳米晶体管来制作纳米计算机，估计纳米计算机的运算速度将是现在的硅，芯片计算机的 1.5 万倍，而且耗费的能量也要减少很多，而且其性能要比今天的计算机强大许多倍。目前 纳米计算机的研制已有一些鼓舞人心的消息，惠普实验室的科研人员已开始应用纳米技术研制芯片 一旦他们的研究获得成功，将为其他缩微计算机元件的研制和生产铺平道路，美国加利福尼亚大学伯克利分校以及斯坦福大学的科学家成功地将纳米碳管植入硅片中，这项研究的成功朝着制作超快速纳米计算机的方向前进了一步。

（三）计算机未来展望

未来计算机技术将在互联网移动计算技术与系统方面有长足快速的发展。

过去的十几年，在世界范围内，计算机发展的速度比之前几十年的发展都要快，也收获了大量的丰富的科技成果。随着3G等技术在我国的发展应用，计算机的发展将更加多元化，更能在人们的日常生活中展示计算机的魅力。

后计算机技术的发展将表现为高性能化，网络化，大众化，智能化与人性化以及功能综合化等的特点。未来计算机的发展趋势是：微处理器速度将继续提升，外设将走向高性能，网络化和集成化并且更便于携带；输出输入技术将更加智能化，人性化，随着笔输入，语音识别，生物测定，光学识别等技术的不断发展和完善，人与计算机的交流将更加完善。

也许，在未来几年里，计算机的大小并不会有显著的变化，但其性能足以胜任人们出于旺盛的好奇心和丰富的想象力而衍生出来的各种念头。以后我们也许可能会多了一种上网的方式：我们可以戴上特殊的头盔装置或眼罩，便可以把自己置身于一个虚拟但真实的世界中，在这里，我们可以做自己在现实世界中不能干的事。总之，只要拥有一台计算机，那便可以与这个世界紧密联系在一起。

第二节　信息与信息技术

一、信息的概述

（一）信息的概念

信息，指音信、消息、通信系统传输和处理的对象，泛指人类社会传播的一切内容。人通过获得、识别自然界和社会的不同信息来区别不同事物，得以认识和改造世界。在一切通信和控制系统中，信息是一种普遍联系的形式。1948 年，数学家香农在题为“通信的数学理论”的论文中指出：“信息是用来消除随机不定性的东西”。创建一切宇宙万物的最基本万能单位是信息。

狭义上，信息就是符号的排列的顺序。但作为一个概念，信息的定义呈现出多定义而又无定义的局面。一般来说，与信息这一概念密切相关的概念包括约束（constraint）、沟通（communication）、控制、数据、形式、指令、知识、含义、精神刺激、模式、感知以及表达。信息是人们在适应外部世界并使这种适应反作用于外部世界过程中，同外部世界进行互相交换的内容和名称。

信息是客观存在于自然界的，并与人类社会的发展息息相关。人们无时无刻不在使用和传递着信息。例如，消防车上闪烁的警灯与鸣响的警笛发布的信息是“有火警，本车正赶赴火场”；新闻报道向大众公布的信息是世界各地发生的各种事件以及政治、经济、军事、科研、生产、生活等诸方面的现状、动态与发展趋势；各类书籍传播的信息包括科学知识、风土人情、学术思想等。可以说，信息与材料、能源一样，是人类社会生存与发展的基本资源。

在日常工作、学习与生活中，人们通过各种感官获取信息，并适当加工、利用和传递信息。例如，教师学习、理解知识后再传授给学生就是这样的一个过程。

（二）信息的特征

信息普遍存在于自然界与人类社会生活中，一般来说，具有以下特征。

1. 可传递性

无论在空间还是时间上，信息都具有可传递性。印刷术的出现使信息保存在书本等纸质中，并能在时间上得以广泛传递；电话的出现使人类能跨越空间的障碍，实现了即时联络。信息的传递性保证了知识的传播，再现了历史事件的原貌。

2. 可加工性

信息在传递与使用过程中，通过设计、改进，可以使之有序化。例如，旅游归来后，可以把沿途拍摄的无序的数码影像配上心得，加工成有序的演示文稿，这是向其他人展示行程的好方法。通过适当的加工，还可以转变信息的意义。据传明代文学家、书画家徐渭穷困时到朋友家里去做客，适逢下雨，主人写了一个“下雨天留客天留我不留”的条子给他，意思是“下雨天留客，天留我不留”，但徐渭读成：“下雨天，留客天，留我不？留！”主人没办法，只好招待了徐渭。

3. 可共享性

信息通过传递，不但可以使更多的人接收，而且信息本身所含的信息量并没有减少，这就是信息的共享性。这是信息与材料、能源的根本区别。

4. 时效性

信息都具有时效性，一般来说，有效期越短的信息，时效性越强，错过了有效期，信息的效用就会降低甚至变得毫无价值，如市场动态、会议通知等。信息的时效性和使用目的密不可分，同样的信息因其不同的使用目的，时效性也会不同，例如，天气预报对一般人来说是有效期较短的信息，但对气象研究者来说，却是有效期长的信息，可以根据它安排农业生产、预测气象趋势、作为气候研究数据等。

5. 依附性

信息在传递、获取、加工的过程中都要依附于一定的载体，同一信息可以依附于不同的载体。例如，唐诗宋词，可以通过语言传播，也可以印在书上流传。可见，信息可以通过不同的载体存储和传递。

6. 真伪性

信息具有真实与虚假之分。一方面，信息的真伪性是因为不同的人对信息识别的能力不一样而引起的。例如，小马过河的故事里面，黄牛和松鼠因为身高的原因决定了它俩对河水深度认识的不一致，因此提供给小马的信息也不一致，这就使小马产生了谁提供的信息是正确的疑惑。另一方面，还存在“伪信息”现象，“伪信息”的出现不完全是人们对信息的误解，很大程度上是有人出于某种目的制造散播的。例如“烽火戏诸侯”的故事中，周幽王就因为传播“伪信息”而葬送了自己的性命；还有“三人成虎”这句成语的来源也很好地阐释了“伪信息”是如何形成的。因此，对于信息的来源要进行筛选、对信息的真伪要进行甄别，这样才能有效地防止“伪信息”。

（三）信息的分类

在信息论中，信息可分成：

1. 按照性质，信息可分为语法信息、语义信息和语用信息。

2. 按照地位，信息可分为客观信息和主观信息。

3. 按作用，信息可分为有用信息、无用信息和干扰信息。

4. 按应用部门，信息可分为工业信息、农业信息、军事信息、政治信息、科技信息、文化信息、经济信息、市场信息和管理信息等。

5. 按携带信息的信号的性质，信息还可以分为连续信息、离散信息和半连续信息等。

6. 按事物的运动方式，还可以把信息分为概率信息、偶发信息、确定信息和模糊信息。

7. 按内容可以分为三类：消息、资料和知识。

8. 按社会性，社会信息和自然信息。

9. 按空间状态，宏观信息、中观信息和微观信息。

10. 按信源类型，内源性信息和外源性信息。

按价值，有用信息、无害信息和有害信息。

按时间性，历史信息、现时信息和预测信息。

按载体，文字信息、声像信息和实物信息。

按信息的性质，语法信息、语义信息和语用信息。

二、信息技术概述

（一）信息技术的内涵

信息技术（英语：Information Technology，缩写：IT），在台湾称作资讯科技，是主要用于管理和处理信息所采用的各种技术总称。它主要是应用计算机科学和通信技术来设计、开发、安装和实施信息系统及应用软件。它也常被称为信息和通信技术（Information and Communications Technology，ICT），信息技术的研究包括科学，技术，工程以及管理等学科。这些学科在信息的管理，传递和处理中的应用，相关的软件和设备及其相互作用。

信息技术的应用包括计算机硬件和软件，网络和通信技术，应用软件开发工具等。计算机和互联网普及以来，人们日益普遍地使用计算机来生产、处理、交换和传播各种形式的信息（如书籍、商业文件、报刊、唱片、电影、电视节目、语音、图形、影像等）。

在企业、学校和其他组织中，信息技术体系结构是一个为达成战略目标而采用和发展信息技术的综合结构。它包括管理和技术的成分。其管理成分包括使命、职能与信息需求、系统配置和信息流程；技术成分包括用于实现管理体系结构的信息技术标准、规则等。由于计算机是信息管理的中心，计算机部门通常被称为“信息技术部门”。有些公司称这个部门为“信息服务”（IS）或“管理信息服务”（MIS）。另一些企业选择外包信息技术部门，以获得更好的效益。

物联网和云计算作为信息技术新的高度和形态被提出、发展。根据中国物联网校企联盟的定义，物联网为当下几乎所有技术与计算机互联网技术的结合，让信息更快更准地收集、传递、处理并执行，是科技的最新呈现形式与应用。

具体来讲，信息技术主要包括以下几方面技术：

1. 感测与识别技术

它的作用是扩展人获取信息的感觉器官功能。它包括信息识别、信息提取、信息检测等技术。这类技术的总称是“传感技术”。它几乎可以扩展人类所有感觉器官的传感功能。传感技术、测量技术与通信技术相结合而产生的遥感技术，更使人感知信息的能力得到进一步的加强。

信息识别包括文字识别、语音识别和图形识别等。通常是采用一种叫作“模式识别”的方法。

2. 信息传递技术

它的主要功能是实现信息快速、可靠、安全的转移。各种通信技术都属于这个范畴。广播技术也是一种传递信息的技术。由于存储、记录可以看成是从“现在”向“未来”或从“过去”向“现在”传递信息的一种活动，因而也可将它看作是信息传递技术的一种。

3. 信息处理与再生技术

信息处理包括对信息的编码、压缩、加密等。在对信息进行处理的基础上，还可形成一些新的更深层次的决策信息，这称为信息的“再生”。信息的处理与再生都有赖于现代电子计算机的超凡功能。

4. 信息施用技术

是信息过程的最后环节。它包括控制技术、显示技术等。

由上可见，传感技术、通信技术、计算机技术和控制技术是信息技术的四大基本技术，其中现代计算机技术和通信技术是信息技术的两大支柱。

传感技术的任务是延长人的感觉器官收集信息的功能；通信技术的任务是延长人的神经系统传递信息的功能；计算机技术则是延长人的思维器官处理信息和决策的功能；缩微技术是延长人的记忆器官存储信息的功能。当然，这种划分只是相对的、大致的，没有截然的界限。如传感系统里也有信息的处理和收集，而计算机系统里既有信息传递，也有信息收集的问题。

目前，传感技术已经发展了一大批敏感元件，除了普通的照相机能够收集可见光波的信息、微音器能够收集声波信息之外，现在已经有了红外、紫外等光波波段的敏感元件，帮助人们提取那些人眼所见不到重要信息。还有超声和次声传感器，可以帮助人们获得那些人耳听不到的信息。不仅如此，人们还制造了各种嗅敏、味敏、光敏、热敏、磁敏、湿敏以及一些综合敏感元件。这样，还可以把那些人类感觉器官收集不到的各种有用信息提取出来，从而延长和扩展人类收集信息的功能。

通信技术的发展速度之快是惊人的。从传统的电话，电报，收音机，电视到如今的移动电话，传真，卫星通信，这些新的、人人可用的现代通信方式使数据和信息的传递效率得到很大的提高，从而使过去必须由专业的电信部门来完成的工作，可由行政、业务部门办公室的工作人员直接方便地来完成。通信技术成为办公自动化的支撑技术。

计算机技术与现代通信技术一起构成了信息技术的核心内容。计算机技术同样取得了飞速的发展，体积越来越小，功能越来越强。从大型机，中型机，小型机到微型机，笔记本式计算机，便携式计算机等。从 PC 机，286、386 到 486、586 等，计算机的应用也取得了很大的发展。例如，电子出版社系统的应用改变了的传统印刷、出版业；计算机文字处理系统的应用使作家改变了原来的写作方式，称作“换笔”革命；光盘的使用使人类的信息存储能力得到了很大程度的延伸，出现了电子图书这样的新一代电子出版物；多媒体技术的发展使音乐创作、动画制作等成为普通人可以涉足的领域。

（二）信息技术的分类

1. 按表现形态的不同分

信息技术可分为硬技术（物化技术）与软技术（非物化技术）。

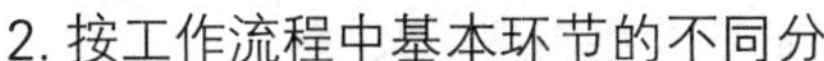

2. 按工作流程中基本环节的不同分

信息技术可分为信息获取技术、信息传递技术、信息存储技术、信息加工技术及信息标准化技术。信息获取技术包括信息的搜索、感知、接收、过滤等。如显微镜、望远镜、气象卫星、温度计、钟表、Internet 搜索器中的技术等。信息传递技术指跨越空间共享信息的技术，又可分为不同类型。如单向传递与双向传递技术，单通道传递、多通道传递与广播传递技术。信息存储技术指跨越时间保存信息的技术，如印刷术、照相术、录音术、录像术、缩微术、磁盘术、光盘术等。信息加工技术是对信息进行描述、分类、排序、转换、浓缩、扩充、创新等的技术。信息加工技术的发展已有两次突破：从人脑信息加工到使用机械设备（如算盘，标尺等）进行信息加工，再发展为使用电子计算机与网络进行信息加工。信息标准化技术是指使信息的获取、传递、存储，加工各环节有机衔接，与提高信息交换共享能力的技术。如信息管理标准、字符编码标准、语言文字的规范化等。

3. 按技术的功能层次不同分

可将信息技术体系分为基础层次的信息技术（如新材料技术、新能源技术），支撑层次的信息技术（如机械技术、电子技术、激光技术、生物技术、空间技术等），主体层次的信息技术（如传感技术、通信技术、计算机技术、控制技术），应用层次的信息技术（如文化教育、商业贸易、工农业生产、社会管理中用以提高效率和效益的各种自动化、智能化、信息化应用软件与设备）。

（三）信息技术的特征

1. 信息技术具有技术的一般特征——技术性

具体表现为：方法的科学性，工具设备的先进性，技能的熟练性，经验的丰富性，作用过程的快捷性，功能的高效性等。

2. 信息技术具有区别于其他技术的特征——信息性

具体表现为：信息技术的服务主体是信息，核心功能是提高信息处理与利用的效率、效益。由信息的秉性决定信息技术还具有普遍性、客观性、相对性、动态性、共享性、可变换性等特性。

（四）信息技术的发展

第一次信息技术革命是语言的使用。发生在距今约 35 000 ～ 50 000 年前。

语言的使用——从猿进化到人的重要标志。

类人猿是类似于人类的猿类，经过千百万年的劳动过程，演变、进化、发展成为现代人，与此同时语言也随着劳动产生。祖国各地存在着许多语言。如：海南话与闽南话有些类似，在北宋时期，福建一部人移民到海南，经过几十代人后，福建话逐渐演变成语言体系，闽南话、海南话、客家话等。

第二次信息技术革命是文字的创造。大约在公元前3500年出现了文字。

文字的创造——这是信息第一次打破时间、空间的限制。

陶器上的符号：原始社会母系氏族繁荣时期（河姆渡和半坡原始居民）。

甲骨文：记载商朝的社会生产状况和阶级关系，文字可考的历史从商朝开始。

金文（也叫铜器铭文）：商周一些青铜器，常铸刻在钟或鼎上，又叫“钟鼎文”。

第三次信息技术的革命是印刷的发明。大约在公元1040年，我国开始使用活字印刷技术（欧洲人1451年开始使用印刷技术）。

印刷术的发明：

汉朝以前使用竹木简或帛做书材料，直到东汉（公元105年）蔡伦改进造纸术，这种纸叫“蔡侯纸”。

从后唐到后周，封建政府雕版刊印了儒家经书，这是我国官府大规模印书的开始，印刷中心：成都、开封、临安、福建阳。

北宋平民毕 发明活字印刷，比欧洲早400年。

第四次信息革命是电报、电话、广播和电视的发明和普及应用。

19世纪中叶以后，随着电报、电话的发明，电磁波的发现，人类通信领域产生了根本性的变革，实现了金属导线上的电脉冲来传递信息以及通过电磁波来进行无线通信。

1837年美国人莫尔斯研制了世界上第一台有线电报机。电报机利用电磁感应原理（有电流通过，电磁体有磁性；无电流通过，电磁体无磁性），使电磁体上连着的笔发生转动，从而在纸带上画出点、线符号。这些符号的适当组合（称为莫尔斯电码），可以表示全部字母，于是文字就可以经电线传送出去了。1844年5月24日，他在国会大厦联邦最高法院议会厅作了“用导线传递消息”的公开表演，接通电报机，用一连串点、划构成的“莫尔斯”码发出了人类历史上第一份电报：“上帝创造了何等的奇迹！”实现了长途电报通信，该份电报从美国国会大厦传送到了40英里外的巴尔的摩城。

1864年英国著名物理学家麦克斯韦发表了一篇论文(《电与磁》)，预言了电磁波的存在，说明了电磁波与光具有相同的性质，都是以光速传播的。

1875年，苏格兰青年亚历山大·贝尔发明了世界上第一台电话机，1878年在相距300千米的波士顿和纽约之间进行了首次长途电话实验获得成功。

电磁波的发现产生了巨大影响，实现了信息的无线电传播，其他的无线电技术也如雨后春笋般的涌现：1920年美国无线电专家康拉德在匹兹堡建立了世界上第一家商业无线电广播电台，从此广播事业在世界各地蓬勃发展，收音机成为人们了解时事新闻的方便途径。1933年，法国人克拉维尔建立了英法之间的第一条商用微波无线电线路，推动了无线电技术的进一步发展。

1876年3月10日，美国人贝尔用自制的电话同他的助手通了话。

1895年俄国人波波夫和意大利人马可尼分别成功地进行了无线电通信实验。

1894年电影问世。1925年英国首次播映电视。

静电复印机、磁性录音机、雷达、激光器都是信息技术史上的重要发明。

第五次信息技术革命是始于 20 世纪 60 年代，其标志是电子计算机的普及应用及计算机与现代通信技术的有机结合。

随着电子技术的高速发展，军事、科研迫切需要解决的计算工具也大大得到改进，1946 年由美国宾夕法尼亚大学研制的第一台电子计算机诞生了。

1946 ~ 1958 年，第一代电子管计算机

1958 ~ 1964 年，第二代晶体管电子计算机

1964 ~ 1970 年，第三代集成电路计算机

1971 ~今，第四代大规模集成电路计算机

现在，正在研制第五代智能化计算机。

为了解决资源共享，单一的计算机很快发展成计算机联网，实现了计算机之间的数据通信、数据共享。

信息技术的发展趋势

1. 高速、大容量。速度越来越高、容量越来越大，无论是通信还是计算机发展都是如此。

2. 综合化。包括业务综合以及网络综合。

3. 数字化。一是便于大规模生产。过去生产一台模拟设备需要花很多时间，模拟电路每一个单独部分都需要进行单独设计单独调测。而数字设备是单元式的，设计非常简单，便于大规模生产，可大大降低成本。二是有利于综合。每一个模拟电路其电路物理特性区别都非常大，而数字电路由二进制电路组成，非常便于综合，要达到一个复杂的性能用模拟方式往往综合不起来。现在数字化发展非常迅速，各种说法也很多，如数字化世界、数字化地球等。而搞数字化最主要的优点就是便于大规模生产和便于综合这两大方面。

4. 个人化。即可移动性和全球性。一个人在世界任何一个地方都可以拥有同样的通信手段，可以利用同样的信息资源和信息加工处理的手段。

第三节　计算机在信息社会中的应用

目前阶段，人们对于计算机信息技术的依赖程度已经非常高，小到普通百姓日常的网络应用，达到国家层面的信息统计和分析，都与计算机信息技术存在着密切的联系，计算机信息技术的出现为人们的生活提供了更多的便利，也给世界发展提供了充足的动力。为了让这项技术能够更好地发展和应用，笔者以自身高中生的视角，阐述计算机信息技术未来的发展方向和应用情况，希望可以为计算机信息技术的发展带来一些帮助。

一、计算机信息技术发展方向

随着社会发展速度的不断加快，计算机信息技术在社会发展过程中的作用也逐渐强大，其在生产和生活中都发挥了重要的作用，在未来仍将具有广阔的发展前景。与此同时，计算机技术和信息技术仍在不断的发展，新的技术不断出现，计算机信息技术要想得到较好的发展，需要提升自身的各项性能，例如提升自身的安全性能、数据传输性能等，保障用户的信息不被泄露，提高计算机信息技术的安全性和稳定性。同时，计算机信息技术还需要提升自身的安全操作水平，避免病毒入侵，要通过防火墙和系统建设提升病毒防御能力，还要降低计算机信息技术操作的难度，要使得其运行的效率进一步提高。

此外，计算机信息技术还需要提升网络结构设计能力，要提升网络结构的科学性和合理性，做到合理划分，相关设计人员需要让计算机信息技术形成不同的结构层次，要形成相应的规范，提高计算机信息技术的性能。笔者通过学习得知，我国目前在这一方面还存在较大的不足，与发达国家之间的差距较为明显，因此使得计算机信息技术的应用效果降低。同时，在优化处理器系统环节，也需要投入更多的精力，要提升系统的运行能力，提高其运行的效率。

二、计算机信息技术的具体应用

计算机信息技术在许多环节中都有应用，其为各个环节都带来了一定的帮助作用，笔者认为，计算机信息技术较为明显的应用主要表现在以下几个方面：

1. 计算机信息技术在企业中应用

计算机信息技术为社会企业的发展带来了非常多的帮助，企业的生产效率在很大程度上得到提升，计算机信息技术能够在产品生产、客户维护、市场研究等环节提供非常多的帮助，例如在客户维护环节，通过计算机信息技术的应用，能够有效地掌握客户信息，并进行分类，企业能够根据客户的需求提供适合的产品，从而提高企业的经济效益，避免企业出现倒闭的风险。此外，通过计算机信息技术，企业还能细化企业客户的资料，实现更加科学的管理。与此同时，企业在运送产品的过程中，通过计算机信息技术，还能对产品的实时情况进行了解，调查企业的情况，保证产品能够正常运输，通过计算机信息技术的应用，企业能够提高自身的供给能力，提高物流运输的效率和安全性，保障企业高效、安全运营。另外，企业中的许多环节都可以与计算机信息技术进行良好的衔接，能够提高各个环节的运行能力，为企业的发展带来非常多的帮助。

2. 计算机信息技术在教学中应用

学生在学习阶段，在每天的学习过程中，也能感受到计算机信息技术带来的帮助，例如在教师上课的过程中，能够通过计算机信息技术为学习查阅效果更好的学习资料，同时，从宏观的角度来看，计算机信息技术能够促进素质教育的实现。在传统的教学工作中，教师的依据和主要参考资料就是书籍，这种单一的参考资料对于提升教学效果并没有较多的帮助，同时，这种教学方式不能提高学生的主动性，无法拓宽学生的思维，而且学生的学习积极性不高，笔者对此有很大的感受。当计算机信息技术加入之后，复杂的问题能够简单化，学生学习的积极性也会因此提高，学习过程更加有趣，教师的备课和教学环节也会更加实用和高效，对促进教学工作改革能够带来非常明显的促进作用。另外，学生通过计算机信息技术能够自行查阅学习资料，能够进行高效率的自学，还可以通过网络平台来与教师进行交流和远程授课，学习的渠道更加多样，学习效率因此得到明显提升。

3. 计算机信息技术在物流中应用

计算机信息技术在物流环节中也具有明显的帮助作用，随着现如今经济的不断发展，物流行业呈现出蓬勃发展的态势，在这种形势下，物流行业的工作压力会增加，该行业迫切需要多种高效的技术进行辅助，而计算机信息技术就是其中一项非常重要的技术。在传统的物流工作模式中，物流工作单位对于物流信息的掌握效率非常低，使得运输方和接货方都会存在信息不通畅的情况，这样非常不利于物流行业的发展和水平提升。在计算机信息技术加入之后，货物登记流程会明显简化，只需通过扫码就能将物流信息录入系统，实现信息化管理，运输单位和接货方通过信息查询就能获取物品的运输情况，人们现如今非常热衷的网购就是应用了这种物流查询技术。在此基础上，条形码技术逐渐得到普及，在许多行业中都得到了应用，相关行业应当进行进一步的探索，提高其应用效率，保证计算机信息技术工作的效率不断提升。

综上所述，在经济社会不断发展的今天，计算机信息技术的作用更加明显，在生活方面，计算机信息技术简化了人们信息获取的环节，提高了人们生活的节奏，在生产方面，计算机信息技术提高了企业生产的效率，有效地维护了客户，提高了企业的运营能力，在社会建设方面，计算机信息技术有效地促进了社会管理模式创新，使得社会更加和谐和安定，由此可见，计算机信息技术在许多环节都发挥了重要的作用，其带给人们的帮助非常明显，在未来世界中，计算机信息技术需要进一步发展，并提高应用的比例，为国家、社会、经济发展做出更多的贡献。

第二章　计算机系统

第一节　计算机系统概述

一、计算机系统简介

计算机系统指用于数据库管理的计算机硬软件及网络系统。数据库系统需要大容量的主存以存放和运行操作系统、数据库管理系统程序、应用程序以及数据库、目录、系统缓冲区等，而辅存则需要大容量的直接存取设备。此外，系统应具有较强的网络功能。

按人的要求接收和存储信息，自动进行数据处理和计算，并输出结果信息的机器系统。计算机是脑力的延伸和扩充，是近代科学的重大成就之一。

计算机系统由硬件（子）系统和软件（子）系统组成。前者是借助电、磁、光、机械等原理构成的各种物理部件的有机组合，是系统赖以工作的实体。后者是各种程序和文件，用于指挥全系统按指定的要求进行工作。

自 1946 年第一台电子计算机问世以来，计算机技术在元件器件、硬件系统结构、软件系统、应用等方面，均有惊人的进步。现代计算机系统小到微型计算机和个人计算机，大到巨型计算机及其网络，形态、特性多种多样，已广泛用于科学计算、事务处理和过程控制，日益深入社会各个领域，对社会的进步产生深刻影响。

电子计算机分数字和模拟两类。通常所说的计算机均指数字计算机，其运算处理的数据，是用离散数字量表示的。而模拟计算机运算处理的数据是用连续模拟量表示的。模拟机和数字机相比较，其速度快、与物理设备接口简单，但精度低、使用困难、稳定性和可靠性差、价格昂贵。故模拟机已趋淘汰，仅在要求响应速度快，但精度低的场合尚有应用。把二者优点巧妙结合而构成的混合型计算机，尚有一定的生命力。

计算机系统约每 3 ~ 5 年更新一次，性能价格比成十倍地提高，体积大幅度减小。超大规模集成电路技术将继续快速发展，并对各类计算机系统均产生巨大而又深刻的影响。32 位微型机已出现，64 位微型机也已经问世，单片上做 1000 万个元件已为时不远。比半导体集成电路快 10 ~ 100 倍的器件，如砷化镓、高电子迁移率器件、约瑟夫逊结、光元件等的研究将会有重要成果。提高组装密度和缩短互连线的微组装技术是新一代计算机的关键技术之一。光纤通信将大量应用。各种高速智能化外部设备不断涌现，光盘的问世将使辅助海量存储器面目一新。多处理机系统、多机系统、分布处理系统将是引人注目的系统结构。软件硬化（称固件）是发展趋势。新型非诺伊曼机、推理计算机、知识库计算机等已开始实际使用。软件开发将摆脱落后低效状态。软件工程正在深入发展。软件生产正向工程化、形式化、自动化、模块化、集成化方向发展。新的高级语言如逻辑型语言、函数型语言和人工智能的研究将使人 - 机接口简单自然（能直接看、听、说、画）。数据库技术将大为发展。计算机网络将广泛普及。以巨大处理能力（例如每秒 100 ~ 1000 亿次操作）、巨大知识信息库、高度智能化为特征的下一代计算机系统正在大力研制。计算机应用将日益广泛。计算机辅助设计、计算机控制的生产线、智能机器人将大大提高社会劳动生产力。办公、医疗、通信、教育及家庭生活，都将计算机化。计算机对人们生活和社会组织的影响将日益广泛深刻。

二、计算机系统的特点

计算机系统的特点是能进行精确、快速的计算和判断，而且通用性好，使用容易，还能联成网络。①计算：一切复杂的计算，几乎都可用计算机通过算术运算和逻辑运算来实现。②判断：计算机有判别不同情况、选择作不同处理的能力，故可用于管理、控制、对抗、决策、推理等领域。③存储：计算机能存储巨量信息。④精确：只要字长足够，计算精度理论上不受限制。⑤快速：计算机一次操作所需时间已小到以纳秒计。⑥通用：计算机是可编程的，不同程序可实现不同的应用。⑦易用：丰富的高性能软件及智能化的人 - 机接口，大大方便了使用。⑧联网：多个计算机系统能超越地理界限，借助通信网络，共享远程信息与软件资源。

三、计算机系统组成

图 2-1-1 为计算机系统的层次结构。内核是硬件系统，是进行信息处理的实际物理装置。最外层是使用计算机的人，即用户。人与硬件系统之间的接口界面是软件系统，它大致可分为系统软件、支援软件和应用软件三层。

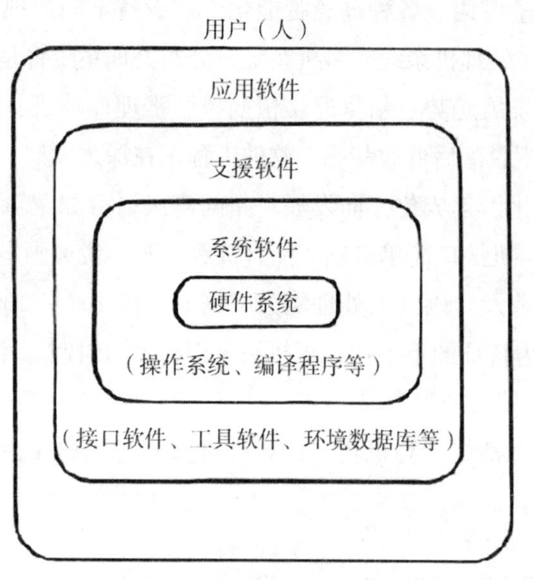

图2-1-1 计算机系统结构图

1. 硬件

硬件系统主要由中央处理器、存储器、输入输出控制系统和各种外部设备组成。中央处理器是对信息进行高速运算处理的主要部件，其处理速度可达每秒几亿次以上操作。存储器用于存储程序、数据和文件，常由快速的主存储器（容量可达数百兆字节，甚至数G字节）和慢速海量辅助存储器（容量可达数十G或数百G以上）组成。各种输入输出外部设备是人机间的信息转换器，由输入-输出控制系统管理外部设备与主存储器（中央处理器）之间的信息交换。

2. 软件

软件分为系统软件、支撑软件和应用软件。系统软件由操作系统、实用程序、编译程序等组成。操作系统实施对各种软硬件资源的管理控制。实用程序是为方便用户所设，如文本编辑等。编译程序的功能是把用户用汇编语言或某种高级语言所编写的程序，翻译成机器可执行的机器语言程序。支撑软件有接口软件、工具软件、环境数据库等，它能支持用机的环境，提供软件研制工具。支撑软件也可认为是系统软件的一部分。应用软件是用户按其需要自行编写的专用程序，它借助系统软件和支援软件来运行，是软件系统的最外层。

四、计算机系统分类

计算机系统可按系统的功能、性能或体系结构分类。

①专用机与通用机：早期计算机均针对特定用途而设计，具有专用性质。20世纪60年代起，开始制造兼顾科学计算、事务处理和过程控制三方面应用的通用计算机。特别是系列机的出现，标准文本的各种高级程序语言的采用，操作系统的成熟，使一种机型系列选

择不同软件、硬件配置，就能满足各行业大小用户的不同需要，进一步强化了通用性。但特殊用途的专用机仍在发展，例如连续动力学系统的全数字仿真机，超微型的空间专用计算机等。

②巨型机、大型机、中型机、小型机、微型机：计算机是以大、中型机为主线发展的。60年代末出现小型计算机，70年代初出现微型计算机，因其轻巧、价廉、功能较强、可靠性高，而得到广泛应用。70年代开始出现每秒可运算五千万次以上的巨型计算机，专门用于解决科技、国防、经济发展中的特大课题。巨、大、中、小、微型机作为计算机系统的梯队组成部分，各有其用途，都在迅速发展。

③流水线处理机与并行处理机：在元件、器件速度有限的条件下，从系统结构与组织着手来实现高速处理能力，成功地研制出这两种处理机。它们均面向 $ai\theta bi=ci$（i=1，2，3，…，n；θ 为算符）这样一组数据（也叫向量）运算。流水线处理机是单指令数据流（SISD）的，它们用重叠原理，用流水线方式加工向量各元素，具有高加工速率。并行处理机是单指令流多数据流（SIMD）的，它利用并行原理，重复设置多个处理部件，同时并行处理向量各元素来获得高速度（见并行处理计算机系统）。流水和并行技术还可结合，如重复设置多个流水部件，并行工作，以获得更高性能。研究并行算法是发挥这类处理机效率的关键。在高级程序语言中相应地扩充向量语句，可有效地组织向量运算；或设有向量识别器，自动识别源程序中的向量成分。

一台普通主机（标量机）配一台数组处理器（仅作高速向量运算的流水线专用机），构成主副机系统，可大大提高系统的处理能力，且性能价格比高，应用相当广泛。

④多处理机与多机系统、分布处理系统和计算机网：多处理机与多机系统是进一步发展并行技术的必由之路，是巨型、大型机主要发展方向。它们是多指令流多数据流（MIMD）系统，各机处理各自的指令流（进程），相互通信，联合解决大型问题。它们比并行处理机有更高的并行级别，潜力大，灵活性好。用大量廉价微型机，通过互联网络构成系统，以获得高性能，是研究多处理机与多机系统的一个方向。多处理机与多机系统要求在更高级别（进程）上研究并行算法，高级程序语言提供并发、同步进程的手段，其操作系统也大为复杂，必须解决多机间多进程的通信、同步、控制等问题。

分布系统是多机系统的发展，它是由物理上分布的多个独立而又相互作用的单机，协同解决用户问题的系统，其系统软件更为复杂（见分布计算机系统）。

现代大型机几乎都是功能分布的多机系统，除含有高速中央处理器外，有管理输入输出的输入输出处理机（或前端用户机）、管理远程终端及网络通信的通信控制处理机、全系统维护诊断的维护诊断机和从事数据库管理的数据库处理机等。这是分布系统的一种低级形态。

多个地理上分布的计算机系统，通过通信线路和网络协议，相互联络起来，构成计算机网。它按地理上分布的远近，分为局部（本地）计算机网和远程计算机网。网络上各计算机可相互共享信息资源和软硬件资源。订票系统、情报资料检索系统都是计算机网应用的实例。

⑤诺依曼机与非诺依曼机：存储程序和指令驱动的诺依曼机迄今仍占统治地位。它顺序执行指令，限制了所解问题本身含有的并行性，影响处理速度的进一步提高。突破这一原理的非诺依曼机，就是从体系结构上来发展并行性，提高系统吞吐量，这方面的研究工作正在进行中。由数据流来驱动的数据流计算机以及按归约式控制驱动和按需求驱动的高度并行计算机，都是有发展前途的非诺依曼计算机系统。

五、计算机系统工作流程

用户使用计算机系统算题的一般流程如下：

①通过系统操作员建立帐号，取得使用权。帐号既用于识别并保护用户的文件（程序和数据），也用于系统自动统计用户使用资源的情况（记账，付款）。

②根据要解决的问题，研究算法，选用合适的语言，编写源程序，同时提供需处理的数据和有关控制信息。

③把②的结果在脱机的专用设备上放入软磁盘，建立用户文件（也可在联机终端上进行，直接在辅助存储器中建立文件，此时第四步省去）。

④借助软盘机把软盘上用户文件输入计算机，经加工处理，作为一个作业，登记并存入辅助存储器。

⑤是要求编译。操作系统把该作业调入主存储器，并调用所选语言的编译程序，进行编译和连接（含所调用的子程序），产生机器可执行的目标程序，存入辅助存储器。

⑥要求运算处理。操作系统把目标程序调入主存储器，由中央处理器运算处理，结果再存入辅助存储器。

⑦运算结果由操作系统按用户要求的格式送外部设备输出。

计算机内部工作（④~⑦）是在操作系统控制下的一个复杂过程。通常，一台计算机中有多个用户作业同时输入，它们由操作系统统一调度，交错运行。但这种调度对用户是透明的，一般用户无须了解其内部细节。

用户可用一台终端，交互式的控制③~⑦的进行（分时方式）；也可委托操作员完成③~⑦，其中④~⑦是计算机自动进行的（批处理方式）。批处理方式的自动化程度高，但用户不直观，无中间干预。分时方式用户直观控制，可随时干预纠错，但自动化程度低。现代计算机系统大多提供两种方式，由用户选用。

第二节　计算机硬件系统和工作原理

计算机的硬件是指组成计算机的各种物理设备，也就是我们所看得见、摸得着的实际物理设备。它包括计算机的主机和外部设备。

一、计算机硬件系统的组成

1. 输入设备

将数据、程序、文字符号、图像、声音等信息输送到计算机中。常用的输入设备有键盘、鼠标、触摸屏、数字转换器等。

（1）键盘

键盘是最常用也是最主要的输入设备，通过键盘，可以将英文字母、数字、标点符号等输入到计算机中，从而向计算机发出命令、输入数据等。

PCXT/AT 时代的键盘主要以 83 键为主，并且延续了相当长的一段时间，但随着视窗系统近几年的流行已经淘汰。取而代之的是 101 键和 104 键键盘，并占据市场的主流地位，当然其间也曾出现过 102 键、103 键的键盘，但由于推广不善。都只是昙花一现。

近半年内紧接着 104 键键盘出现的是新兴多媒体键盘，它在传统的键盘基础上又增加了不少常用快捷键或音量调节装置，使 PC 操作进一步简化，对于收发电子邮件、打开浏览器软件、启动多媒体播放器等都只需要按一个特殊按键即可，同时在外形上也做了重大改善，着重体现了键盘的个性化。

起初这类键盘多用于品牌机，如 HP、联想等品牌机都率先采用了这类键盘，受到广泛的好评，并曾一度被视为品牌机的特色。随着时间的推移，渐渐的市场上也出现独立的具有各种快捷功能的产品单独出售，并带有专用的驱动和设定软件，在兼容机上也能实现个性化的操作。

（2）鼠标

鼠标（mouse）因形似老鼠而得名（中国大陆用语，港台作滑鼠）。“鼠标”的标准称呼应该是“鼠标器”，全称：“橡胶球传动之光栅轮带发光二极管及光敏三极管之晶元脉冲信号转换器”或“红外线散射之光斑照射粒子带发光半导体及光电感应器之光源脉冲信号传感器”。

它用来控制显示器所显示的指针光标（pointer）。1968 年 12 月 9 日制成了世界上第一支“鼠标”。鼠标的使用是为了使计算机的操作更加简便，来代替键盘那烦琐的指令。

（3）触摸屏

触摸屏又分为电阻式触摸屏和电容式触摸屏。

电阻式触摸屏：在结构上由一个感应式液晶显示装置组成，这个感应显示器可以接收触控头或者其他触控动作的信号。当这个感应显示器收到了触控信号，整个触控装置会按照事先编写的程序执行不同的指令，实现用户的触控意图。这种技术替代了传统的机械式按钮装置，加上液晶显示器的画面，可以得到十分生动形象的画面和操作享受。

电容式触摸屏（CTP）：Capacitive Touch Panel 的简写，电容屏是一块四层复合玻璃屏，玻璃屏的内表面和夹层各涂一层 ITO，最外层是只有 0.0015mm 厚的矽土玻璃保护层，夹层 ITO 涂层作工作面，四个角引出四个电极，内层 ITO 为屏层以保证工作环境 。

（4）数字转换器

数字转换器（digitizer）是一种用来描绘或拷贝图画或照片的设备。把需要拷贝的内容放置在数字化图形输入板上，然后通过一个连接计算机的特殊输入笔描绘这些内容。随着输入笔在拷贝内容上的移动，计算机记录它在数字化图形输入板上的位置，当描绘完整个需要拷贝的内容后，图像能在显示器上显示或在打印机上打印或者存储在计算机系统上以便日后使用。数字转换器常常用于工程图纸的设计。

除此之外的输入设备，还有游戏杆、光笔、数码相机、数字摄像机、图像扫描仪、传真机、条形码阅读器、语音输入设备等。

2. 输出设备

将计算机的运算结果或者中间结果打印或显示出来。常用的输出设备有：显示器、打印机、绘图仪和传真机等。

（1）显示器

显示器（Display）是计算机必备的输出设备，常用的有阴极射线管显示器（CRT）、液晶显示器（LCD）和等离子显示器（PDP）。

阴极射线管显示器由于显示画面刷新低，颜色失真大，笨重等原因目前已经淘汰。

液晶显示器其工业成熟，成像好、刷新频高、对用户眼睛较好、轻便等原因已成为现在主流显示器。

阴极射线管显示器可分为字符显示器和图形显示器。

字符显示器只能显示字符，不能显示图形，一般只有两种颜色。

图形显示器不仅可以显示字符，而且可以显示图形和图像。图形是指工程图，即由点、线、面、体组成的图形；图像是指景物图。不论图形还是图像在显示器上都是由像素（光点）所组成。

显示器屏幕上的光点是由阴极电子枪发射的电子束打击荧光粉薄膜而产生的。彩色显示器的显像管的屏幕内侧是由红、绿、蓝三色磷光点构成的小三角形（像素）发光薄膜。由于接收的电子束强弱不同，像素的三原色发光强弱就不同，就可以产生一个不同亮度和颜色的像素。当电子束从左向右、从上而下地逐行扫描荧光屏，每扫描一遍，就显示一屏，称为刷新一次，只要两次刷新的时间间隔少于 0.01s，则人眼在屏幕上看到的就是一个稳定的画面。

显示器是通过“显示接口”及总线与主机连接，待显示的信息（字符或图形图像）是从显示缓冲存储器（一般为内存的一个存储区，占 16kB）送入显示器接口的，经显示器接口的转换，形成控制电子束位置和强弱的信号。受控的电子束就会在荧光屏上描绘出能够区分出颜色不同、明暗层次的画面。显示器的两个重要技术指标是：屏幕上光点的多少，即像素的多少，称为分辨率；光点亮度的深浅变化层次，即灰度，可以用颜色来表示。分辨率和灰度的级别是衡量图像质量的标准。

常用的显示接口卡有多种，如 CGA 卡、VGA 卡、MGA 卡等。以 VGA（Video Graphics Array）视频图形显示接口卡为例，标准 VGA 显示卡的分辨率为 640×480，灰度是 16 种颜色；增强型 VGA 显示卡的分辨率是 800×600、960×720，灰度可为 256 种颜色。所有的显示接口卡只有配上相应的显示器和显示软件，才能发挥它们的最高性能。

（2）打印机

打印机（Printer）是计算机最基本的输出设备之一。它将计算机的处理结果打印在纸上。打印机按印字方式可分为击打式和非击打式两类。击打式打印机是利用机械动作，将字体通过色带打印在纸上，根据印出字体的方式又可分为活字式打印机和点阵式打印机。活字式打印机是把每一个字刻在打字机构上，可以是球形、菊花瓣形、鼓轮形等各种形状。点阵式打印机（dot matrix printer）是利用打印钢针按字符的点阵打印出字符。每一个字符可由 m 行 ×n 列的点阵组成。一般字符由 7×8 点阵组成，汉字由 24×24 点阵组成。点阵式打印机常用打印头的针数来命名，如 9 针打印机、24 针打印机等。

非击打式打印机是用各种物理或化学的方法印刷字符的，如静电感应，电灼、热敏效应，激光扫描和喷墨等。其中激光打印机（Laser Printer）和喷墨式打印机（Inkjet Printer）是目前最流行的两种打印机，它们都是以点阵的形式组成字符和各种图形。激光打印机接收来自 CPU 的信息，然后进行激光扫描，将要输出的信息在磁鼓上形成静电潜像，并转换成磁信号，使碳粉吸附到纸上，加热定影后输出。喷墨式打印机是将墨水通过精制的喷头喷到纸面上形成字符和图形的。

（3）绘图仪

绘图仪（plotter）能按照人们要求自动绘制图形的设备。它可将计算机的输出信息以图形的形式输出。主要可绘制各种管理图表和统计图、大地测量图、建筑设计图、电路布线图、各种机械图与计算机辅助设计图等。最常用的是 X-Y 绘图仪。现代的绘图仪已具有智能化的功能，它自身带有微处理器，可以使用绘图命令，具有直线和字符演算处理以及自检测等功能。这种绘图仪一般还可选配多种与计算机连接的标准接口。

绘图仪是一种输出图形的硬拷贝设备。绘图仪在绘图软件的支持下绘制出复杂、精确的图形，是各种计算机辅助设计不可缺少的工具。绘图仪的性能指标主要有绘图笔数、图纸尺寸、分辨率、接口形式及绘图语言等。

绘图仪一般是由驱动电机、插补器、控制电路、绘图台、笔架、机械传动等部分组成。绘图仪除了必要的硬设备之外，还必须配备丰富的绘图软件。只有软件与硬件结合起来，才能实现自动绘图。软件包括基本软件和应用软件两种。

绘图仪的种类很多，按结构和工作原理可以分为滚筒式和平台式两大类：①滚筒式绘图仪。当 X 向步进电机通过传动机构驱动滚筒转动时，链轮就带动图纸移动，从而实现 X 方向运动。Y 方向的运动，是由 Y 向步进电机驱动笔架来实现的。这种绘图仪结构紧凑，绘图幅面大。但它需要使用两侧有链孔的专用绘图纸；②平台式绘图仪。绘图平台上装有横梁，笔架装在横梁上，绘图纸固定在平台上。X 向步进电机驱动横梁连同笔架，作 X 方向运动；Y 向步进电机驱动笔架沿着横梁导轨，作 Y 方向运动。图纸在平台上的固定方法有 3 种，即真空吸附、静电吸附和磁条压紧。平台式绘图仪绘图精度高，对绘图纸无特殊要求，应用比较广泛。

3. 存储器

存储器将输入设备接收到的信息以二进制的数据形式存到存储器中。存储器有两种，分别叫作内存储器和外存储器。

（1）内存储器

微型计算机的内存储器是由半导体器件构成的。从使用功能上分，有随机存储器（Random Access Memory，简称 RAM），又称读写存储器；只读存储器（Read Only Memory，简称为 ROM）。

1）随机存储器（Random Access Memory）

RAM 有以下特点：可以读出，也可以写入。读出时并不损坏原来存储的内容，只有写入时才修改原来所存储的内容。断电后，存储内容立即消失，即具有易失性。

RAM 可分为动态（Dynamic RAM）和静态（Static RAM）两大类。DRAM 的特点是集成度高，主要用于大容量内存储器；SRAM 的特点是存取速度快，主要用于高速缓冲存储器。

2）只读存储器（Read Only Memory）

ROM 是只读存储器。顾名思义，它的特点是只能读出原有的内容，不能由用户再写入新内容。原来存储的内容是采用掩膜技术由厂家一次性写入的，并永久保存下来。它一般用来存放专用的固定的程序和数据。不会因断电而丢失。

3）CMOS 存储器（Complementary Metal Oxide Semiconductor Memory，互补金属氧化物半导体内存）

CMOS 内存是一种只需要极少电量就能存放数据的芯片。由于耗能极低，CMOS 内存可以由集成到主板上的一个小电池供电，这种电池在计算机通电时还能自动充电。因为 CMOS 芯片可以持续获得电量，所以即使在关机后，它也能保存有关计算机系统配置的重要数据。

（2）外存储器

外存储器的种类很多，又称辅助存储器。外存通常是磁性介质或光盘，像硬盘，软盘，磁带，CD 等，能长期保存信息，并且不依赖于电来保存信息，但是其速度与内存相比非常且价格较内存相比非常低廉。

4. 运算器

运算器又称算术逻辑单元。它是完成计算机对各种算术运算和逻辑运算的装置，能进行加、减、乘、除等数学运算，也能作比较、判断、查找、逻辑运算等。

5. 控制器

控制器是计算机指挥和控制其他各部分工作的中心，其工作过程和人的大脑指挥和控制人的各器官一样。

控制器是计算机的指挥中心，负责决定执行程序的顺序，给出执行指令时机器各部件需要的操作控制命令。

由程序计数器、指令寄存器、指令译码器、时序产生器和操作控制器组成，它是发布命令的“决策机构”，即完成协调和指挥整个计算机系统的操作。

主要功能：

从内存中取出一条指令，并指出下一条指令在内存中位置；

对指令进行译码或测试，并产生相应的操作控制信号，以便启动规定的动作；

指挥并控制 CPU、内存和输入 / 输出设备之间数据流动的方向。

控制器根据事先给定的命令发出控制信息，使整个电脑指令执行过程一步一步地进行，是计算机的神经中枢。

二、计算机硬件的维护原则

（一）预防为主，防治结合

对于计算机硬件系统的维护工作，人们一般会简单地理解为只是对计算机硬件进行普通维修。实际上维护并非完全指维修，其是维修和预防的相互结合，应当要以预防为主。因此在日常工作阶段应当养成良好的上机操作习惯，科学有效地使用计算机，有利于延长计算机的使用寿命，确保计算机的性能能够长期稳定。只有通过这样的处理方式，在使用计算机的时候才可以越来越便捷，以便能够更好地满足工作的实际需求。所以对于计算机硬件系统的维护工作，应当采取以预防为主、防治结合作为重点原则。

（二）确保环境卫生安全

通常情况计算机工作的室内环境温度应当维持在 18~300C 的范围，假如温度出现过低或者过高的现象，轻微的情况是计算机的电子元器件老化速度加快，直接减少其使用寿命，严重的情况直接损坏电子元器件，计算机不能正常使用。因此要将计算机置于通风或者空气流动迅速的地方，这样有利于调节温度，假如在条件允许的条件下，尽可能为计算机房配置足够的空调。另外应当注意不能够把计算机置于阳光可以直接照射到的地方，一方面这种地方会使得计算机的工作温度升高，另一方面阳光直接照射使得计算机屏幕上的荧光物质受损。计算机室内工作环境的相对湿度应当维持在 40%~70% 的范围，假如室内环境过于潮湿，则会导致电路板上的电子元器件触点以及引线出现生锈腐蚀的状况，引起断路或者短路后果。假如室内环境过于干燥则容易产生静电现象，使得计算机的开机过程产生错误信息，甚至可以导致电子元器件的损坏。因此在秋冬季节的期间，因为天气比较干燥寒冷，应当注意维持计算机房室内环境的湿度与温度。

三、计算机硬件的维护方法

（一）计算机资源的分配

如果在启动计算机的情况下，系统会为计算机系统的各个设备自动地分配有效资源与动态内存，为了可以使设备处在正常的状态工作，分配给设备的各个动态内存地址应当是唯一存在的。对于即插即用型的设备，这是相对比较简单的，系统自动分配的有效资源就能够确保各个设备能够处在正常的工作状态。对于非即插即用型的设备，正常使用一般都需要某种特殊的资源，通常情况下系统自动分配的资源已经不能确保这些设备的正常工作状态。因此计算机用户这时候应当手动配置安装这种设备的系统资源，从而能够更好地保证计算机的正常工作状态。

（二）主机的保护

计算机一般主要是由主机与显示器这两个部分所构成，其中主机属于计算机系统的最重要部分，假如将计算机系统比喻成人，则主机的作用就相当于人体的头部，主机硬件中的中央处理器（CPU），其作用则相当于人体的大脑，主板相当于人体的神经系统，显卡相当于人体的视觉系统，声卡相当于人体的听觉系统，因此各个组成部分都应当具备特定的功能，各个部分的具体维护工作都是十分重要的。从以下若干个方面进行充分说明：首先，应当注意主机不可以频繁地进行开机和关机操作，通常情况下开机和关机的时间间隔至少要超过半分钟，在关机的时候需要注意先后顺序，先退出各种应用软件系统，然而关闭操作系统，这样执行才能够有效地避免数据信息出现丢失和软件损坏的现象；另外非专业人士不可以打开计算机机箱，尤其需要注意在开机状态下不可以触摸电路板，防止人身受伤和电路板被损坏，计算机在开启的状态下不可以移动主机，不允许将液体容器摆放在靠近主机的位置。

（三）磁盘的维护

硬盘作为计算机系统数据存储的信息仓库，硬盘主要的维护工作是达到合理使用的目的。在计算机的工作阶段使用硬盘时应当注意以下几种情况：其一是不能够频繁地进行开启与关闭操作，过于频繁的开机和关机操作会使得硬盘被动地频繁启动，这样容易导致故障现象；其二为不能够把硬盘放置在强磁场的地方，否则容易导致数据丢失；其三为在硬盘的工作时，其相应的指示灯会不断地闪烁，说明这是处在读写数据的阶段，这时候是不允许关机的，假如突然发生断电则容易导致盘面损坏，因此必须等到指示灯熄灭后再进行关机操作，假如发生死机问题，硬盘灯点亮，通过热启动键或者主机面板上复位键的作用重新启动计算机，等到计算机正常启动之后同时硬盘指示灯熄灭，然后再进行关机处理；其四为了能够有效地避免感染病毒从而破坏计算机的硬盘数据，必须给计算机安装杀毒软件同时定期地查杀计算机病毒，经常使用的杀毒软件分别有卡巴斯基、360、瑞星等，假如经常需要上网应当安装相应的防火墙。

伴随着计算机科学技术的快速发展，计算机已经成为社会日常工作和学习无法缺少的重要工具。所以对计算机实施良好的维护已经成为影响日常工作和学习效率的关键性因素。尤其是计算机硬件系统的性能状况，不但直接影响到硬件系统的实际工作效率，同时还影响到计算机软件系统的性能发挥效果。

第三节　计算机软件系统

软件系统是指为运行、管理和维护计算机而编制的各种程序、数据和文档的总称。程序是完成某一任务的指令或语句的有序集合；数据是程序处理的对象和处理的结果；文档是描述程序操作及使用的相关资料。计算机的软件是计算机硬件与用户之间的一座桥梁。

计算机软件按其功能分为应用软件和系统软件两大类。

一、系统软件

系统软件是指控制计算机的运行，管理计算机的各种资源，并为应用软件提供支持和服务的一类软件。其功能是方便用户，提高计算机使用效率，扩充系统的功能。系统软件具有两大特点：一是通用性，其算法和功能不依赖特定的用户，无论哪个应用领域都可以使用；二是基础性，其他软件都是在系统软件的支持下开发和运行的。

系统软件是构成计算机系统必备的软件，系统软件通常包括以下几种。

1. 操作系统

操作系统（Operating System，OS）是管理计算机的各种资源、自动调度用户的各种作业程序、处理各种中断的软件。它是计算机硬件的第一级扩充，是用户与计算机之间的桥梁，是软件中最基础和最核心的部分。它的作用是管理计算机中的硬件、软件和数据信息，支持其他软件的开发和运行，使计算机能够自动、协调、高效地工作。

操作系统多种多样，目前常用的操作系统有 DOS、OS/2、UNIX、Linux、NetWare、Windows 2000、Windows XP/Vista、Windows NT、Windows 2003 和 Windows 2008 等。

2. 程序设计语言

人们要使用计算机，就必须与计算机进行交流，要交流就必须使用计算机语言。目前，程序设计语言可分为 4 类：机器语言、汇编语言、高级语言及第四代高级语言。

机器语言是计算机硬件系统能够直接识别的、不需翻译的计算机语言。机器语言中的每一条语句实际上是一条二进制数形式的指令代码，由操作码和操作数组成。操作码指出进行什么操作；操作数指出参与操作的数或在内存中的地址。用机器语言编写程序时工作量大、难于使用，但执行速度快。它的指令二进制代码通常随 CPU 型号的不同而不同，不能通用，因而说它是面向机器的一种低级语言。通常不用机器语言直接编写程序。

汇编语言是为特定计算机或计算机系列设计的。汇编语言用助记符代替操作码，用地址符号代替操作数。由于这种”符号化”的做法，因而汇编语言也称为符号语言。用汇编语言编写的程序称为汇编语言程序。汇编语言程序比机器语言程序易读、易检查、易修改，同时又保持了机器语言执行速度快、占用存储空间少的优点。汇编语言也是面向机器的一种低级语言，不具备通用性和可移植性。

高级语言是由各种意义的词和数学公式按照一定的语法规则组成的，它更容易阅读、理解和修改，编程效率高。高级语言不是面向机器的，而是面向问题，与具体机器无关，具有很强的通用性和可移植性。高级语言的种类很多，有面向过程的语言，例如 FORTRAN、BASIC、PASCAL、C 等；有面向对象的语言，例如，C++、Visual Basic、Java 等。

不同的高级语言有不同的特点和应用范围。FORTRAN 语言是 1954 年提出的，是出现最早的一种高级语言，适用于科学和工程计算；BASIC 语言是初学者的语言，简单易学，人机对话功能强；PASCAL 语言是结构化程序语言，适用于教学、科学计算、数据处理和系统软件开发，目前逐步被 C 语言所取代；C 语言程序简练、功能强，适用于系统软件、数值计算和数据处理等，已成为目前高级语言中使用最多的语言之一；C++、Visual Basic 等面向对象的程序设计语言，给非计算机专业的用户在 Windows 环境下开发软件带来了方便；Java 语言是一种基于 C++ 的跨平台分布式程序设计语言。

40 余年来，高级语言发生了巨大的变化，但从根本上说，上述的通用语言仍是“过程化语言”。编码的时候，要详细描述问题求解的过程，告诉计算机每一步应该“怎样做”。为了把程序员从繁重的编码中解放出来，还需寻求进一步提高编码效率的新语言，这就是第四代高级语言（4GL）产生的背景。

对于 4GL 语言，迄今仍没有统一的定义。一般认为，3GL 是过程化的语言，目的在于高效地实现各种算法；4GL 则是非过程化的语言，目的在于直接实现各类应用系统。前者面向过程，需要描述“怎样做”；后者面向应用，只需说明“做什么”。

3. 语言处理程序

将计算机不能直接执行的非机器语言源程序，翻译成能直接执行的机器语言的语言翻译程序，总称为语言处理程序。

各种高级语言和汇编语言均配有语言处理程序，它们将高级语言和汇编语言编写的程序（源程序）翻译为机器所能理解的机器语言程序（目标程序）。翻译的方法有两种：解释方式和编译方式。前者是对源程序的每个语句边解释边执行，这种方式灵活方便，但效率较低；后者则是把全部源程序一次性翻译处理后，产生一个等价的目标程序，然后再去执行。这种方式效率较高，但不够灵活。早期的高级语言要么是解释方式，要么是编译方式。近年来新发展的语言常常是一个集成环境，既有解释方式的灵活性，又有编译方式的高效性，如 Turbo 系列的 PASCAL、C、BASIC 和 Visual 系列的 C、BASIC、PASCAL、FoxPro 等。

4. 数据库管理系统

利用数据库系统可以有效地保存和管理数据，并利用这些数据得到各种有用的信息。数据库系统主要包括数据库和数据库管理系统。数据库是按一定方式组织起来的数据集合。数据库管理系统具有建立、维护和使用数据库的功能；具有使用方便、高效的数据库编程语言的功能；并能提供数据共享和安全性保障。数据库管理系统按数据模型的不同，分为层次型、网状型和关系型 3 种类型。其中关系型数据库使用最为广泛，例如，SQL Server、FoxPro、Oracle、Access、Sybase、MySQL 等都是常用的关系型数据库管理系统。

5. 工具软件

工具软件又称为服务性程序，是在系统开发和系统维护时使用的工具，完成一些与管理计算机系统资源及文件有关的任务，包括编辑程序、链接程序、计算机测试和诊断程序等。这种程序需要操作系统的支持，而它们又支持软件的开发和维护。

测试工具是指测试软件正确性的工具。测试工具主要有两种类型的工具，一类是调试工具，用来帮助软件设计人员排除软件错误，如汇编调试工具 Debug，面向源代码的调试工具 Turbo Debugger、CodeView 等；另一类是测试工具，用来检验软件的正确性和可靠性。

常用的工具软件有 PC 工具箱（PC Tools）、诊断测试软件（DIAG）、调试软件（Debug）、链接软件（LINK）、处理病毒软件（金山毒霸、瑞星、江民、卡巴斯基）和软件开发工具（Delphi、PowerBuilder）等。

二、应用软件

软件公司或用户为解决某类应用问题而专门研制的软件称为应用软件。它包括应用软件包和面向问题的应用软件。一些应用软件经过标准化、模块化，逐步形成了解决某些典型问题的应用程序组合，称为软件包（Package）。例如，AutoCAD 绘图软件包、通用财务管理软件包、Office 软件包等。

面向问题的应用软件是指计算机用户利用计算机的软硬件资源为某一专门的目的而开发的软件。例如，科学计算、工程设计、数据处理及事务管理等方面的程序。随着计算机的广泛应用，应用软件的种类及数量将越来越多、越来越庞大。

常见的应用软件有文字处理软件、工程设计绘图软件、办公事务管理软件、图书情报检索软件、医用诊断软件、辅助教学软件、辅助设计软件、网络管理软件和实时控制软件等。

第四节　微型计算机硬件系统

一个完整的计算机系统是由硬件系统和软件系统两大部分构成的，硬件和软件相结合才能充分发挥计算机系统的功能。硬件系统是指电子器件和机电装置组成的计算机实体，是由控制器、运算器、存储器、输入设备和输出设备五部分组成。软件系统一般指为计算机运行工作服务的全部技术资料和各种程序。软件系统又分为系统软件和应用软件。

微型计算机的硬件组成包括控制器、运算器、存储器、输入设备和输出设备，其中运算器和控制器集成在一起，称为微处理器，即中央处理单元 CPU。

1. CPU

中央处理单元是包含运算器和控制器的一块大规模集成电路芯片。它的主要任务是进行各种算术和逻辑运算，控制计算机软硬件协调一致的工作，是微机系统的核心控制部件。

目前我国微机使用的主流处理器有 Intel 公司 Pentium（奔腾）、Celeron（赛扬）；AMD（超微）公司的 Athlon（速龙）、Duron（毒龙）等。

2. 存储器

存储器是计算机的“记忆”装置，能够把大量的程序和数据存储起来。存储器按功能可分为主存储器和辅助存储器。

1）主存储器

主存储器简称主存，采用大规模、集成电路器件，按其工作方式的不同可分为随机存储器（RAM）和只读存储器（ROM）。

随机存储器在工作时用来存放用户的程序、数据和临时调用的系统程序，断电后内容自动消失，关机前应将 RAM 中需要的程序和数据转到外存储器上。

通常我们所说的内存大小指的是 RAM 的大小，一般以 MB 为单位。目前内存的容量都在 1G。

2）辅助存储器

辅助存储器又叫外存储器，主要有软盘、硬盘、光盘，它们都需要通过驱动器才能与主机进行数据通信。

a）软盘

软盘是一片薄的涂有磁性材料的塑料贺圆盘。他的优点是体积小、成本低携带方便；信息既可以写入，也可以读出；缺点是容量小，速度慢，目前已经淘汰。

b）硬盘

硬盘是最重要的外存储器，它是在金属圆盘上涂有磁性材料，由多个盘片组成的一个磁盘组。一般都封闭在硬盘驱动器内，存取速度比软盘快得多，容量大；硬盘忌读盘时震

动或移动，否则会损坏硬盘。

c）光盘

光盘与硬盘比较，盘片携带方便；与软盘比较，它的存储容量大。所以现在的软件发行大都用光盘。

3. 输入设备

输入设备是将信息送入计算机的装置。常用的输入设备有键盘、鼠标、扫描仪等。

1）键盘

键盘是最常用的输入设备，微型计算机常用的键盘是 104 键盘。

2）鼠标

鼠标是一般窗口软件和绘图软件的首选输入设备，用以进行光标定位和某些特定输入。

4. 输出设备

常用的输出设备有显示器、打印机等。

1）显示器

目前家庭使用的显示器可以分为：CRT（阴极射线管）显示器、LCD（液晶）显示器和PDP（等离子体）显示器

2）打印机

打印机也是计算机系统常用的输出设备。目前常用的打印机有点阵打印机、喷墨打印机、激光打印机 3 种。

第三章　数据在计算机中的表示

在计算机中能直接表示和使用的数据有数值数据和字符数据两大类。数值数据用于表示数量的多少，可带有表示数值正负的符号位。日常所使用的十进制数要转换成等值的二进制数才能在计算机中存储和操作。符号数据又叫非数值数据，包括英文字母、汉字、数字、运算符号以及其他专用符号。它们在计算机中也要转换成二进制编码的形式。

一、计算机中进位计数制

数制是用一组固定数字和一套统一规则来表示数目的方法。进位计数制是指按指定进位方式计数的数制。表示数值大小的数码与它在数中所处的位置有关，简称进位制。在计算机中，使用较多的是二进制、十进制、八进制和十六进制。

（一）十进制（Decimal notation）

十进制的特点：有十个数码：0、1、2、3、4、5、6、7、8、9。运算规则：逢十进一，借一当十。进位基数是 10。

设任意一个具有 n 位整数，m 位小数，地十进制数 D，可表示为：

$D=D_{n-1}\times 10^{n-1}+D_{n-2}\times 10^{n-2}+\cdots+D_1\times 10^1+D_0\times 10^0+D_{-1}\times 10^{-1}+\cdots+D_{-m}\times 10^{-m}$

上式称为“按权展开式”。

『**举例**』**：**将十进制数（123.45）$_{10}$ 按权展开。

解：（123.45）$_{10}=1\times 10^2+2\times 10^1+3\times 10^0+4\times 10^{-1}+5\times 10^{-2}=100+20+3+0.4+0.05$

（二）二进制（Binary notation）

二进制的特点是：有两个数码：0、1。运算规则：逢二进一，借一当二。进位基数是 2。设任意一个具有 n 位整数，m 位小数的二进制数 B，可表示为：

$B=B_{n-1}\times 2^{n-1}+B_{n-2}\times 2^{n-2}+\cdots+B_1\times 2^1+B_0\times 2^0+B_{-1}\times 2^{-1}+\cdots+B_{-m}\times 2^{-m}$

权是以 2 为底的幂。

『**举例**』**：**将（1000000.10）$_2$ 按权展开。

（100000.10）$_2=1\times 2^6+0\times 2^5+0\times 2^4+0\times 2^3+0\times 2^2+0\times 2^1+0\times 2^0+1\times 2^{-1}+0\times 2^{-2}=$（64.5）$_{10}$

二进制不符合人们的使用习惯，在日常生活中，不经常使用。计算机内部的数是用二

进制表示的，其主要原因是：

（1）电路简单

二进制数只有 0 和 1 两个数码，计算机是由逻辑电路组成的，因此可以很容易地用电气元件的导通和截止来表示这两个数码。

（2）可靠性强

用电气元件的两种状态表示两个数码，数码在传输和运算中不易出错。

（3）简化运算

二进制的运算法则很简单，例如：求和法则只有 3 个，求积法则也只有 3 个，而如果使用十进制要烦琐得多。

（4）逻辑性强

计算机在数值运算的基础上还能进行逻辑运算，逻辑代数是逻辑运算的理论依据。二进制的两个数码，正好代表逻辑代数中的“真”（True）和“假”（False）。

（三）八进制（Octal notation）

八进制的特点是：有八个数码：0、1、2、3、4、5、6、7。运算规则：逢八进一，借一当八。进位基数是 8。

设任意一个具有 n 位整数，m 位小数地八进制数 Q，可表示为：

$Q=Q_{n-1}\times 8^{n-1}+Q_{n-2}\times 8^{n-2}+\cdots+Q_{1}\times 8^{1}+Q_{0}\times 8^{0}+Q_{-1}\times 8^{-1}+\cdots+Q_{-m}\times 8^{-m}$

『**举例**』将 $(654.23)_8$ 按权展开。

$(654.23)_8=6\times 8^2+5\times 8^1+4\times 8^0+2\times 8^{-1}+3\times 8^{-2}=(428.296875)_{10}$

（四）十六进制（Hexadecimal notation）

十六进制的特点：

有十六个数码：0、1、2、3、4、5、6、7、8、9、A、B、C、D、E、F。十六个数码中的 A，B，C，D，E，F 六个数码，分别代表十进制数中的 10，11，12，13，14，15。运算规则：逢十六进一，借一当十六。进位基数是 10。

设任意一个具有 n 位整数，m 位小数的十六进制数 H，可表示为：

$H=H_{n-1}\times 16^{n-1}+H_{n-2}\times 16^{n-2}+\cdots+H_{1}\times 16^{1}+H_{0}\times 16^{0}+H_{-1}\times 16^{-1}+\cdots+H_{-m}\times 16^{-m}$

权是以 16 为底的幂。

『**举例**』$(3A6E.5)_{16}$ 按权展开。

解： $(3A6E.5)_{16}=3\times 16^3+10\times 16^2+6\times 16^1+14\times 16^0+5\times 16^{-1}=(14958.3125)_{10}$ 十进制、二进制、八进制和十六进制数的转换关系，如下表：

表 3-1-1　各种进制数码对照表

十进制	二进制	八进制	十六进制	十进制	二进制	八进制	十六进制
0	0	0	0	9	1001	11	9
1	1	1	1	10	1010	12	A
2	10	2	2	11	1011	13	B
3	11	3	3	12	1100	14	C
4	100	4	4	13	1101	15	D
5	101	5	5	14	1110	16	E
6	110	6	6	15	1111	17	F
7	111	7	7	16	10000	20	10
8	1000	10	8	17	10001	21	11

在程序设计中，为了区分不同进制数，通常在数字后用一个英文字母为后缀以示区别：

十进制数：数字后加 D 或不加，如：10D 或 10。

二进制：数字后加 B，如：10010B。

八进制：数字后加 Q，如：123Q。

十六进制：数字后加 H，如：2A5EH。

（五）二进制与十进制之间的转换

二进制转换成十进制只需按权展开后相加即可。

『**举例**』$(10010.11)_2=1\times2^4+0\times2^3+0\times2^2+1\times2^1+0\times2^0+1\times2^{-1}+1\times2^{-2}=(18.75)_{10}$

十进制转换成二进制时，整数部分的转换与小数部分的转换是不同的。

整数部分：除 2 取余，逆序排列。

将十进制数反复除以 2，直到商是 0 为止，并将每次相除之后所得的余数按次序记下来，第一次相除所得余数是 K_0，最后一次相除所得的余数是 K_{n-1}，则 $K_{n-1}\ K_{n-2}\cdots K_2K_1$ 即为转换所得的二进制数。

『**举例**』将十进制数 $(123)_{10}$ 转换成二进制数。如图 3-1-2 所示：

解：

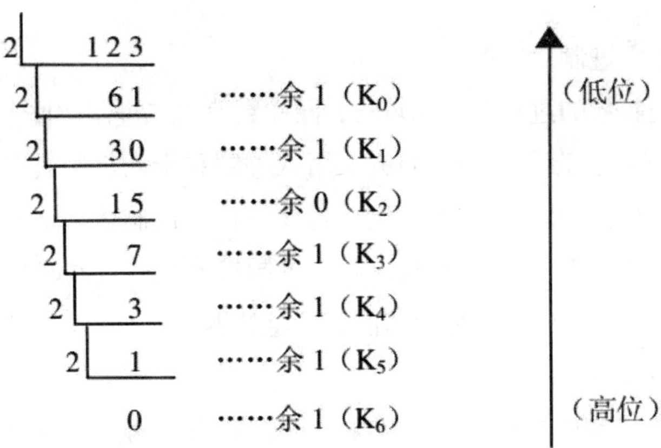

图3-1-1

$(123)_{10}=(1111011)_2$

小数部分：乘 2 取整，顺序排列。

将十进制数的纯小数反复乘以 2，直到乘积的小数部分为 0 或小数点后的位数达到精度要求为止。第一次乘以 2 所得的结果是 K—1，最后一次乘以 2 所得的结果是 K—m，则所得二进制数为 $0.K_{-1}K_{-2}\cdots K_{-m}$。

『**举例**』将十进制数 $(0.2541)_{10}$ 转换成二进制。如下图所示：

解：

图3-1-2

$(0.2541)_{10}=(0.0100)_2$

『**举例**』将十进制数 $(123.125)_{10}$ 转换位二进制数。

解：对于这种既有整数又有小数的十进制数，可以将其整数部分和小数部分分别转换为二进制，然后再组合起来，就是所求的二进制数了。

$(123)_{10}=(1111011)_2$

$(0.125)_{10}=(0.001)_2$

$(123.125)_{10}=(1111011.001)_2$

（六）二进制与八进制、十六进制之间的互换

二进制与八进制、十六进制之间的互换

十进制数转换成二进制数的过程书写比较长，同样数值的二进制数比十进制数占用更多的位数，书写长，容易混淆。为了方便人们就采用八进制和十六进制表示数。由于 $2^3=8$，$2^4=16$，八进制与二进制的关系是：一位八进制数对应三位二进制数。十六进制与二进制的关系是：一位十六进制数对应四位二进制数。将二进制转换成八进制时，以小数点位中心向左和向右两边分组，每三位一组进行分组，两头不足补零。

$(001101101110.110101)_2=(1556.65)_8$

将二进制转换成十六进制时，以小数点位中心向左和向右两边分组，每四位一组进行分组，两头不足补零。

$(001101101110.11010100)_2=(36E.D4)_{16}$

二、机器数

（一）机器数的范围

机器数的范围由硬件（CPU 中的寄存器）决定。当使用 8 位寄存器时，字长为 8 位，所以一个无符号整数的最大值是 $(11111111)_2=(255)_{10}$，机器数的范围为 0 ~ 255；当使用 16 位寄存器时，字长为 16 位，所以一个无符号整数的最大值是 $(FFFF)_{16}=(65535)_{10}$，机器数的范围为 0 ~ 65535。

（二）机器数的符号

在计算机内部，任何数据都只能用二进制的两个数码“0”和“1”来表示。除了用“0”和“1”的组合来表示数值的绝对值大小外，其正负号也必须数码化以 0 和 1 的形式表示。通常规定最高位为符号位，并用 0 表示正，用 1 表示负。这时在一个 8 位字长的计算机中，数据的格式如下图所示。

最高位 D_7 为符号位，D_6 ~ D_1 为数值位。把符号数字化，常用的有原码、反码、补码三种。

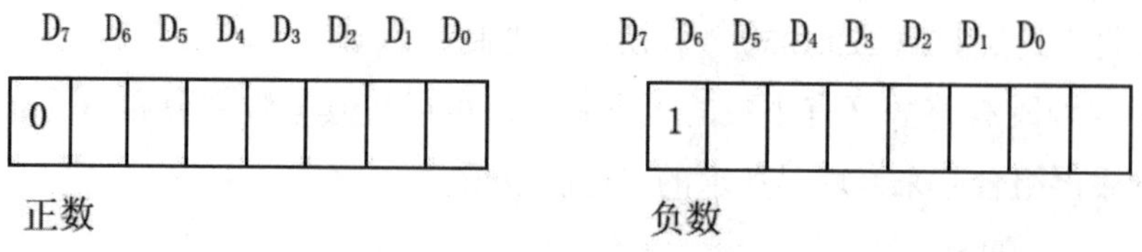

图3-1-3　机器数的符号

1. 定点数和浮点数

（1）定点数

对于定点整数，小数点的位置约定在最低位的右边，用来表示整数，如图 3-1-4 所示；对于定点小数，小数点的位置约定在符号位之后，用来表示小于 1 的纯小数，如图 3-1-5 所示。

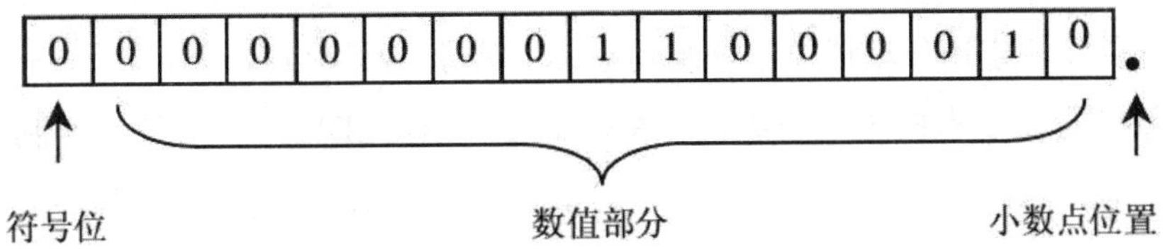

图3-1-4　机器内的定点整数

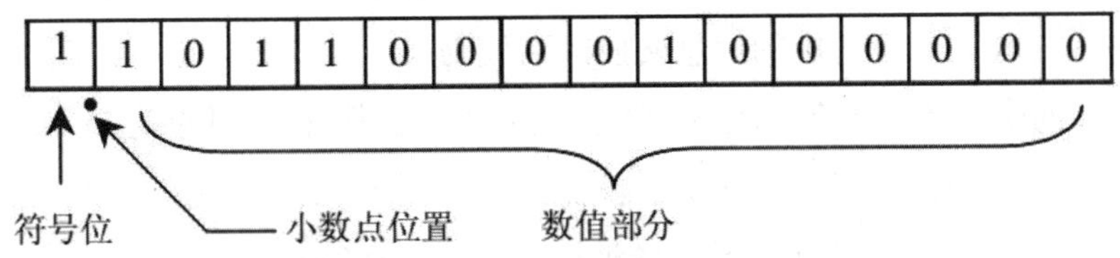

图3-1-5　机器内的定点小数

（2）浮点数

一个二进制数 N 也可以表示为：$N=\pm S\times 2^{\pm P}$

式中的 N、P、S 均为二进制数。S 称为 N 的尾数，即全部的有效数字（数值小于 1），S 前面的 ± 号是尾数的符号；P 称为 N 的阶码（通常是整数），即指明小数点的实际位置，P 前面的 ± 号是阶码的符号。

在计算机中一般浮点数的存放形式如图 3-1-6 所示。

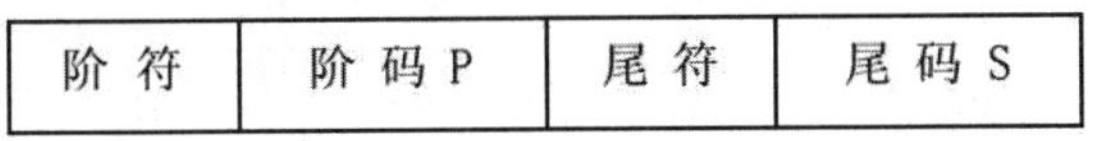

阶 符	阶 码 P	尾 符	尾 码 S

图3-1-6　浮点数的存放形式

在浮点数表示中，尾数的符号和阶码的符号各占一位，阶码是定点整数，阶码的位数决定了所表示的数的范围，尾数是定点小数，尾数的位数决定了数的精度，在不同字长的计算机中，浮点数所占的字长是不同的。

三、计算机中非数值信息的表示

计算机除了能处理数值信息外，还能处理大量的非数值信息。非数值信息是指字符、文字、图形等形式的数据，不表示数量大小，仅表示一种符号，所以又称符号数据。人们使用计算机，主要是通过键盘输入各种操作命令及原始数据，与计算机进行交互。然而计算机只能存储二进制，这就需要对符号信息进行编码，人机交互时敲入的各种字符由机器自动转换，以二进制编码形式存入计算机。

（一）字符编码

字符编码就是规定用什么样的二进制码来表示字母、数字以及专门符号。

计算机系统中主要有两种字符编码：ASCII 码和 EBCEDIC（扩展的二进制 ~ 十进制交换码）。

1. ASCII 码

ASC Ⅱ用于微型机与小型机，是最常用的字符编码。ASCII 码的意思是“美国标准信息交换代码”（Amerrican Standard Coad for Information Interchange），此编码被国际标准化组织 ISO 采纳后，作为国际通用的信息交换标准代码。

ASCII 码有两个版本：7 位码版本和 8 位码版本。国际上通用的是 7 位码版本，即用 7 位二进制表示一个字符，由于 2^7=128，所以有 128 个字符，其中包括：0-9 共 10 个数码，26 个小写英文字母，26 个大写英文字母，各种标点符号和运算符号 33 个。在计算机中实际运用 8 位表示一个字符，最高位为“0”。表 3-1-2 列出了全部 128 个符号的 ASCII 码。例如，数字 9 的 ASCII 码为 57，@ 的 ASCII 码为 96，字母 Z 的 ASCII 码为 122。

表 3-1-2　ASCII 码表

ASCII值	控制字符	ASCII值	控制字符	ASCII值	控制字符	ASCII值	控制字符
0	NUT	32	（space）	64	@	96	、
1	SOH	33	!	65	A	97	a
2	STX	34	”	66	B	98	b
3	ETX	35	#	67	C	99	c
4	EOT	36	$	68	D	100	d
5	ENQ	37	%	69	E	101	e
6	ACK	38	&	70	F	102	f
7	BEL	39	,	71	G	103	g
8	BS	40	(	72	H	104	h
9	HT	41	)	73	I	105	i
10	LF	42	*	74	J	106	j
11	VT	43	+	75	K	107	k
12	FF	44	,	76	L	108	l

续表

ASCII值	控制字符	ASCII值	控制字符	ASCII值	控制字符	ASCII值	控制字符
13	CR	45	-	77	M	109	m
14	SO	46	.	78	N	110	n
15	SI	47	/	79	O	111	o

（二）汉字的数字化表示

（1）汉字输入码

汉字输入方法大体可分为：区位码（数字码）、音码、形码、音形码。

1）区位码：优点是无重码或重码率低，缺点是难于记忆；

例题：一个汉字的机内码目前通常用2个字节来表示：第一个字节是区码的区号加$(160)_{10}$；第二个字节是区位码的位码加$(160)_{10}$；

2）音码：优点是大多数人都易于掌握，但同音字多，重码率高，影响输入的速度；

3）形码：根据汉字的字形进行编码，编码的规则较多，难于记忆，必须经过训练才能较好地掌握；重码率低；

4）音形码：将音码和形码结合起来，输入汉字，减少重码率，提高汉字输入速度。

（2）汉字交换码

汉字交换码是指不同的具有汉字处理功能的计算机系统之间在交换汉字信息时所使用的代码标准。自国家标准GB2312－80公布以来，我国一直沿用该标准所规定的国标码作为统一的汉字信息交换码。

GB2312－80标准包括了6763个汉字，按其使用频度分为一级汉字3755个和二级汉字3008个。一级汉字按拼音排序，二级汉字按部首排序。此外，该标准还包括标点符号、数种西文字母、图形、数码等符号682个。

区位码的区码和位码均采用从01到94的十进制，国标码采用十六进制的21H到73H（数字后加H表示其为十六进制数）。区位码和国标码的换算关系是：区码和位码分别加上十进制数32。如“国”字在表中的25行90列，其区位码为2590，国标码是397AH。

由于GB2312－80是80年代制定的标准，在实际应用时常常感到不够，所以，建议处理文字信息的产品采用新颁布的GB18030信息交换用汉字编码字符集，这个标准繁、简字均处同一平台，可解决两岸三地间GB码与BIG5码间的字码转换不便的问题。

（三）字符和汉字的输出

字符和汉字除用“内码”被表示、存储和处理外，另一个重要的表示是字符和汉字的“图形”字符输出，即显示和打印出字符和汉字的外部形状。为此，计算机系统必须维护一个“字库”，存储每一个字符或汉字的可视字形。这种可视字形称为“字模”。字模犹如印刷厂里活字排版用的铅字；不同的是计算机字库中对每一个字符或汉字只保存一个字模，而印刷厂却要保存许多铅字。字库有ASCII字符字库和汉字字库，分别存储字符字模和汉字字模。

1. 字符字模和字库

建立字模的一种方法是"点阵"法。一个字母，如"A"，用7×5的点阵表示它，即每一个字符占据7行5列网格的面积。在这个网格上用笔涂写一个字符图形，凡笔经过的格子涂成黑色，笔没有经过的格子保留白色（如图3-1-7中的网格部分）。

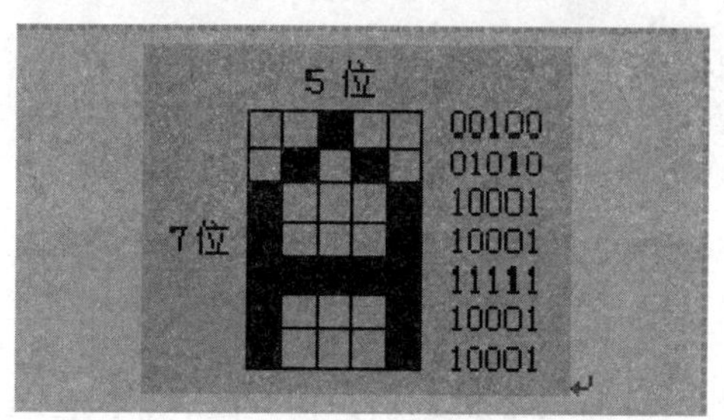

图3–1–7　字符自模

根据字符的网格，用一组二进制数表示它。字符A的字模对应的一组二进制数是：0011111，0100100，1000100，0100100，0011111，表示成16进制是：1F，24，44，24，1F。这一组二进制数，称为"位图"（Bitmap），就表示了一个字符。所有字符的字模集中在一起，就构成字符的字库。对ASCII字符而言，最多只有128个字模。字库中的每一个字模与该字符的内码（即字符编码）之间建立一种对应关系。使当已知一个字符的内码时，就能按已规定的对应关系获得该字符的字模（即它的位图），并送到输出设备上显示出来。图3-1-8图示了利用字库显示字符的工作原理。当CPU产生一个字符（如A），要在显示器上显示；则CPU把字符的内码（如41H）送到显示器的显示存储器中，显示器根据内码从字库读出字形信息（即A的字模信息），送到显示器并显示在屏幕上。

2. 汉字字模和字库

与字符的字模和字库的表示方法类似，一个汉字，如"中"，亦用点阵表示之。只是汉字有各种不同的字体、字形和字号，要用不同规格的点阵表示之。如有16×16，16×32，32×32，48×48，… 等规格的汉字点阵，每一个点在存储器中用一个二进制位（bit）存储。例如，在16×16的点阵中，需8×32bit的存储空间，每8bit为1字节，所以，需32字节的存储空间。在相同点阵中，不管其笔画繁简，每个汉字所占的字节数相等。所有汉字字模集中在一起存储和管理，即形成汉字字库。图3-1-9是通常用于显示器的16×16点阵汉字字模。

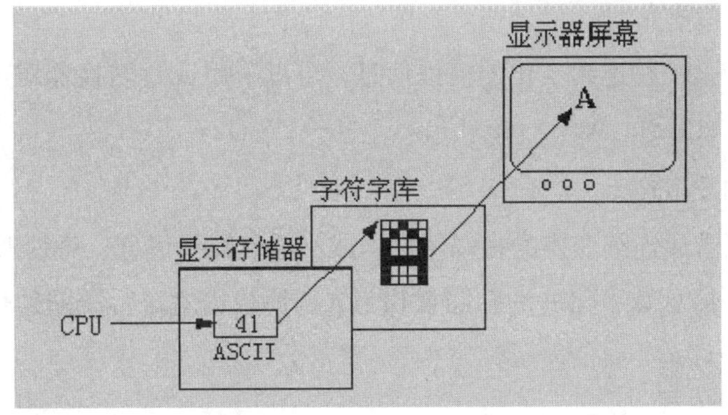

图3-1-8　字符显示的工作原理

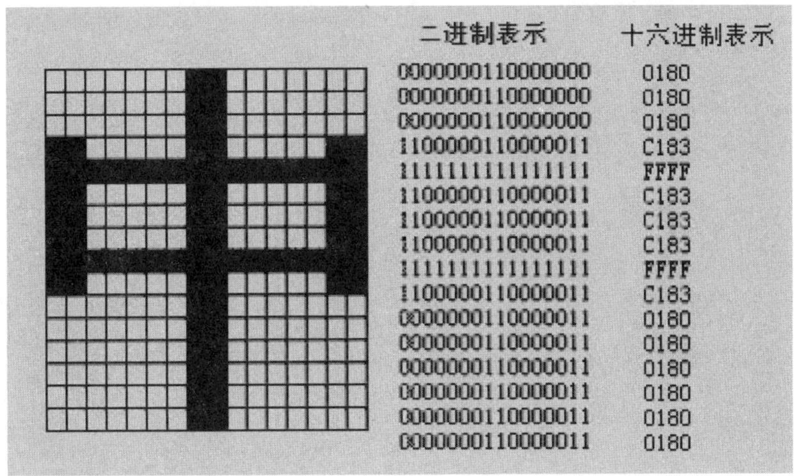

图3-1-9　汉字点阵

汉字字库的管理和使用与字符字库雷同，不再赘述。但是，汉字字库较字符字库而言要大得多。一般地，字符字模不超过 128 个，而汉字字库却数以万计，管理和使用技术也艰难得多。当然，汉字字模的点阵表示不是唯一的方法，近年来还有诸如用矢量法表示汉字字模。所谓的矢量汉字是指用矢量方法将汉字点阵字模进行压缩后得到的汉字字形的数字化信息。矢量表示法是为了节省存储空间，而采用的字形数据压缩技术

四、其他信息的数字化

1. 图像信息的数字化

一幅图像可以看作是由一个个像素点构成，图像的信息化，就是对每个像素用若干个二进制数码进行编码。图像信息数字化后，往往还要进行压缩。

图像文件的后缀名有：bmp、gif、jpg 等；

2. 声音信息的数字化

自然界的声音是一种连续变化的模拟信息，可以采用 A/D 转换器对声音信息进行数字化。声音文件的后缀名有：wav、mp3 等；

3. 视频信息的数字化

视频信息可以看成连续变换的多幅图像构成，播放视频信息，每秒需传输和处理 25 幅以上的图像。视频信息数字化后的存储量相当大，所以需要进行压缩处理。视频文件后缀名有：avi、mpg 等；

第四章　操作系统基础

第一节　操作系统概述

一、操作系统内涵简介

操作系统是方便用户、管理和控制计算机软硬件资源的系统软件（或程序集合）。从用户角度看，操作系统可以看成是对计算机硬件的扩充；从人机交互方式来看，操作系统是用户与机器的接口；从计算机的系统结构看，操作系统是一种层次、模块结构的程序集合，属于有序分层法，是无序模块的有序层次调用。操作系统在设计方面体现了计算机技术和管理技术的结合。操作系统在计算机中的地位：

操作系统是软件，而且是系统软件。它在计算机系统中的作用，大致可以从两方面体会：

对内，操作系统管理计算机系统的各种资源，扩充硬件的功能；

对外，操作系统提供良好的人机界面，方便用户使用计算机。它在整个计算机系统中具有承上启下的地位。

操作系统是一个大型的软件系统，其功能复杂，体系庞大。从不同的角度看的结果也不同，正是“横看成岭侧成峰”，下面我们通过最典型的两个角度来分析一下。

1. 从程序员的角度看

正如前面所说的，如果没有操作系统，程序员在开发软件的时候就必须陷入复杂的硬件实现细节。程序员并不想涉足这个可怕的领域，而且大量的精力花费在这个重复的、没有创造性的工作上也使得程序员无法集中精力放在更具有创造性的程序设计工作中去。程序员需要的是一种简单的，高度抽象的可以与之打交道的设备。

将硬件细节与程序员隔离开来，这当然就是操作系统。

从这个角度看，操作系统的作用是为用户提供一台等价的扩展机器，也称虚拟机，它比底层硬件更容易编程。

2. 从使用者的角度看

从使用者的角度来看，操作系统则用来管理一个复杂系统的各个部分。

操作系统负责在相互竞争的程序之间有序地控制对 CPU、内存及其他 I/O 接口设备的分配。

比如说，假设在一台计算机上运行的三个程序试图同时在同一台打印机上输出计算结果。那么头几行可能是程序 1 的输出，下几行是程序 2 的输出，然后又是程序 3 的输出等等。最终结果将是一团糟。这时，操作系统采用将打印输出送到磁盘上的缓冲区的方法就可以避免这种混乱。在一个程序结束后，操作系统可以将暂存在磁盘上的文件送到打印机输出。

从这种角度来看，操作系统则是系统的资源管理者。

二、操作系统的发展历史

结合计算机的发展历史来回顾一下操作系统的发展历程。

1. 第一代计算机（1945~1955）：真空管和插件板

40 年代中期，美国哈佛大学、普林斯顿高等研究院、宾夕法尼亚大学的一些人使用数万个真空管，构建了世界上第一台电子计算机。开启计算机发展的历史。这个时期的机器需要一个小组专门设计、制造、编程、操作、维护每台机器。程序设计使用机器语言，通过插板上的硬连线来控制其基本功能。

这个时候处于计算机发展的最初阶段，连程序设计语言都还没有出现，操作系统更是闻所未闻。

2. 第二代计算机（1955~1965）：晶体管和批处理系统

这个时期计算机越来越可靠，已从研究院中走出来，走进了商业应用。但这个时期的计算机主要完成各种科学计算，需要专门的操作人员维护，并且需要针对每次的计算任务进行编程。

第二代计算机主要用于科学与工程计算。使用 FORTRAN 与汇编语言编写程序。在后期出现了操作系统的雏形：FMS（FORTRAN 监控系统）和 IBMSYS（IBM 为 7094 机配备的操作系统）

3. 第三代计算机（1965~1980）：集成电路芯片和多道程序

60 年代初，计算机厂商根据不同的应用分成了两个计算机系列，一个针对科学计算，一个针对商业应用。

随着计算机应用的深入，对统一两种应用的计算机需求出现了。这时 IBM 公司试图通过引入 System/360 来解决这个问题。

与这个计划配套，IBM 公司组织了 OS/360 操作系统的开发，然后复杂的需求，以及当时软件工程水平低下使得 OS/360 的开发工作陷入了历史以来最可怕的“软件开发泥潭”，诞生了最著名的失败论著——《神秘的人月》。

虽然这个开发计划失败了，但是这个愿望却成了计算机厂商的目标。

此时，MIT、Bell Lab（贝尔实验室）和通用电气公司决定开发一种“公用计算机服务系统”——MULTICS，希望其能同时支持数百名分时用户的一种机器。结果这个计划的研制难度超出了所有人的预料，最后这个系统也以失败结束。不过，MULTICS 的思想却为后来的操作系统很多提示。

60 年代末，一位贝尔实验室曾参加过 MULTICS 研制工作的计算机科学家 Ken Thompson，在一台无人使用的 PDP-7 机器上开发出了一套简化的、单用户版的 MULTICS。后来导致了 UNIX 操作系统的诞生。

UNIX 操作系统主导了小型机、工作站以及其他市场。也是至今最有影响力的操作系统之一，而 Linux 也是 UNIX 系统的一种衍生，下一讲我们将专门介绍一下 UNIX 的发展历史。

4. 第四代计算机：个人计算机

随着计算机技术的不断更新与发展，计算机神奇般地闯入了人们的生活，以低廉的价格就可以获得强大计算能力的计算机。

价格不再是阻拦计算机普及的门槛时，降低计算机的易用性就显得十分重要。由于 UNIX 系统的本身特点，使得其不太适合于运行在个人计算机上，这时就需要一种新的操作系统。

在这一历史关键时候，IBM 公司由于低估了 PC 机的市场，并未使用最大的力量角逐这一市场，这时 Intel 公司趁机进入，成了当今微处理器的老大。同时善于抓住时机的微软公司的总裁比尔·盖茨适时地进入了这一领域，用购买来的 CP/M 摇身一变成为 MS-DOS，并凭借其成为个人计算机操作系统领域的霸主。

虽然是苹果公司在 GUI 方面先拔头筹，但由于苹果公司的不兼容、不开放的市场策略，未能扩大战果，这时微软又适时地进入了 GUI 方面，凭借 WINDOWS 系统再次称雄。

三、操作系统构成

一般来说，操作系统由以下几个部分组成：

1）进程调度子系统

进程调度子系统决定哪个进程使用 CPU，对进程进行调度、管理。

2）进程间通信子系统

负责各个进程之间的通信。

3）内存管理子系统

负责管理计算机内存。

4）设备管理子系统

负责管理各种计算机外设，主要由设备驱动程序构成。

5）文件子系统

负责管理磁盘上的各种文件、目录。

6）网络子系统

负责处理各种与网络有关的东西。

四、操作系统结构设计

操作系统有多种实现方法与设计思路，下面仅选取最有代表性的三种做一简单的叙述。

1. 整体式系统

整体式系统结构设计：

这是最常用的一种组织方式，它常被誉为“大杂烩”，也可说，整体式系统结构就是“无结构”。

这种结构方式下，开发人员为了构造最终的目标操作系统程序，首先将一些独立的过程，或包含过程的文件进行编译，然后用链接程序将它们链接成为一个单独的目标程序。

Linux 操作系统就是采用整体式的系统结构设计。但其在此基础上增加了一些形如动态模块加载等方法来提高整体的灵活性，弥补整体式系统结构设计的不足。

2. 层次式系统

层次式系统结构设计：

这种方式则是对系统进行严格的分层，使得整个系统层次分明，等级森严。这种系统学术味道较浓，实际完全按照这种结构进行设计的操作系统不多，也没有广泛的应用。

可以这么说，现在的操作系统设计是在整体式系统结构与层次式系统结构设计中寻求平衡。

3. 微内核系统

微内核系统结构设计：

微内核系统结构设计是近几年来出现的一种新的设计理念，最有代表性的操作系统有 Mach 和 QNX。

微内核系统，顾名思义就是系统内核很小！比如说 QNX 的微内核只负责：

进程间的通信

低层的网络通信

进程调度

第一级中断处理

五、横向比较

计算机历史中出现了许许多多的操作系统，然后大浪淘沙，无情地淘汰了许多，只留下一些经历过市场考验的：

1. 桌面操作系统

1）MSDOS：Intelx86 系列的 PC 机上的最早的操作系统，微软公司产品，曾经统治了这个领域，现在已逐渐被自家兄弟 WINDOWS 9x 系列所代替，现在除了一些低档机外已不多见。

2）Windows 9x：微软公司产品，从 Windows 3.x 发展而来，现在是基于 Intel x86 系列的 PC 机上的主要操作系统，也是现然个人电脑中装机量最大的操作系统。面向桌面、面向个人用户。

3）Mac OS：苹果公司所有，界面友好，性能优异，但由于只能运行在苹果公司自己的电脑上而发展有限。但由于苹果电脑独特的市场定位，现在仍存活良好。

4）linux：Linux 是一种计算机操作系统和它的内核的名字，它也是自由软件和开放源代码发展中最著名的例子。

严格来讲，Linux 这个词本身只表示 Linux 内核，但在实际上人们已经习惯了用 Linux 来形容整个基于 Linux 内核，并且使用 GNU 工程各种工具和数据库的操作系统（也被称为 GNU/Linux）。基于这些组件的 Linux 软件被称为 Linux 发行版。一般来讲，一个 Linux 发行套件包含大量的软件，比如软件开发工具，数据库，Web 服务器（例如 Apache），X Window，桌面环境（比如 GNOME 和 KDE），办公套件等等。

2. 服务器操作系统

1）UNIX 系列：UNIX 可以说是源远流长，是一个真正稳健、实用、强大的操作系统，但是由于众多厂商在其基础上开发了有自己特色的 UNIX 版本，所以影响了整体。在国外，UNIX 系统可谓独树一帜，广泛应用于科研、学校、金融等关键领域。但由于中国的计算机发展较为落后，UNIX 系统的应用水平与国外相比有一定的滞后。

2）Windows NT 系列：微软公司产品，其利用 Windows 的友好的用户界面的优势打进服务器操作系统市场。但其在整体性能、效率、稳定性上都与 UNIX 有一定差距，所以现在主要应用于中小企业市场。

3）Novell Netware 系列：Novell 公司产品，其以极适合于中小网络而著称，在中国的证券行业市场占有率极高，而且其产品特点鲜明，仍然是服务器系统软件中的长青树。

4）LINUX 系列：Linux 是一种自由和开放源码的类 Unix 操作系统。目前存在着许多不同的 Linux，但它们都使用了 Linux 内核。Linux 可安装在各种计算机硬件设备中，从手机、平板电脑、路由器和视频游戏控制台，到台式计算机、大型机和超级计算机。Linux 是一个领先的操作系统，世界上运算最快的 10 台超级计算机运行的都是 Linux 操作系统。严格来讲，Linux 这个词本身只表示 Linux 内核，但实际上人们已经习惯了用 Linux 来形容整个基于 Linux 内核，并且使用 GNU 工程各种工具和数据库的操作系统。Linux 得名于计算机业余爱好者 Linus Torvalds。

第二节 windows 基础

一、Windows 的简单操作

（一）Windows 系统的启动

按下计算机电源，启动计算机，进入到 Windows XP 工作环境，此时显示在屏幕上的就是 Windows XP 的桌面，如图 4-2-1 所示。桌面上一般有“我的文档”“我的电脑”“网上邻居”“回收站”等图标，随着新应用程序的安装，桌面上会不断地添加新的图标。

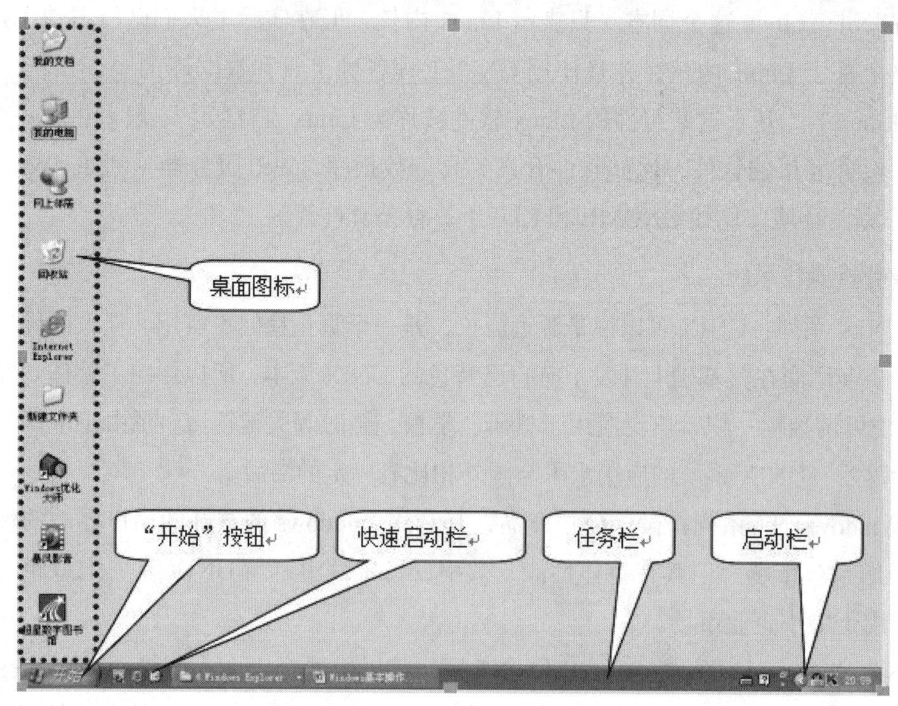

图4-2-1 Windows XP桌面

（二）鼠标的使用

在 Windows 平台下，使用鼠标可以快速选择屏幕上的对象。当鼠标在桌面上移动时，鼠标指针随着鼠标的移动而移动。常见的鼠标操作有：单击、双击、右击，拖动。

1. 单击

当鼠标指针指向某对象时，按下鼠标左键并松开，这种操作叫作“单击”。例如单击一个图标后，该图标会反白显示，表示被选中。

2. 双击

当鼠标指针指向某个对象时，连续两次按下鼠标左键并松开，称为“双击”，一般会打开一个窗口或一个应用程序。

3. 右击

将鼠标指针指向某个对象时，按下鼠标右键并松开的操作，称为“右击”，一般会弹出一个快捷菜单。

4. 拖动

当鼠标指针指向某个对象时，按住鼠标左键不放的同时移动鼠标，移动到合适的位置松开鼠标，对象会被放置在新的位置上。

（三）键盘的使用

键盘是用户向计算机输入数据和命令的基本设备。下面对一些常用控制键的功能进行介绍表 4-2-1。

表 4-2-1　键盘常用键及其功能

控制键名称	功　能
Ctrl	控制键，与其他键配合组成复合控制键。例如 Ctrl+C 键可以实现复制功能
Alt	交替换挡键，与其他键组合成复合控制键。例如 Alt+Tab 键可以切换当前任务
Shift	上档键，对于具有双重字符的按键，同时按下该键，可以选择按键上面的符号
Tab	制表定位键，按此键光标跳到下一个制表位
Backspace	退格键，每按一次，光标及右边的字符向左退回一格，光标处原来的字符被删除。
Delete	删除键，删除光标右边的字符
Insert	按下此键，可以在插入和覆盖两种方式间切换
Home	光标移动到行首
End	光标移动到行末
Page Up	屏幕显示上一页
Page Down	屏幕显示下一页
Num Lock	按下此键，可以在数字键和光标控制键两种功能之间切换
Print Screen	屏幕打印键，按下此键，屏幕显示的内容送到 Windows 剪贴板

（四）窗口和菜单的使用

双击桌面上“我的文档”图标，弹出“我的文档”窗口，窗口由标题栏、菜单栏等部分组成，如图 4-2-2 所示。利用鼠标单击菜单栏上的命令，可以完成相应的操作，如单击“文件”→“新建”→“文件夹”，可以在“我的文档”窗口中创建一个新的文件夹。如果菜单栏中的某些命令显示为灰色，表示该菜单处于不可用状态。

窗口的右上角有 [最小化]、[还原]、[关闭] 三个按钮，通过单击分别实现窗口的最小化、还原和关闭。

1. 单击最小化按钮，窗口将缩小为一个只有标题栏的小窗口，放置在任务栏上，而在任务栏上单击该图标，窗口又立即显示在桌面上。

2. 单击还原按钮，窗口将缩小，同时还原按钮变成最大化按钮[最大化]，此时可以通过拖拽鼠标调整窗口的大小；而单击最大化按钮，窗口又扩大到整个桌面，同时最大化按钮变为还原按钮。

3. 单击关闭按钮，可以快速关闭文档窗口。

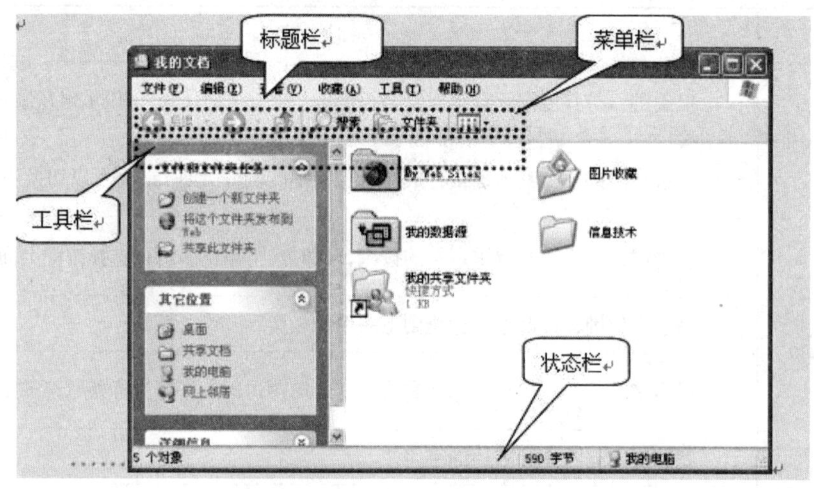

图4-2-2 “我的文档”窗口

（五）设置任务栏和开始菜单

任务栏一般出现在屏幕的底部，它包含“开始”按钮、快速启动栏、任务按钮等部分组成，如图 4-2-3 所示。

1. “开始”按钮

用户单击“开始”按钮，会弹出“开始”菜单如图 4-2-3，通过单击该菜单中的命令可以启动应用程序，查找文件、设置系统和退出系统等几乎所有 Windows 中的任务。

“开始”菜单中的项目并不是固定不变的，可以通过设置向开始菜单中“添加”或“删除”项目。具体步骤如下：

（1）单击“开始”→“设置”→“任务栏和开始菜单”，在弹出的对话框中选择“开始菜单”选项卡，然后单击“自定义”按钮，出现图 4-2-4 所示的对话框。

（2）如果需要删除“开始”菜单中的项目，则单击“删除”按钮，弹出图 4-2-5 所示的对话框，选择某个图标，单击“删除”即可。

（3）如果需要向“开始”菜单中添加项目，则单击图 4-2-4 中的“添加”按钮。

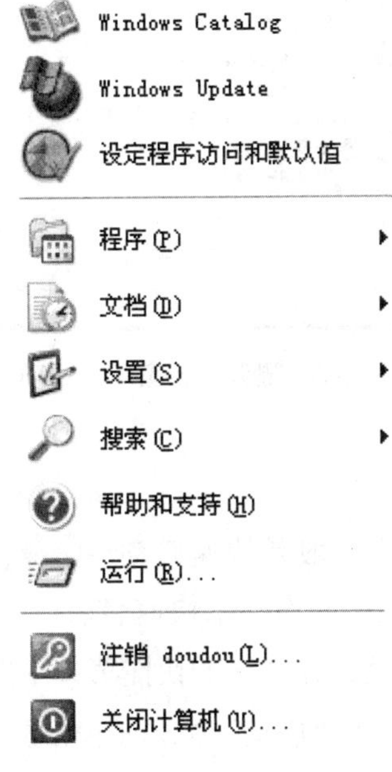

图4-2-3　开始菜单

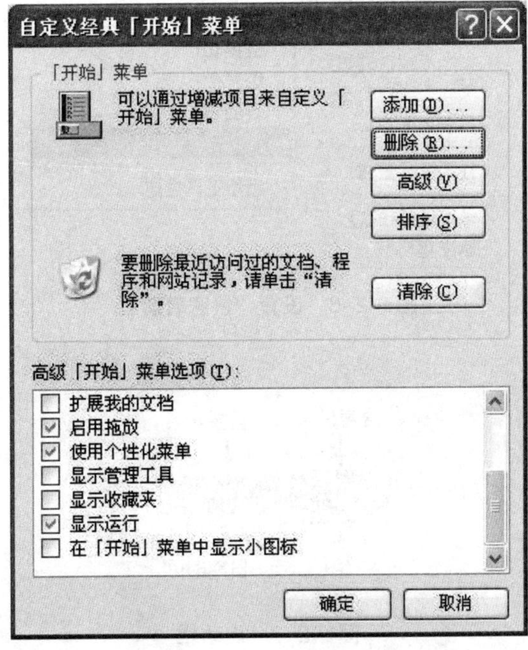

图4-2-4　自定义开始菜单

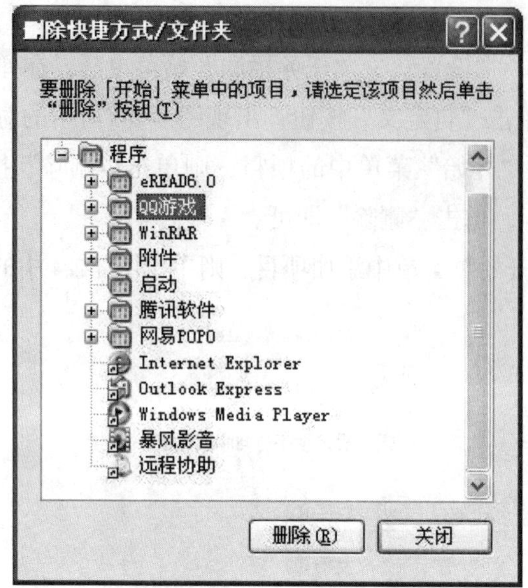

图4-2-5　删除开始菜单中的项目

2. 快速启动栏

任务栏中“开始”按钮的右边一般是快速启动栏，单击这些按钮可以直接打开IE浏览器或回到桌面。如果任务栏中没有显示快速启动栏，可以按照下面的步骤进行添加：

（1）鼠标右击任务栏的空白处，在弹出的快捷菜单中选择“工具栏”命令；

（2）在“工具栏”的级联菜单“快速启动”命令前单击鼠标，此时“快速启动”前出现“Ö”，表示快速启动栏已经成功显示在任务栏中，如图4-2-6所示。

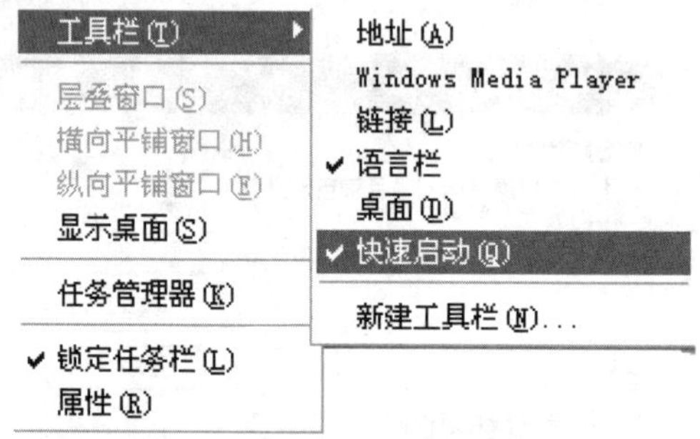

图4-2-6　设置“快速启动”

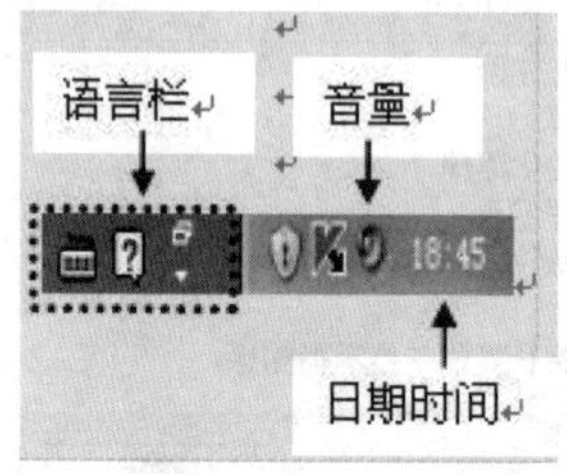

图4-2-7　启动栏

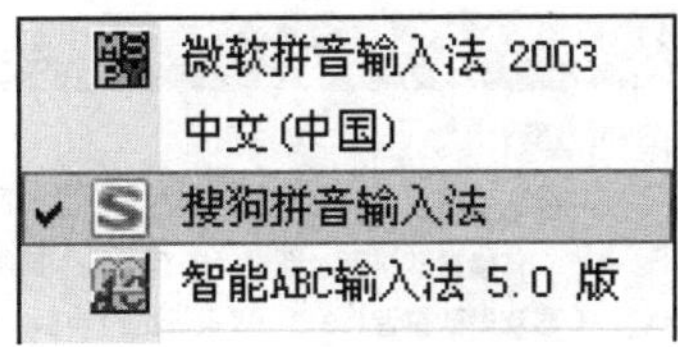

图4-2-8　输入法的切换

3. 启动栏

任务栏的最右边一般有日期时间、语言栏及音量控制按钮，如图 4-2-7 所示，通过这些按钮可以快速进行日期时间设置、输入法设置和音量调节等操作。例如，单击输入法按钮，在弹出的快捷菜单中选择某一种输入法，即可以实现输入法的切换，见图 4-2-8。

（六）输入法的使用

1. 输入法的切换

用户除了可以用鼠标来进行输入法的切换之外，还可以利用键盘来进行快速的切换。当开启中文输入法后，可以利用 Ctrl+ 空格键来关闭或开启中文输入法，利用 Ctrl+Shift 键在英文和已安装的中文输入法之间进行切换。

2. 输入法工具栏

当用户选择了一种中文输入法后，屏幕上会出现一个对应的输入法工具栏。如选择“微软拼音输入法 2003”，则屏幕上会出现如图 4-2-9 所示的工具栏。

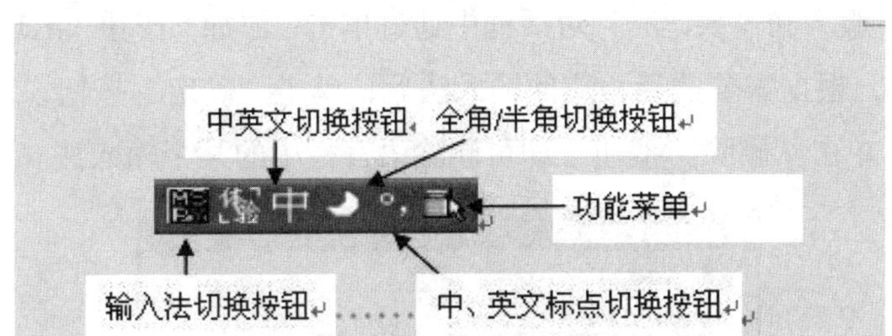

图4-2-9　中文输入法工具栏

单击图 4-2-9 中的“功能菜单”按钮，在弹出的快捷中可以选择相应的命令，如单击“软键盘”命令，可以打开软键盘如图 4-2-10；单击“输入选项”命令，可以对微软拼音输入法的各种选项进行设置如图 4-2-11。

图4-2-10　软键盘

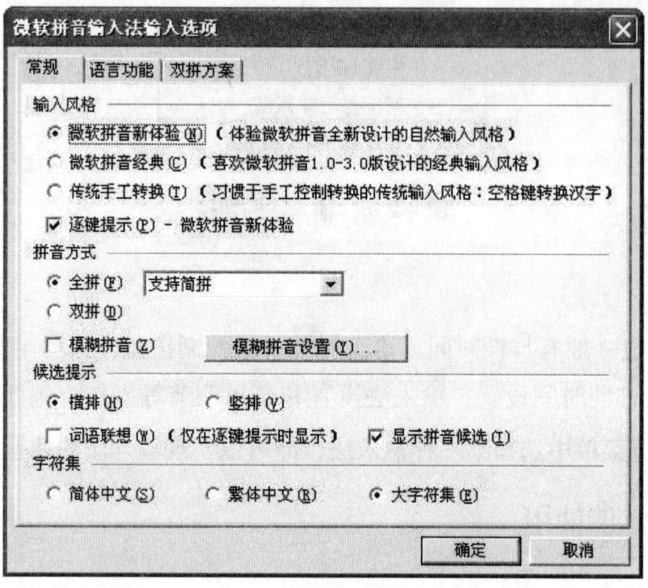

图4-2-11　设置微软拼音输入法选项

3. 添加或删除输入法

语言栏中的输入法并不是固定不变的，用户可以根据需要对语言栏中的输入法进行添加或删除，具体操作如下：

（1）单击“语言栏”中的“选项”按钮 ，在弹出的快捷菜单中选择“设置”命令，出现如图 4-2-12 所示的对话框。

（2）在“文字服务和输入语言”对话框中通过单击“添加”按钮，出现“添加输入语言”对话框如图 4-2-13，根据需要选择相应的输入法后，单击“确定”按钮，即可在语言栏中添加输入法。同理，单击“删除”按钮，即可删除语言栏中的某个输入法。

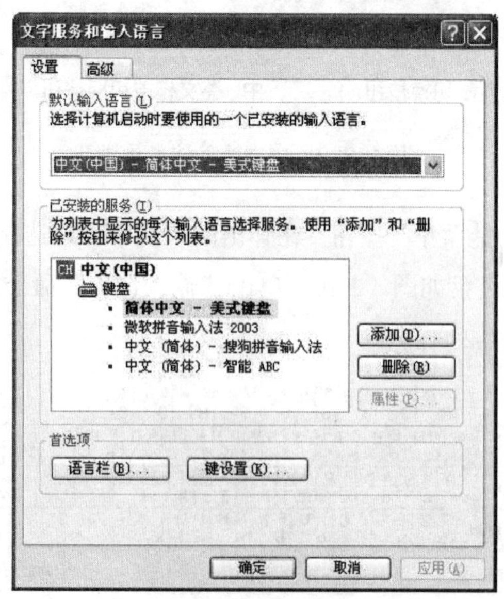

图4-2-12　文字服务和输入语言对话框

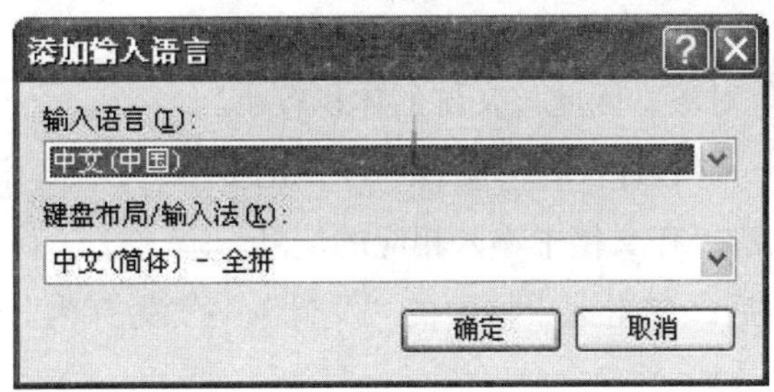

图4-2-13 添加输入语言对话框

（七）常用 Windows 附件的使用

Windows 的附件中包含许多实用程序，如“画图”“记事本”“计算器”等。

1. “画图”程序

利用画图工具可以创建简单精美的图片，这些图片可以是黑白的或彩色的，可以保存到计算机中，也可以打印。

（1）单击“开始”→“程序”→“附件”→“画图”，启动画图程序，出现如图 4-2-14 所示的窗口。

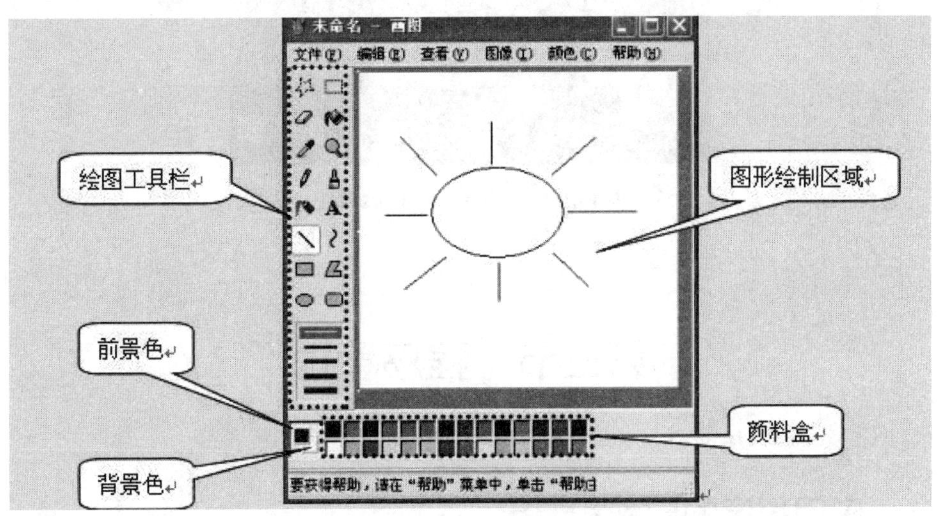

图4-2-14 画图窗口

（2）单击窗口左边的工具栏，在右边的图形绘制区域按下鼠标进行绘制。

（3）绘制结束之后，单击菜单栏中的“文件”→“另存为”命令，在对话框中的“文件名”中填入文件的名称；“保存在”下拉列表框中列出的是当前文档保存的位置，如果要保存的不是这个位置，可以单击该列表后面的向下箭头，选择一个位置；“保存类型”下拉列表框中列出的是可以保存的文件的类型，默认的文件类型为 .bmp 格式。

（4）单击“保存”按钮，将文档进行保存。

2. “记事本”程序

记事本是一个用来创建简单文档的文本编辑器。在记事本文件中只能输入文本信息，不能插入图片、艺术字等对象，因此该文件的体积较小。

（1）单击“开始”→“程序”→“附件”→“记事本”，启动记事本程序。

（2）选择一种输入法，在文档中输入相应的信息。

（3）文档编辑结束后，单击菜单栏中的“文件”→“另存为”命令进行保存，文件的默认类型为 .txt。

（八）Windows 系统的关闭

当用户对所有的程序进行了保存，关闭窗口不再使用计算机时，不能直接关闭电源，而应进行正确的操作。

1. 单击“开始”→“关闭计算机”，出现如图 4-2-15 所示的对话框。

2. 在弹出的对话框中，选择“关闭”，然后单击“确定”，则系统将自动关闭。

图4-2-15　关闭Windows系统

第三节　程序管理

一、应用程序的启动和退出

（一）启动应用程序

1. 通过“开始”菜单“程序”中的快捷方式。

2. 双击桌面上或文件夹程序所对应的快捷方式。

3. 单击“开始”菜单的“运行”，在弹出对话框中输入应用程序的文件名。

4. 通过“我的电脑”或“资源管理器”，进入应用程序所在的目录。选中该应用程序的可执行文件，并双击该文件的图标。

（二）应用程序的退出

1. 大多数应用程序都自己带有退出命令，它们一般在“文件”菜单中。

2. 单击窗口右上方的关闭按钮退出

3. 按 Alt+F4 组合键。

双击控制菜单按钮，或单击控制菜单按钮后选择“关闭”，命令。

二、添加或删除程序

（一）安装应用程序

方法一、程序光盘附有“autorun”功能，可自动运行安装程序，也可直接运行安装盘中的安装程序。

方法二、利用 Windows 提供的安装和删除程序的工具。

单击“开始”按钮，指向“设置”，单击“控制面板”，然后双击“添加 / 删除程序”。

（二）删除应用程序

1. 打开“添加 / 删除程序”对话框，在程序列表中单击选中要删除的程序项。

2. 然后单击“删除”按钮，系统弹出一个提示信息对话框。

3. 如果用户确认要删除所选定的应用程序，则单击“是”按钮。

三、任务管理器

同时按下 Ctrl+Alt+Delete 键，则出现任务管理器如图 4-3-1 所示：

1. 关闭程序

在打开的“Windows 任务管理器”对话框中单击“应用程序”标签。

2. 查看和关闭进程

切换到“进程”选项卡。

3. 查看系统性能

切换到“性能”选项卡。

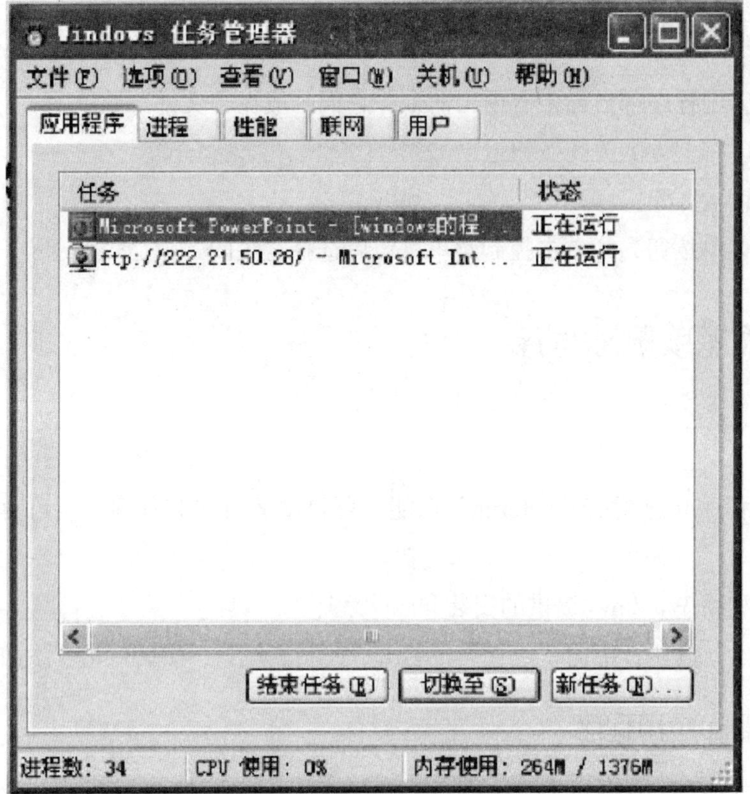

图4-3-1 任务管理器

第四节 文件管理

一、文件的基本知识

1. 文件的概念

文件是相关信息的集合，是计算机存贮的基本单位。

2. 文件的命名

主名，扩展名。命名规则：

（1）文件或文件夹可以使用长文件名，名称最多可以有 255 个字符。

（2）可以指定大小写但不能用大小写区分文件名，例如，ABC．DOC=abc．doc。

（3）可以使用汉字和空格，但空格作为文件名的开头字符或单独作为文件名不起作用。

（4）可以使用多间隔符，但只有最后一个分隔符后的部分能作为文件的扩展名。

（5）文件名中不能使用的字符有＼ ／：＊？ ” <> ｜。

（6）同一磁盘同一文件夹中不能有同名的文件和文件夹（文件和文件夹的名称也不能相同）。

3. 文件的通配符

通配符有两种：“*”和“？”。

（1）“*”通配符代表所在位置的多个字符。例如：*. *，可以代表所有的文件夹和文件。

（2）“？”通配符代表所在位置的一个任意字符。例如：ABC?. DOC，表示以ABC开头，第四个字符任意，扩展名是DOC的所有文件。

4. 文件的属性

有只读、隐藏和存档三种属性，在NTFS格式下文件和文件夹还可以有索引、加密和压缩属性。具有只读属性的文件或文件夹，只能被访问，不能进行修改或删除；具有隐藏属性的文件，通过“文件夹选项”对话框的设置，可以隐藏起来；具有索引属性的文件或文件夹的内容可以索引为快速搜索；具有加密属性的文件或文件夹的内容被加密；具有压缩属性的文件或文件夹被压缩。

5. 文件夹的概念

文件夹是存放文件的空间，采用的是文件夹树（目录树）体系。

6. 文件类型

扩展名为EXE的是程序文件；扩展名为TXT的是文本文件；扩展名为BMP的是位图文件；扩展名为DOC的是WORD文档。

二、我的电脑

1. 外观的设置

改变“我的电脑”窗口的外观可以通过单击“查看”菜单弹出其下拉菜单，利用下拉菜单的选项可以改变窗口的外观。

（1）显示或隐藏工具栏：在“查看”菜单中选择“工具栏”级联菜单中的选项来调整。

（2）显示或隐藏状态栏：在“查看”菜单中单击“状态栏”命令来调整。

（3）“自定义”工具按钮：在“查看”菜单中选择“工具栏”级联菜单中的“自定义”选项，利用“自定义工具栏”对话框，可以为窗口添加需要的工具按钮。

2. 窗口中的对象

在“我的电脑”的窗门中，包含软盘、硬盘和光盘驱动器的图标，用户文件夹图标，通过设置还可以有“控制面板”图标。

（1）驱动器图标：双击任一个驱动器的图标都可以打开该驱动器的窗口，显示其内容，并对它进行操作。

（2）控制面板图标：双击“控制面板”图标，打开“控制面板”窗口，利用其中的对象，可以对计算机中的软、硬件资源进行设置。

（3）用户文件夹图标：可以存储用户的文件及文件夹。

3. 图标的排列和查看

（1）图标的排列：选择“查看”菜单的“排列图标”命令，出现它的级联菜单，在级联菜单中有“名称”“类型”“大小”“可用空间”“备注”“按组排列”等选项，用户可以根据需要选择其中的某种方式排列图标。

（2）图标的查看：选择“查看”菜单命令，选择缩略图、平铺、图标、列表、详细信息方式。

三、“我的电脑”对文件的管理

1. 文件和文件夹的浏览

利用“我的电脑”的“查看”菜单的“缩略图”“平铺”“图标”等方式来浏览；当文件夹中有图片文件时，“查看”菜单还会出现“幻灯片”和“缩略图”查看方式；还可以利用“查看”菜单中的“排列图标”名令对文件进行某种排列。

2. 文件或文件夹的选定

操作原则是先选定后操作。

（1）选定单一文件或文件夹：直接单击要选择的文件或文件夹。

（2）同时选定多个文件或文件夹：

1）选定全部文件或文件夹：单击窗口的“编辑”菜单的“全部选定”命令或用快捷键 Ctrl+A。

2）选定一组连续的文件和文件夹：单击该组的第一个文件或文件夹，按住 Shift 键，再单击该组的最后一个文件或文件夹上。

3）选定多个不连续文件和文件夹：按住 Ctrl 键后，单击要选定的各个文件和文件夹。

4）选定多组文件和文件夹：选定一组后，按住 Ctrl 键单击第二组的第一个文件或文件，继续按住 Ctrl 键，移动光标到第二组的最后一个文件或文件夹上，在按住 Ctrl 和 Shift 键的同时单击第二组的最后一个文件或文件夹，即可选定第二组文件。

5）利用“编辑”菜单的“反向选择”命令：可以选择全区域内没有选择的对象，而取消已经选择的对象。

（3）取消选定的文件或文件夹：

1）如果已经选定了一组文件和文件夹，要取消其中的一个或几个，可以按住 Ctrl 键，在要取消的文件或文件夹上单击。

2）要取消全部选定的文件，可单击窗口的空白处。

3. 文件夹和文件的创建

在“我的电脑”中，利用窗口菜单和快捷菜单都可以创建文件和文件夹。

（1）文件夹的建立：打开要建立的文件夹所在的驱动器或文件夹的窗口，选择“新建”/“文件夹”，或者右键单击窗口的空白处出现快捷菜单，选择“新建”/“文件夹”，出现一个“新建文件夹”图标，输入文件夹的名称按回车键。

（2）新文件的建立：打开要建立的文件所在的驱动器或文件夹的窗口，单击“文件”菜单/“新建”命令，或者右键单击窗口的空白处出现快捷菜单，选择“新建”命令。在“新建”命令中，选择一种文件方式，输入文件名就建立了一个空白文件，双击该图标，打开它的窗口，进行编辑。

4. 文件的打开和打开方式

文件总是与应用程序相关联，一个应用程序可以关联多个扩展名，但一个扩展名只能关联一个应用程序。

（1）文件的打开

1）选中要打开的文件后，选择“文件”菜单的“打开”。

2）右键单击要打开的文件，在快捷菜单中选择“打开”。

3）直接双击要打开的文件。

4）选择文件后，按回车键。

（2）文件的打开方式：如果文件直接可以打开，说明文档文件已经和应用程序建立了关联；如果不能直接打开，就是文档文件没有与应用程序建立关联，选择“打开方式”命令，弹出“打开方式”对话框，在“程序”的列表框中选择正确的应用程序。

5. 文件夹或文件的复制和发送

（1）文件和文件夹的复制/移动

1）命令法：选择要复制/移动的文件或文件夹，选择“复制/剪切”命令，选定目标文件夹，选择“粘贴”命令。

2）左键拖动法：选择要复制/移动的文件或文件夹，当在不同的驱动器之间复制/移动时，直接拖动/按住 SHIFT 键拖动；当在同一驱动器的不同文件夹之间复制/移动时，按住 Ctrl 键后拖动/直接拖动。

3）右键拖动法：选定要复制/移动的文件或文件夹，按住鼠标右键将其拖动到目标文件夹窗口释放，弹出快捷菜单选择“复制到当前位置”/“移动到当前位置”。

4）工具按钮法：选定要复制/移动的文件或文件夹，单击工具栏的“复制到”/“移至”按钮或单击“信息区”的“复制这个文件（文件夹）”/“移动这个文件（文件夹）”，出现“复制项目”/“移动项目”对话框中选择目标文件夹，单击“复制”/“移动”按钮。

5）快捷键法：选定要复制/移动的文件或文件夹，按 Ctrl+C（复制）/CTRL+X（剪切），选定目标文件夹，按“CTRL+V”（粘贴）。

（2）文件或文件夹的发送：选定要发送的文件或文件夹，选择“文件”菜单的“发送到”命令，或右键单击要发送的文件或文件夹，在弹出其级联菜单中选择“发送到”，出现其级联菜单中选择指定地方，如“我的文档”“邮件接收者”等。

6. 文件或文件夹的搜索

（1）打开搜索方法

1）在“我的电脑”窗口中选定驱动器，然后选择“文件”菜单的“搜索”命令。

2）在“我的电脑”窗口中选定驱动器，右键单击驱动器弹出快捷菜单中选择“搜索”。

3）在“我的电脑”窗口中单击工具栏的“搜索”按钮，弹出“你要查找什么”中选择“所有文件和文件夹”。

（2）搜索选项

1）“全部或部分文件名”文本框中输入要查找的文件名称（可以使用通配符）。

2）“文件中的一个字或词组”文本框中输入文件中包括的字或词组。

3）“在这里寻找”下拉式列表框中选择磁盘或文件夹。

4）“什么时候修改的？”可以设置搜索的时间范围。

5）“大小是？”，可以设置文件的大小。

6）“更多高级选项”设置搜索隐藏文件。

7. 文件或文件夹的重命名

（1）在驱动器或文件夹的窗口中选定要重命名的文件或文件夹，选择“文件”菜单的“重命名”命令，或单击“信息区”的“重命名这个文件（文件夹）”，这时该文件或文件夹的图标反像显示，名称反像显示且被方框框住，可以在框内改名。

（2）在要改名的文件或文件夹上单击右键，弹出快捷菜单，单击“重命名”命令，文件或文件夹的图标反像显示，名称反像显示且被方框框住，可以在框内改名。

（3）在要改名的文件或文件夹上单击使其处于选中状态，然后再单击其名称，名称反像显示且被方框框住，可以在方框中直接改名。

8. 文件或文件夹的删除

（1）在驱动器或文件夹的窗口中，先选定要删除的文件或文件夹。

（2）然后选择“文件”菜单的“删除”命令 / 按 Delete 键 / 右击弹出快捷菜单中选择“删除”/ 单击工具栏的“删除”按钮 / 单击信息区的“删除这个文件（文件夹）”按钮。

（3）通过以上操作，都会出现确认对话框，单击“是”按钮，就可以删除文件或文件夹。

（4）用鼠标直接拖曳选中的文件或文件夹到“回收站”，文件或文件夹也可以被删除；若按住 Shift 键的同时进行操作，则直接被彻底删除。

9. 文件夹或文件的属性

（1）文件夹属性：选中文件夹，选择“文件”菜单的“属性”命令；或单击工具栏“属性”按钮；或右键单击弹出快捷菜单中选择“属性”命令，弹出“文件夹属性”对话框，内有三张选项卡：“常规”“共享”和“自定义”。

1）“常规”选项卡：显示文件夹的类型、位置、大小、占用空间、包含的文件及文件夹数、创建的时间、属性，并且可以修改文件夹的属性。

2）“共享”选项卡：设置文件夹的共享属性。

①本地共享和安全：设置使用本计算机的其他用户共享该文件夹。方法是：单击“共享文档”超级链接，打开“共享文档”窗口，将该文件夹的图标拖入，即可共享。

②网络共享和安全：设置与网络用户共享该文件夹。方法是：选择“在网络上共享这个文件夹”复选框，输入共享名。

（2）文件属性：选中文件，选择“文件”菜单的“属性”命令；或单击工具栏“属性”按钮；或右键单击弹出快捷菜单中选择“属性”命令，弹出文件属性对话框。文件类型不同，属性对话框的选项卡不同，一般有常规、摘要、版本、自定义等选项卡。

1）“常规”选项卡：显示文件名，文件的类型、打开方式、位置、大小、占用空间，文件的创建时间、修改时间、访问时间，可以查看和修改文件的属性。

2）“摘要”选项卡：显示文档的标题、主题、作者、类别、关键字、备注等信息。

10. 文件夹选项的设置

在“我的电脑”窗口选择“工具”菜单中的“文件夹选项”命令，会弹出一个“文件夹选项”对话框，有四张选项卡：“常规”“查看”“文件类型”和“脱机文件”。

（1）“常规”选项卡：可以改变窗口风格、文件夹浏览方式和打开项目的方式。

（2）“查看”选项卡：在“高级设置”列表框中可以根据需要进行选择。

（3）“文件类型”选项卡：列出了系统中目前已注册的文件类型，用户可以通过“新建”按钮来增加新类型，也可以选择某一文件类型后单击“删除”按钮删除该种类型。

第五节　磁盘管理

一、磁盘管理应用程序的使用

（一）磁盘管理控制台

启动“磁盘管理”应用程序，选择“开始”—“程序”—“管理工具”—“计算机管理”打开如图 4-5-1 所示的“计算机管理”控制台窗口。展开“存储”选项，单击“磁盘管理”，窗口右半部 “底端”窗口中以图形方式显示了当前计算机系统安装了三个物理磁盘，各个磁盘的物理大小，以及当前分区的结果与状态。“顶端”以列表的方式显示了磁盘的属性、状态、类型、容量、空闲等详细信息。

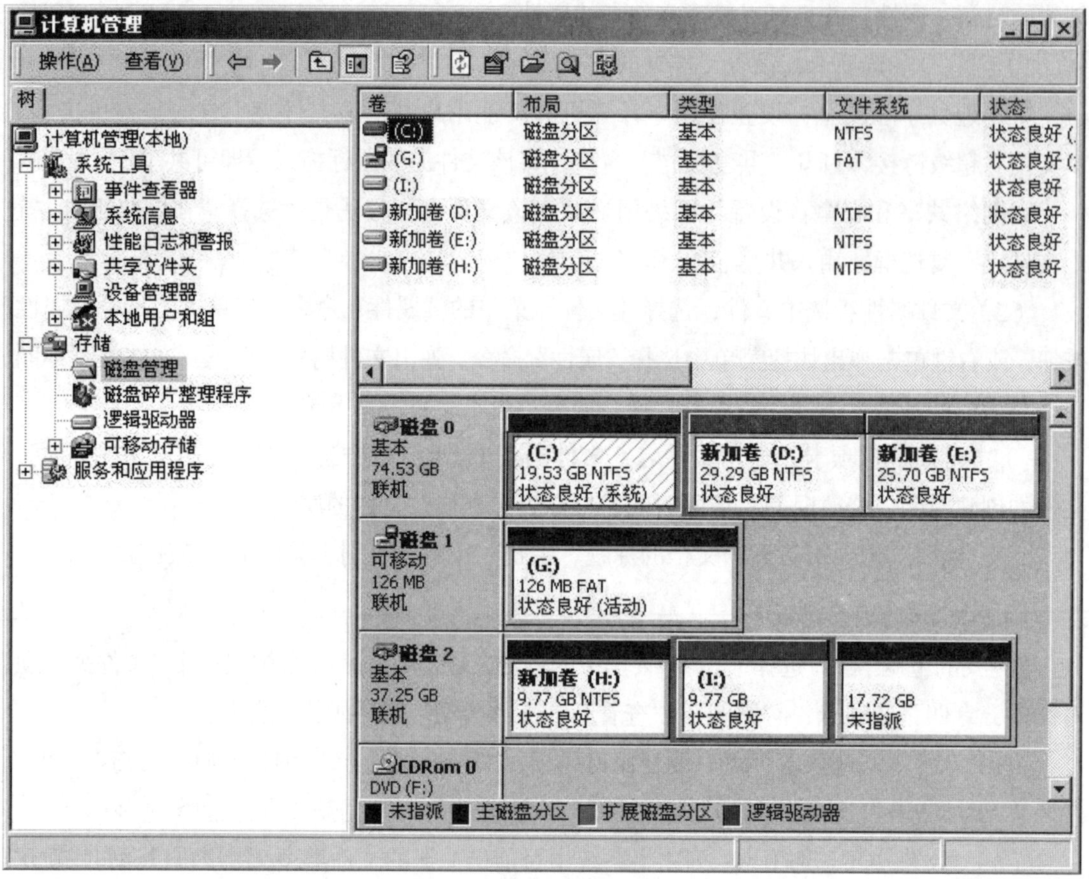

计算机管理
操作(A) 查看(V)
树
计算机管理(本地)
系统工具
事件查看器
系统信息
性能日志和警报
共享文件夹
设备管理器
本地用户和组
存储
磁盘管理
磁盘碎片整理程序
逻辑驱动器
可移动存储
服务和应用程序

卷	布局	类型	文件系统	状态
(C:)	磁盘分区	基本	NTFS	状态良好(
(G:)	磁盘分区	基本	FAT	状态良好(
(I:)	磁盘分区	基本		状态良好
新加卷 (D:)	磁盘分区	基本	NTFS	状态良好
新加卷 (E:)	磁盘分区	基本	NTFS	状态良好
新加卷 (H:)	磁盘分区	基本	NTFS	状态良好

磁盘 0 基本 74.53 GB 联机
(C:) 19.53 GB NTFS 状态良好 (系统)
新加卷 (D:) 29.29 GB NTFS 状态良好
新加卷 (E:) 25.70 GB NTFS 状态良好
磁盘 1 可移动 126 MB 联机
(G:) 126 MB FAT 状态良好 (活动)
磁盘 2 基本 37.25 GB 联机
新加卷 (H:) 9.77 GB NTFS 状态良好
(I:) 9.77 GB 状态良好
17.72 GB 未指派
CDRom 0 DVD (F:)
未指派 主磁盘分区 扩展磁盘分区 逻辑驱动器

图4-5-1 计算机管理控制台

（二）创建主磁盘分区

一台基本磁盘内最多可以有 4 个主磁盘分区。创建主磁盘分区的步骤如下：

1. 启动“磁盘管理”；

2. 选取一块未指派的磁盘空间，如下图所示，这里我们选择“磁盘 1”。

3. 用鼠标右击该空间，在弹出的菜单中选择“创建磁盘分区”，在出现“欢迎使用创建磁盘分区向导”对话框时，单击“下一步”按钮。

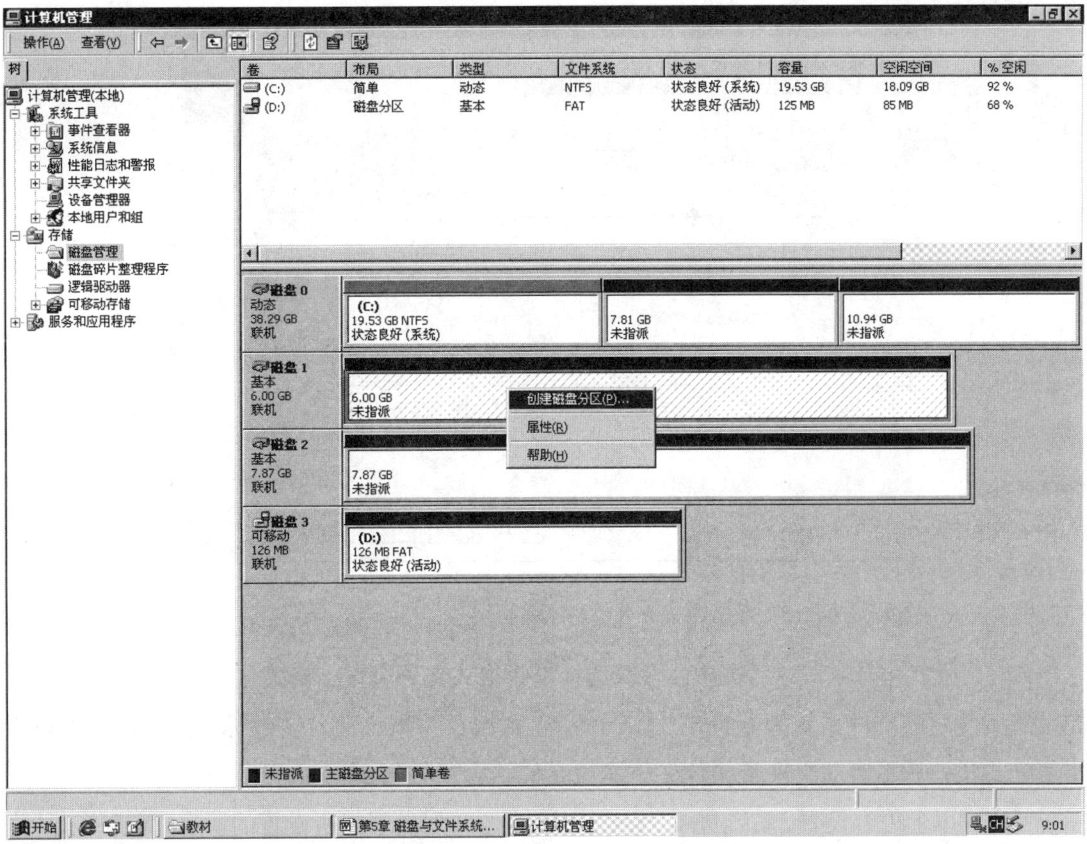

图4-5-2　创建主磁盘分区

4.“选择分区类型”对话框中，选择“主磁盘分区”，单击“下一步”按钮。

5. 在“指定分区大小”对话框中，输入该主磁盘分区的容量，此例中输入“500MB”。完成后单击“下一步”按钮。

6. 如图 4-5-3 所示的对话框中，完成其中的单选框选择，单击“下一步”按钮，出现格式化分区对话框。设置驱动器号为“H”。

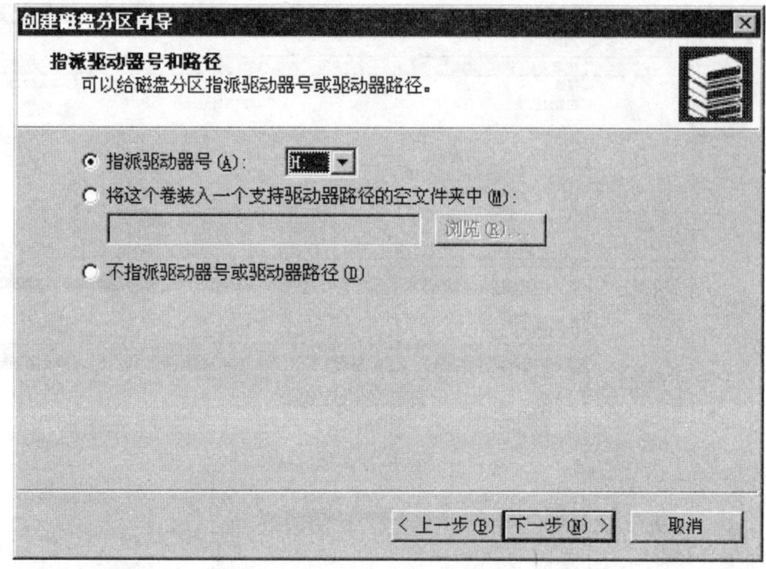

图4-5-3　创建主磁盘分区

7. 在“格式化分区”对话框中，可以选择是否格式化该分区；格式化该分区的方式设置，如设置①使用的文件系统为 NTFS；②分配单位大小：为默认值；③卷标为默认值；④执行快速格式化；⑤不启动文件及文件夹压缩功能。

8. 完成以上内容设置，系统进入“完成”对话框，并列出用户所设置的所有参数。单击“完成”按钮，开始格式化该分区。

（三）创建扩展磁盘分区

1. 在磁盘管理控制台中，选取一块未指派的空间。如选择磁盘 1 上的未指派空间。

2. 鼠标右击该空间，在弹出菜单中选择“创建磁盘分区”，打开“创建磁盘分区向导”对话框。单击“下一步”按钮，选择“扩展磁盘分区”，其后操作步骤同创建主磁盘分区类似。如图 4-5-4 显示了完成上述对“磁盘 1”创建 500MB 主分区、1000MB 扩展分区后的磁盘分区图示。

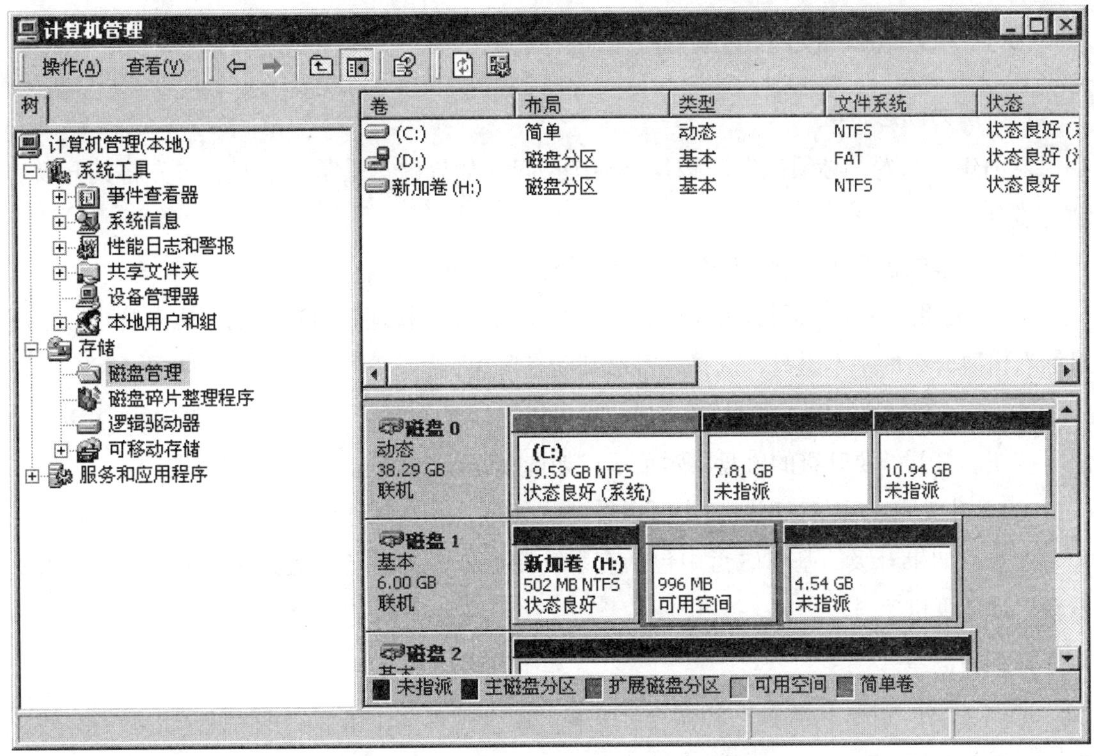

图4–5–4 创建主磁盘分区、扩展磁盘分区

3. 创建逻辑驱动器

（1）鼠标右击扩展磁盘分区，如选择磁盘 1 上的扩展磁盘分区，在弹出的快捷菜单中选择“创建逻辑驱动器”弹出“欢迎使用创建磁盘分区向导”对话框，单击“下一步”按钮。

（2）出现“选择分区类型”对话框时，选择“逻辑驱动器”单选项，单击“下—按钮。其后操作步骤同创建主磁盘分区类似。

（四）磁盘分区后的常用维护

1. 设定“活动”的磁盘分区。如设置 0 磁盘的主分区为“活动”状态。

2. 磁盘格式化。如进行 0 磁盘的 D 分区格式化操作。详细设置同创建主磁盘分区的第七步骤。

3. 添加卷标。如设置 0 磁盘的 D 分区的卷标为“我的磁盘”。

4. 更改磁盘驱动器号及路径。如设置 0 磁盘的 D 分区的驱动器号为“E”。

5. 删除磁盘分区。如设把 0 磁盘的 D 分区删除。

6. 将 FAT 文件系统转换为 NTFS 文件系统

可以利用 convert．exe 命令来完成此功能。首先进入命令提示符环境，然后运行下面的命令（假设要将磁盘 D：转换为 NTFS）：convert D：/FS：NTFS。。如转换 0 磁盘的 F 分区的文件系统为 NTFS。

（五）动态磁盘分区的创建与管理

1. 升级为动态磁盘

要创建动态卷，必须先保证磁盘是动态磁盘，如果磁盘是基本磁盘，可先将其升级为动态磁盘。

要把基本磁盘升级到动态磁盘，可参按下面步骤进行：

（1）关闭所有正在运行的应用程序，打开“计算机管理”窗口中的“磁盘管理”。用鼠标右击要升级的基本磁盘，选择“升级到动态磁盘”。

（2）在“升级这些动态磁盘”对话框中，可以选择多个磁盘一起升级。选好之后，单击“确定”按钮。打开“要升级的磁盘”对话框，如选择磁盘 2，单击“升级”按钮。

（3）升级完成后在管理窗口中可以看到磁盘的类型改为动态。

注意：如果升级的基本磁盘中包括有系统磁盘分区或引导磁盘分区，则升级之后需要重新启动计算机。

2. 创建简单卷

（1）启动“计算机管理”控制台，选择“磁盘管理”，鼠标右击一块未指派的空间，弹出菜单中选择“创建卷”。

（2）在弹出的“欢迎使用创建卷向导”对话框中，单击“下一步”按钮。打开如图 4-5-5 所示的对话框，选择“简单卷”，单击“下一步”按钮。

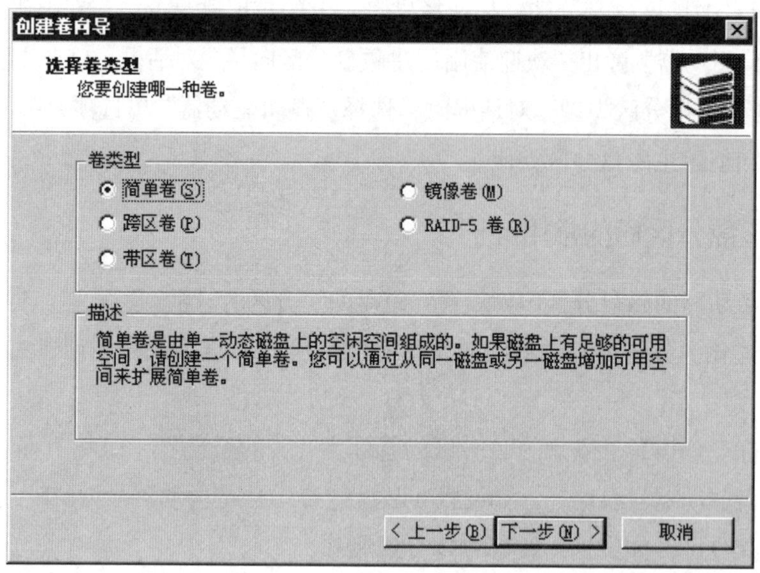

图4–5–5　选择卷类型

（3）在对话框中设置简单卷的大小（这里选择的磁盘 1，600MB），或者选择在另外一台磁盘上创建简单卷，如图 4-5-6 所示设置好后，单击“下一步”按钮。

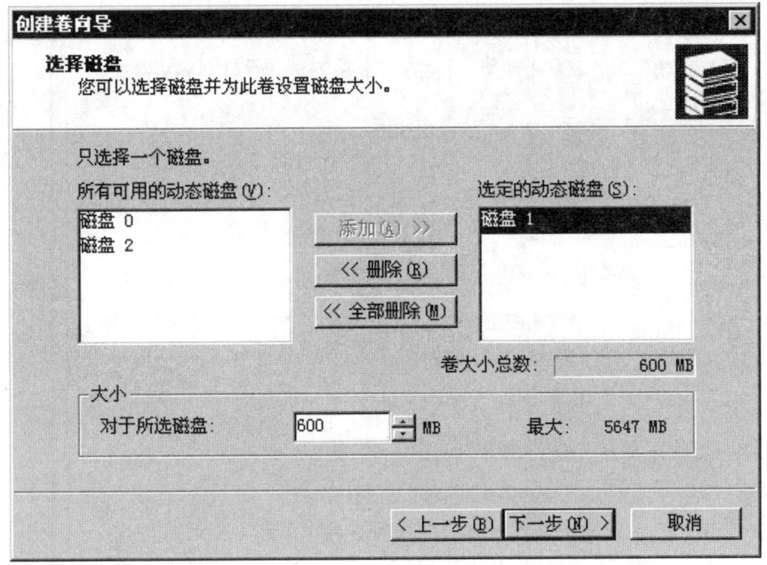

图4–5–6　选择磁盘

（4）其后操作步骤同创建主磁盘分区类似。

3. 扩展简单卷

（1）打开“计算机管理”控制台，选择“磁盘管理”，鼠标右击要扩展的简单卷中选择“扩展卷”。

（2）打开“扩展卷向导”对话框，单击“下一步”按钮，打开“选择磁盘”对话框，这里可以选择要扩展的空间来自哪个磁盘，设置扩展的磁盘空间大小，设置好后，单击“下一步”按钮。

（3）出现“完成卷扩展向导”对话框，单击“完成”按钮。

（4）创建跨区卷、带区卷、镜像卷、RAID-5 卷的过程与创建简单卷的过程类似，只需在“选择卷类型”对话框内对类型进行选择即可。

二、配置服务器磁盘配额

磁盘配额的设置

1. 双击“我的电脑”，打开“我的电脑”窗口。右击某驱动器（该驱动器使用的文件系统为 NTFS），打开其快捷菜单，选择“属性”命令，打开“本地磁盘属性”对话框。

2. 单击“配额”选项卡并激活“配额”选项卡，选定“启用配额管理”复选框，激活“配额”选项卡中的所有配额设置选项，如图 4-5-7 所示（这里是 D：磁盘驱动器为例）。

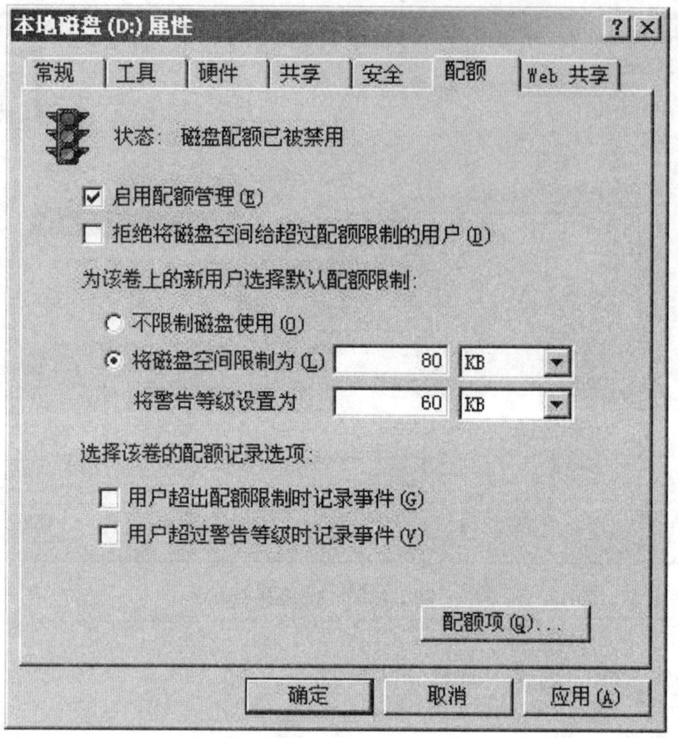

图4–5–7　被激活后的“配额”选项卡

3. 单击“配额项”按钮，打开“本地磁盘（D：）的配额项目”窗口，如图 4-5-8 所示。

图4–5–8　“本地磁盘（D：）的配额项目”窗口

4. 通过该窗口，可以新建配额项、删除已建立的配额项，抑或是将已建立的配额项信息导出并存储为文件，以后需要时管理员可直接导入该信息文件而获得配额项信息。

5. 如果需要创建一个新的配额项，可打开“配额”菜单，选择“新建配额项”命令将“选择用户”对话框。“查找范围”下拉列表框下面的列表框中，可以选定想要创建配额项的用户（这里选定“梅子宴”），单击“添加”按钮后，系统将自动把选定的用户添加到“选择了下列对象”列表框。

6. 单击“确定”按钮，打开“添加新配额项”对话框，如图 4-5-9 所示。在该对话框中，可以对选定的用户的配额限制进行设置。如选定“不限制磁盘使用”单选按钮以便用户可以任意使用服务器的磁盘空间。

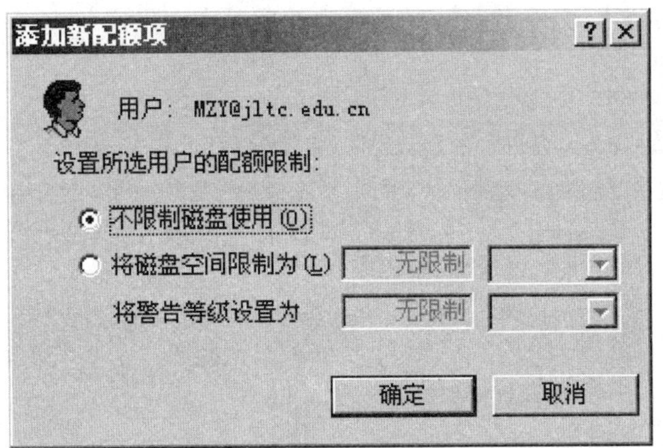

图4-5-9　“添加新配额”对话框

7.单击“确定”按钮完成新建配额项的所有操作并返回到“本地磁盘(D:)的配额项目”的窗口。在该窗口中可以看到新创建的用户配额项显示在列表框中，关闭该窗口完成磁盘配额的设置并返回到“配额”选项卡。

三、文件、文件夹的压缩与加密

在 Windows 中，可以将 NTFS 磁盘分区内的文件、文件夹压缩与加密，但不能对 FAT 与 FAT32 磁盘分区进行此操作。

（一）压缩与解压缩

1.压缩的步骤

1）鼠标右击要设置的文件或文件夹（如选择了“实验讲义”文件夹），选择“属性”—“常规”—“高级”出现如图 4-5-10 所示的对话框。

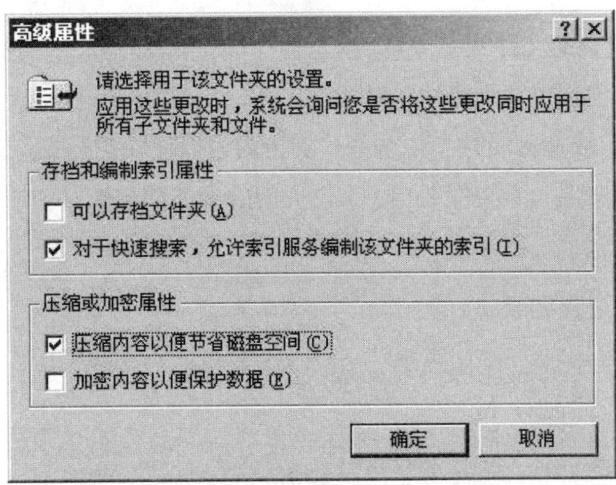

图4-5-10　压缩加密属性的选择对话框

2）在“压缩内容或加密属性”中选择“压缩内容以便节省磁盘空间”，单击“确定”按钮，回到“实验讲义”文件夹属性对话框，然后单击“确定”出现如图 4-5-11 所示的确认属性更改对话框。

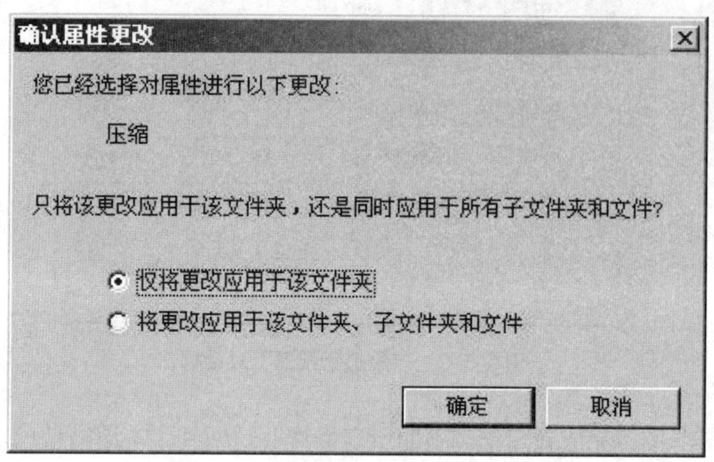

图4-5-11 压缩加密属性的选择对话框

3）在图中选择压缩范围，如选择“将更改应用于该文件夹、子文件夹和文件”压缩之后，在该文件夹内所添加的文件、子文件夹与子文件夹内的文件都会被自动压缩。

2. 解压缩的步骤

1）只需在需解压缩的高级属性对话框内，取消“压缩内容以便节省磁盘空间”复选框，接下来按照提示完成解压缩的过程。

2）也可将已压缩的文件夹或文件移到 FAT 或 FAT32 磁盘分区内，则该文件也会被解压缩。

（二）加密与解密

1. 加密的步骤

1）鼠标右击要设置的文件或文件夹（这里选择了“实验讲义”文件夹），选择“属性”—“常规”—“高级”出现“高级属性”对话框。

2）在“压缩内容或加密属性”中选择“加密内容以便保护数据”选项即可。加密之后该文件夹内所添加的文件、子文件夹与子文件夹内的文件都会被自动加密。

2. 解密的步骤

与解压缩的步骤过程类似。

第五章　办公软件

第一节　字处理软件

一、Office 办公软件简介

Microsoft Office 2003 是微软公司推出的新一代办公自动化软件。我们常用的 Microsoft Office Professional Edition 2003 有着开放而又充满活力的新外观、丰富而方便实用的各种功能，包含了日常办公事务处理的七大常用组件，分别是：字处理软件 Word 2003、电子表格处理软件 Excel 2003、演示文稿软件 PowerPoint 2003、数据库管理软件 Access 2003、动态表单软件 InfoPath 2003、电子邮件管理软件 Outlook 2003、桌面排版软件 Publisher 2003。其他版本的 Office 2003 还包含网页制作软件 FrontPage 2003、电子记事本软件 OneNote 2003、项目管理软件 Project 2003、流程图管理软件 Visio 2003 等不同组件。

（一）字处理软件的发展

1. 20 世纪 80 年代初出现了大量的字处理软件，使用比较广泛的有文字处理系统 WPS、字表编辑软件 CCED、文书编辑系统 Word Star 等。这些字处理软件是基于 DOS 环境下的，操作命令复杂，且排版效果不能直观地显示在屏幕上。

2. Word 是 Microsoft 公司推出的 Windows 环境下的字处理软件，它充分利用 Windows 良好的图形界面特点，将文字处理和图片、表格处理功能结合起来，先后推出了很多版本，成为最流行的文字处理软件之一。金山公司也相继推出了 Windows 环境下的国产 WPS 系列版本的字处理软件，由于深得政府的支持和帮助，发展势头也很迅猛。

（二）字处理软件 Word

1. Word 是微软公司推出的 Office 办公套件中的重要组件，是全球通用的字处理软件，是日常办公使用频率最高的文字处理软件，适于制作各种文档，如信函、传真、公文、报刊、书刊、论文和简历。

2. 1990 年，Microsoft 公司推出了 Windows 3.0，它是一种全新的图形化用户界面的操作环境，随后，微软公司陆续推出了不同版本的文字处理软件。1999 年，微软公司推出了 Microsoft Word 2000，Word 2000 以其强大的功能、新颖的设计、清新的风格、友好的界面、简单易学的使用方法，博得了使用者的一致好评。

3. 2003 年，微软公司推出了 Microsoft Word 2003，Word 2003 将微软的 .net 战略体现得更为全面和彻底，在协同工作、信息交流、提高工作效率等方面都有明显的改进。

（三）字处理软件 WPS

1.WPS 系列软件是金山公司推出的国产品牌办公软件。1989 年，金山公司首次推出了 DOS 平台下的 WPS 1.0，随着 Windows 操作系统逐步取代 DOS，WPS 1.0 随 DOS 一起渐渐地退出了历史舞台。

2. 经过潜心研发，金山公司于 1997 年推出可运行在 Windows 3.X、Windows 95 环境下的 WPS 97，支持“所见即所得”的文字处理方式。1999 年又推出了 WPS 2000，WPS 2000 集多种功能于一体，拓展了办公软件的功能。2001 年 5 月，WPS 正式更名为 WPS Office。在产品功能上，WPS Office 从单纯的文字处理软件升级为以文字处理、电子表格、多媒体演示制作、电子邮件和网页制作等一系列产品为核心的多模块组件式产品。

3.WPS Office 2003 采用 XML 数据中间层技术，与以前的 WPS 系列产品相比，更加体现了开放、高效的办公理念，从使用习惯到文件格式都可以完全兼容微软 Office 软件。

（四）永中集成 Office

2000 年 1 月，无锡永中科技有限公司成立，专注于新一代跨平台的集成办公软件——永中 Office 的研发、商品化和销售。

2002 年 4 月，永中 Office 推广版发布；2002 年 10 月，永中 Office V1.0 版正式发布；2003 年 8 月，永中 Office 2003 中文简体版正式发布；2004 年 5 月，永中 Office 2004 中、英、日文版全球同日发布；2004 年 8 月，永中 Office 2004 增强版推出；2006 年 5 月，永中 Office 2007 版发布。至今，永中 Office 已推出 6 个版本，每一个版本都是集先进性、稳定性、兼容性、可扩展性于一体的优秀产品。永中 Office 的每个版本都提供了中文简体版、中文繁体版和英文版。

永中采用自主研发的创新技术——数据对象储藏库系统彻底解决了 OLE 技术导致的数据链接更新慢、错误和不一致等问题，在一套标准的用户界面下集成了文字处理、电子表格和简报制作三大应用，有效解决了 Office 各应用程序之间的数据集成与共享问题，是“第一个真正的 Office”，可以运行在 Windows、Linux 和 Mac OS 等多个不同操作系统上。

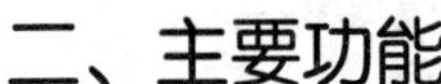

二、主要功能

（一）创建、编辑和格式化文档

完成空白文档、XML 文档、网页的创建、打开、保存与关闭等。可以输入中、英文文字，并对输入的文字进行编辑操作，如复制、移动、删除、查找与替换等；对文档进行字符、段落的格式化以及边框与底纹的设置等操作。

（二）图文混排

可以在文档中插入精美的剪贴画、图片、艺术字、自选图形、组织结构图等，并对这些图形进行编辑处理，实现图文混排，美化文档。

（三）表格处理

Word 2003 提供了丰富的表格功能，可以建立、编辑、格式化、嵌套表格，还可以进行表格内数字的计算，以及表格与文字、表格与图表间的转换。

（四）版式设计与打印

格式化、编辑好一篇文档后，还要进行版式设计和打印工作。版式设计是一项重要的工作，它包括页面设置、页码、分栏排版、页眉和页脚的设置等。

三、新增功能

（一）支持 XML 文档，在文档中显示和应用 XML 元素。

（二）版式视图使阅读变得轻松愉快。

（三）支持手写设备，可以手写批注和注释标记文档或者将手写内容写入 Word 文档。

（四）改进的文档保护可以限制格式设置和有选择地允许编辑受限制内容。

（五）并排比较文档功能可以同时查看多个用户对同一篇文档的更改。

（六）文档工作区可以使多人简化、实时地共同写作、编辑和审阅文档。

（七）信息版权管理 IRM 有助于避免敏感信息落入没有权限的用户手中。

（八）增强的国际功能为创建和使用其他语言编辑的文档提供了便利。

（九）“信息检索”可提供一系列参考信息和扩充资源。

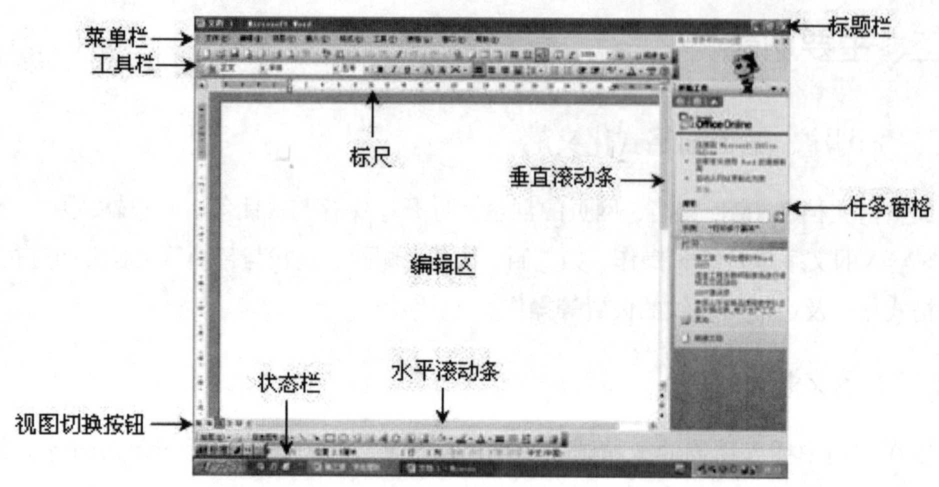

图5-1-1　Word　2003的窗口

1. 标题栏

位于窗口的最上方，默认为蓝色。它包含应用程序名、文档名和控制按钮。当窗口非最大化时，用鼠标按住标题栏拖动，可以改变窗体在屏幕上的位置。双击标题栏可以使窗口在最大化与非最大化间切换。

2. 菜单栏

（1）Word 2003 的菜单栏包含九项系统菜单。单击菜单项，可以弹出下拉式菜单，用户可以通过单击选择相应的命令来执行 Word 的某项操作。不常用的命令被自动隐藏起来，并在菜单的下方出现下拉按钮，单击此按钮，将展开所有的命令。

（2）为了方便用户使用，有些菜单命令后还有快捷键。如“打开”命令后有 Ctrl+O 快捷键，使用时按一下 Ctrl+O 快捷键，就会弹出“打开”对话框，方便快捷。记住一些常用快捷键将大大提高工作效率。

3. 工具栏

（1）工具栏位于菜单栏的下方，工具栏上以图标的形式显示常用的工具按钮，用户不用通过菜单命令，直接单击工具按钮即可执行某项操作，更加方便、快捷。

（2）用鼠标拖动工具栏左侧的虚线，可以改变工具栏在窗口中的位置。工具栏占用屏幕的空间，所以不宜显示太多，通常只显示“常用”工具栏和“格式”工具栏就基本可以满足用户的需要。

（3）工具栏的显示或隐藏的方法

1）单击“视图”菜单中的“工具栏”命令，从其级联菜单中选择需要的工具栏。

2）右击工具栏或菜单栏的任意位置，从弹出的快捷菜单中选择需要的工具栏。

4. 标尺

标尺有水平标尺和垂直标尺两种，用来确定文档在屏幕及纸张上的位置。也可以利用水平标尺上的缩进按钮进行段落缩进和边界调整。还可以利用标尺上制表符来设置制表位。标尺的显示或隐藏可以通过单击“视图”菜单中的“标尺”命令来实现。

5. 编辑区

（1）编辑区就是窗口中间的大块空白区域，是用户输入、编辑和排版文本的位置，是我们的工作区域，在编辑区里，你可以尽情发挥你的聪明才智和丰富的想象力，编辑出图文并茂的作品。

（2）闪烁的“I”形光标为插入点，可以接受键盘的输入。

6. 滚动条

如果文本内容过多，无法完全显示在文档窗口中，则可以利用滚动条来查看文档。滚动条分垂直滚动条和水平滚动条。用鼠标拖动滚动条可以快速定位文档在窗口中的位置。

7. 视图切换按钮

位于编辑区的左下角，水平滚动条的左端，单击各按钮可以切换文档的五种不同的视图显示方式。

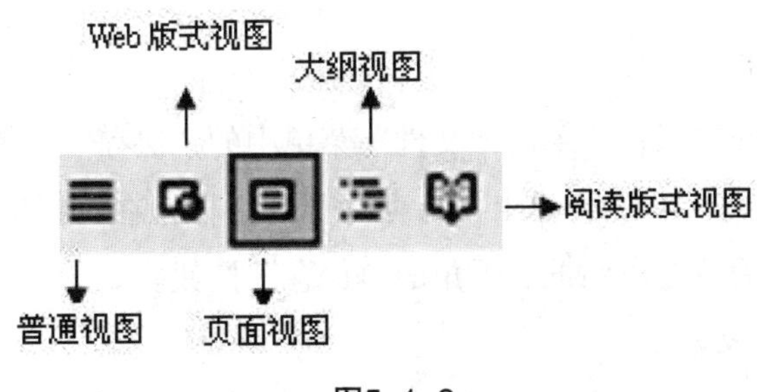

图5-1-2

8. 状态栏

位于窗口的底部，显示当前窗体的状态，如当前的页号、节号、当前页及总页数、光标插入点位置、改写 / 插入状态、当前使用的语言等信息。

四、基本操作

（一）Word 2003 的启动与退出

1. 启动 Word 2003 的常用方法有以下几种

（1）单击“开始”→“程序”→“Microsoft office”→“Microsoft Office Word 2003”。

（2）双击桌面已建立的 Word 快捷方式图标。

（3）双击已建立的 Word 文档。

2. 退出 Word 2003 的常用方法主要有以下几种

（1）单击 Word 窗口右上角的“关闭”按钮。

（2）单击“文件”菜单中的“退出”命令。

（3）双击 Word 窗口左上角的控制图标或使用快捷键 Alt+F4。

（二）文档的建立与保存

1. 创建文档

（1）新建空白文档

直接单击“常用”工具栏的“新建”按钮。

使用快捷键 Ctrl+N。

（2）利用模板和向导创建文档

单击“文件”菜单中的“新建”命令，单击下方“本机上的模板”链接，打开“模板”对话框。单击一个文档类别选项卡，从中选择需要的模板样式。有些模板中还带有向导，可以根据向导的提示完成文档的建立。

2. 文档的保存

（1）保存新建文档

如果新建的文档未经过保存，单击“文件”菜单中的“保存”命令，或者单击“常用”工具栏上的“保存”按钮，系统会弹出“另存为”对话框，在对话框中设定保存的位置和文件名及文件类型，然后单击对话框右下角的“保存”按钮。

（2）保存修改的旧文档

单击工具栏上的“保存”按钮或单击“文件”菜单中的“保存”命令，不需要设定路径和文件名，以原路径和原文件名存盘，不再弹出“另存为”对话框。

（3）另存文档

Word 2003 允许打开后的文件保存到其他位置，而原来位置的文件不受影响。单击“文件”菜单中的“另存为”命令，在出现的“另存为”对话框中重新设定保存的路径、文件名及类型即可。

（4）全部保存

在按下 Shift 键的同时单击“文件”菜单，“文件”菜单下将增加一个“全部保存”命令。单击“全部保存”命令，可以将所有已经打开的 Word 文档逐一进行保存。

（5）自动保存

Word 2003 提供了一种定时自动保存文档的功能，可以根据设定的时间间隔定时自动地保存文档。这样可以避免因“死机”、意外停电、意外关机造成文档的损失。

单击“工具”菜单中的“选项”命令，在弹出的对话框中单击“保存”选项卡，选中“自动保存时间间隔”复选框并设定自动保存时间间隔，就可以高枕无忧地编辑你的作品了。

（三）文档的打开与关闭

1. 打开文档

（1）单击“文件”菜单中的“打开”命令

（2）单击“常用”工具栏上的“打开”工具按钮

（3）使用 Ctrl+O 快捷键。

（4）单击 “文件”菜单下方通常会列出最近使用过的 4 个文档之一（选择“工具”菜单中的“选项”命令，在对话框中单击“常规”选项卡，在“列出最近所用文件”文本框中可以设置“文件”菜单下列出的文档个数）。

（5）单击“开始”按钮，“开始”菜单中的“文档”子菜单下列出了最近使用的 15 个文档，可以选择并打开使用。

2. 关闭文档

（1）单击“文件”菜单中的“关闭”命令可以关闭当前正编辑的文档。

（2）单击文档窗口右上方的“关闭”按钮，可以关闭当前正编辑的文档。

（3）Windows 任务管理器关闭应用程序。

（四）文档的输入

1. 选择合适的输入法

1）通过鼠标单击任务栏右边的输入法指示器 进行选择。

2）利用 Ctrl+Shift 快捷键在安装的各种输入法之间进行切换。

2. 全角、半角字符的输入

（1）鼠标单击输入法指示栏上的半角按钮 和全角按钮 进行切换。

使用 Shift+ 空格键在全角 / 半角之间进行切换。

（2）键盘常见符号的输入

1）使用 Ctrl+.（句号）组合键切换。

2）单击输入法指示栏上的按钮 进行切换。

3. 特殊符号和难检字的输入

（1）单击“插入”菜单中的“符号”命令，在弹出的“符号”对话框中选择需要的字体以及相应的符号，单击“插入”按钮或者直接双击要插入的符号即可。

（2）使用软键盘。Office 2003 提供了 13 种软键盘符号项，通过这些符号项可以方便地输入各种符号。右击输入法指示栏上的软键盘按钮，弹出如图 5-1-3 所示的软键盘菜单，单击需要的符号项，软键盘显示该项的所有符号。用户可以使用键盘或鼠标单击屏幕上软键盘的各按钮。

PC键盘	标点符号
希腊字母	数字序号
俄文字母	数学符号
注音符号	✔单位符号
拼　音	制表符
日文平假名	特殊符号
日文片假名	

图5-1-3

（3）插入特殊符号。单击“插入”菜单中的“特殊符号”命令，弹出“插入特殊符号”对话框，如图所示，系统提供了六大类几百种符号供用户选择使用。

4. 文档的定位

（1）使用鼠标进行定位：用鼠标在任意位置单击，可将插入点定位在该处。

（2）使用滚动条定位：可以用鼠标拖动垂直滚动条或水平滚动条来上、下、左、右快速移动文档的位置。

（3）使用菜单命令定位：使用“编辑”菜单中的“定位”命令来进行文档相关目标的定位。

（4）使用键盘命令或快捷键：按 Home 键和 End 键可以快速将插入点移动到文档行首、行尾；按 Ctrl+Home 快捷键和 Ctrl+End 快捷键可以快速将插入点移动到文档开头和结尾。

5. 录入状态

Word 2003 提供了两种录入状态：“插入”和“改写”状态。“插入”状态是指键入的文本将插入到当前光标所在的位置，光标后面的文字将按顺序后移；“改写”状态是指键入的文本将光标后的文字按顺序覆盖掉。“插入”和“改写”状态的切换可以通过以下方法来实现：

（1）按键盘上的“Insert”键，可以在两种方式间进行切换。

（2）双击状态栏上的“改写”标记，可以在两种方式间进行切换。

（五）文档的编辑

1. 选定文本

（1）用鼠标选定文本

小块文本的选定：按住鼠标左键从起始位置拖动到终止位置，鼠标拖过的文本即被选中。这种方法适合选定小块的、不跨页的文本。

大块文本的选定：先用鼠标在起始位置单击一下，然后按住 Shift 键的同时，单击终止位置，起始位置与终止位置之间的文本就被选中。这种方法适合选定大块的，尤其是跨页的文档，使用起来既快捷又准确。

选定一行：鼠标移至页左选定栏，鼠标指针变成向右的箭头，单击可以选定所在的一行。

选定一句：按住 Ctrl 键的同时，单击句中的任意位置，可选定一句。

选定一段：鼠标移至页面左选定栏双击可以选定所在的一段，在段落内的任意位置快速三击可以选定所在的段落。

选定整篇文档：鼠标移至页面左选定栏，快速三击；鼠标移至页面左选定栏，按住 Ctrl 键的同时单击鼠标；使用 Ctrl+A 组合键。

选定矩形块：按住 Alt 键的同时，按住鼠标向下拖动可以纵向选定矩形文本块。

（2）用键盘选定文本

Shift + 左右方向键：分别向左（右）扩展选定一个字符。

Shift + 上下方向键：分别扩展选定由插入点处向上（下）一行。

Ctrl + Shift + Home：从当前位置扩展选定到文档开头。

Ctrl + Shift + End：从当前位置扩展选定到文档结尾。

Ctrl +A：选定整篇文档。

2. 撤消文本的选定

要撤消选定的文本，用鼠标单击文档中的任意置即可。

3. 删除文本

（1）可以通过以下方法来实现文本的删除：

按 BackSpace 键，向前删除光标前的字符；按 Delete 键，向后删除光标后的字符。

（2）如果要删除大块文本，可采用以下方法：

1）选定文本后，按 Delete 键删除或选择“编辑”菜单中的“清除”命令。

2）选定文本后，单击“常用”工具栏上的“剪切”按钮或单击右键从快捷菜单中选择“剪切”命令，还可以使用 Ctrl+X 快捷键。

4. 移动文本

（1）使用鼠标拖放移动文本

1）选定要移动的文本；

2）鼠标指针指向选定的文本，鼠标指针变成向左的箭头，按住鼠标左键，鼠标指针尾部出现虚线方框，指针前出现一条竖直虚线；

3）拖动鼠标到目标位置，即虚线指向的位置，松开鼠标左键即可。

（2）使用剪贴板移动文本

1）选定要移动的文本；

2）将选定的文本移动到剪贴板上（可使用“编辑”菜单中的“剪切”命令，或单击“常用”工具栏的“剪切”按钮，或使用 Ctrl+X 组合键）；

3)将鼠标指针定位到目标位置,从剪贴板复制文本到目标位置(使用“编辑”菜单中的“粘贴”命令，或单击“常用”工具栏的“粘贴”按钮，或使用 Ctrl+V 组合键）。

5. 复制文本

（1）用鼠标拖放复制文本

1）选定要复制的文本；

2）鼠标指针指向选定的文本，鼠标指针变成向左的箭头，按住 Ctrl 键的同时，按住鼠标左键，鼠标指针尾部出现虚线方框和一个“+”号，指针前出现一条竖直虚线；

3）拖动鼠标到目标位置，松开鼠标左键即可。

（2）使用剪贴板复制文本

1）选定要复制的文本；

2）将选定的文本复制到剪贴板上（可使用“编辑”菜单中的“复制”命令，或单击“常用”工具栏的“复制”按钮，或使用 Ctrl+C 组合键中的任意一种）；

3）将鼠标指针定位到目标位置，从剪贴板复制文本到目标位置（可使用“编辑”菜单中的“粘贴”命令，或单击“常用”工具栏的“粘贴”按钮，或使用 Ctrl+V 组合键）。

6. 选择性粘贴

进行一般性粘贴操作时，会对原文本及所有包含的格式进行粘贴。如果只想复制不带格式的文本或表格中的纯文字，就需要用到选择性粘贴。使用方法如下：

（1）选定要复制的网页内容或其他多格式文本，按 Ctrl+C 快捷键将其复制到剪贴板中；

（2）定位到目标位置，单击“编辑”菜单中的“选择性粘贴”命令，弹出“选择性粘贴”对话框，如图所示，从中选择“无格式文本”项，单击“确定”按钮即可。

（六）查找与替换

查找：如果我们要在文档中搜索某字符串，可以单击“编辑”菜单中的“查找”命令，或使用快捷键 Ctrl+F，在弹出的对话框中的“查找内容”文本框内输入相应字符串，然后单击“查找下一处”按钮，Word 2003 会帮助你逐个地找到要搜索的内容。

替换：如果在编辑文档的过程中，需要将文中所有的“Word”替换为“Word 2003”，一个一个地手动改写，不但浪费时间，而且容易遗漏。Word 2003 为我们提供了“替换”功能，可以轻松地解决这个问题。

在文档中替换字符串的操作步骤如下：

①单击“编辑”菜单中的“替换”命令，或使用 Ctrl + H 快捷键，弹出“查找和替换”对话框，如图所示；

②在“查找内容”文本框中输入“Word”，在“替换为”文本框中输入“Word 2003”，然后单击“全部替换”按钮，就可以将文档中的全部“Word” 替换为“Word

2003”；如果使用“查找下一处”按钮，可以有选择地替换其中的部分。

（七）“撤消”与“恢复”

撤消：如果你后悔了刚才的操作，可使用以下方法之一来撤消刚才的操作：

（1）单击“编辑”菜单中的“撤消键入”命令。

（2）单击“常用”工具栏上的“撤消” 按钮。

（3）使用 Ctrl+Z 组合键。

恢复：在经过撤消操作后，“撤消”按钮右边的“恢复”按钮将被置亮。恢复是对撤消的否定，如果认为不应该撤消刚才的操作，可以通过下列方法之一来恢复：

（1）单击“编辑”菜单中的“恢复”命令。

（2）单击“常用”工具栏上的“恢复” 按钮。

（3）使用 Ctrl+Y 组合键。

单击工具栏上的“撤消”或“恢复”按钮右边的下拉箭头，系统将显示最近执行的可撤消或恢复操作的列表，撤消某项操作的同时，也将撤消列表中该项操作之上的所有操作。

（八）拼写和语法检查

拼写和语法检查功能设置的方法是：单击“工具”菜单中的“选项”命令，打开“选项”对话框，在“拼写和语法”选项卡中如图 5-1-4 所示分别进行拼写检查和语法检查的设置，选中“键入时检查拼写”和“键入时检查语法”后，单击“确定”按钮即可。

当 Word 2003 检查到拼写和语法错误时，就会用红色波浪线标出拼写的错误，用绿色的波浪线标出语法的错误。这些标出的波浪线不影响文档的打印，属于非打印字符。当然，有些特殊写法，如“Ctrl+N”也会被 Word 2003 认为是错误的，可以不用理会。

单击“工具”菜单中的“拼写和语法”命令或单击工具栏上的“拼写和语法”按钮或按F7键，均可打开“拼写和语法”对话框，如图所示，对话框中会标出系统认为错误的地方并提出修改建议。

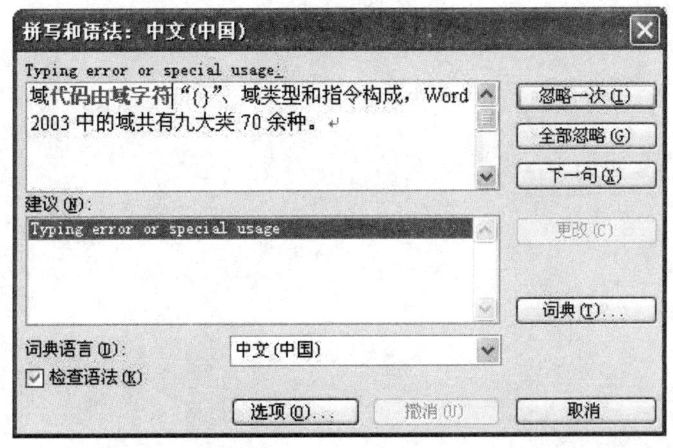

图5-1-4

（九）自动更正

1. 设置“自动更正”功能选项

（1）单击“工具”菜单中的“自动更正选项”命令，打开“自动更正”对话框；

（2）根据需要选定“自动更正”选项卡下的选项。

2. 创建自动更正词条

创建自动更正词条的方法很多，一般在如上图所示的“自动更正”对话框中的“自动更正”选项卡中创建。

Word 不但可以自动替换为词条，还可以替换为图片或 MP3 乐曲。即可以将一幅图片或一首乐曲作为自动更正的词条，然后赋予几个简单的字符作为词条名，以后插入该图片或乐曲时，只需输入这几个简单的字符即可。下面以插入一首 MP3 乐曲为例进行介绍。

（1）单击“插入”菜单中的“对象”命令，打开“对象”对话框，选择“由文件创建”选项卡，如图 5-1-5 所示。在对话框中通过“浏览”选择一首乐曲，单击“确定”按钮即可。注意：将“链接到文件”和“显示为图标”选中。

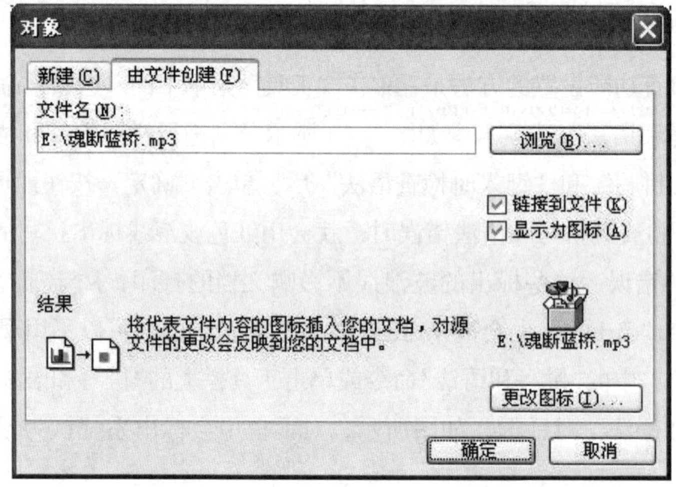

图5–1–5

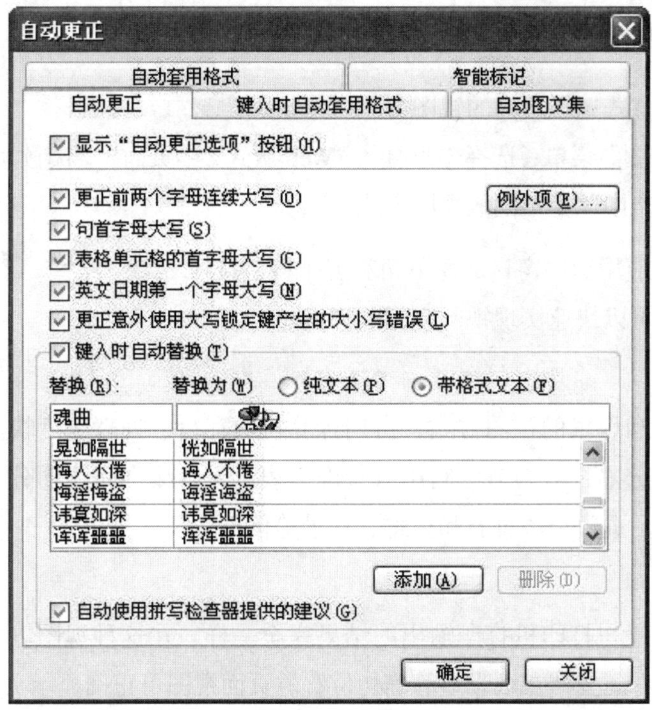

图5–1–6

（2）选中插入到文中的乐曲图标后，单击“工具”菜单中的“自动更正选项”命令，乐曲图标自动出现在“替换为”文本框中，如图所示；在“替换”文本框中输入“魂曲”，单击“添加”和“确定”按钮即可。注意：乐曲是带格式的，所以“替换为”后面的“带格式文本”单选项会自动选中，一定不要更改为“纯文本”，否则将替换为“*”。

（3）当你感到工作枯燥时，在文档中输入“魂曲”文字时，乐曲图标便会自动插入到文档中，双击乐曲图标就可以播放你该乐曲了。

3. 修改和删除自动更正词条

如果需要对原有的自动更正词条进行重新定义，可以对原有词条进行修改。方法如下：

（1）打开“自动更正”对话框并选择“自动更正”选项卡，在“键入时自动替换”选项组的列表框中选择需要修改的自动更正词条，在“替换”框中输入新的自动更正词条名；

（2）单击“添加”按钮，这样就添加了一个新的自动更正词条名；

（3）选中原来的词条，单击“删除”按钮即可把原来的词条删除。

4. 设置自动更正的例外项

如果有例外项不需要更正，如某些字母需要句首小写，有些单词术语需要前两个字母连续大写，希望 Word 能够予以辨认和忽略，此时可以单击“例外项”按钮，打开“自动更正例外项”对话框，在该对话框中输入不需要更正的词条，单击“添加”按钮即可。

（十）文档的查看方式

可以通过下列方式选择不同的视图方式：

（1）单击“视图”菜单，选择“普通”“Web 版式”“页面”“阅读版式”“大纲”“文档结构图”或“缩略图”等不同的视图方式。

（2）在 Word 应用程序窗口的左下角有五个控制按钮，单击这五个按钮也可以快速实现视图之间的切换。

1. 普通视图

适合文本录入和编辑的视图方式，占用计算机内存少、处理速度快。页与页之间用一条虚线（分页符）分隔，节与节之间用双行虚线表示，虚线中间注明分节符的类型，在这种视图方式下不显示页边距、页眉和页脚、背景等信息。

2. 页面视图

文档的显示效果与打印机打印输出的结果完全一样。在这种视图方式下，页与页之间是不相连的，可以看到文档在纸张上的确切位置。页面视图可正确显示页眉和页脚、分栏、批注等各种信息及位置，是 Word 默认的视图方式，也是使用最多的视图方式。

3. Web 版式视图

可以创建能显示在屏幕上的 Web 页或文档，可看到背景和为适应窗口大小而自动换行显示的文本，且图形位置与在 Web 浏览器中的位置一致，即模拟该文档在 Web 浏览器上浏览的效果。

4. 大纲视图

编辑几十页乃至几百页的长文档是一件很令人头疼的事情，而在大纲视图下，编辑长文档就变得轻松简单了。大纲视图中增加了“大纲”工具栏，可以利用工具按钮方便地编辑和查看文档的大纲，也可以通过拖动标题来移动、复制和重新组织大纲。大纲视图中不显示页边距、页眉和页脚、分页和背景等文档信息。

5. 阅读版式视图

单击“常用”工具栏上的“阅读”按钮 或在任意视图下按 Alt+R 组合键，就可以切换到阅读版式视图下。阅读版式视图是新增的视图方式，优化了阅读体验，隐藏了除“阅读版式”和“审阅”工具栏以外的所有工具栏，使文档窗口变得简洁明朗，特别适合阅读。

阅读版式视图增加了文档的可读性，文本采用 Microsoft ClearType 技术自动显示，可以方便地增大或减小文本显示区域的尺寸，而不会影响文档中实际字体的大小。阅读版式视图中显示的页面设计是为适合用户的屏幕，并不代表在打印文档时所看到的页面。

要停止阅读文档时，单击“阅读版式”工具栏上的“关闭”按钮或按 Alt+C 组合键，均可以从阅读版式视图切换回来。

6. 文档结构图

单击“视图”菜单中的“文档结构图”命令，显示出该文档的结构图。

文档结构图分为左、右两栏，左栏显示文档的大纲结构，右栏显示文档的内容。当单击左栏中某个大纲标题时，右栏自动显示出该标题下的内容。在右窗口修改大纲结构，左窗口会马上进行大纲调整。使用该功能，可以快速浏览、编辑长文档。需要说明的是：在文档结构图中只能显示文档大纲，不能编辑文档大纲，要编辑文档大纲必须切换到大纲视图下。

7. 缩略图

单击“视图”菜单中的“缩略图”命令，进入缩略图视图方式。在这种视图方式下，文档分为左、右两栏，左栏显示文档的缩略图，右栏显示文档的具体内容。当单击左栏中某缩略图页面时，右栏自动显示出该页的内容。左栏每屏同时显示 5 页缩略图，可以方便用户调整文档结构或浏览长文档。

五、文档格式化与排版

（一）设置字符格式

1. 字体的设置

（2）使用菜单命令格式化

（1）选定要进行格式化的文本；

（2）单击“格式”菜单中的“字体”命令，打开“字体”对话框；

（3）在“字体”选项卡中可以设置字体、字形、字号、颜色、下划线、特殊效果等。特殊效果可以直接单击效果前面的复选框即可，允许同时使用多种文字效果。

（2）使用“格式”工具栏格式化

选定要格式化的文本块后，可以直接单击“格式”工具栏上的工具按钮，来设置文本的颜色、字体、字形、字号、加粗、倾斜、下画线等。

字号大小有两种表示方式，分别用“号”和“磅”为单位。以“号”为单位的字号中，初号字最大，八号字最小；以“磅”为单位的字体中，72 磅最大，5 磅最小。当然我们还可以输入比初号字和 72 磅字更大的特大字，根据页面的大小，文字的磅值最大可以达到 1638 磅。格式化特大字的方法是：选定要格式化的文本，在“格式”工具栏的“字号”文本框中输入磅值后，按回车键即可。

2. 字符间距

（1）用菜单命令调整

① 单击“格式”菜单中的“字体”命令；

② 在弹出的“字体”对话框中选“字符间距”选项卡，可以根据实际需要进行缩放、间距、位置的设置。

（2）使用“格式”工具栏调整

使用“格式”工具栏上的工具按钮 A▾，可以设置字符的缩放比例。方法是：单击右边的下拉按钮，弹出的下拉列表，可以直接选择合适的比例，或者单击“其他”按钮，会弹出上页图所示的对话框，根据需要进行缩放、间距等设置。

3. 文字效果

（1）选定要格式化的文本；单击“格式”菜单中的“字体”命令；

（2）在弹出的“字体”对话框中选“文字效果”选项卡，从中选择需要的动态效果，在对话框的下方可以看到预览的效果。

除此之外，“格式”菜单中还有“首字下沉”“文字方向”“更改大小写”“中文版式”等各种格式。

（二）设置段落格式

所谓的段落是指文档中两次回车键之间的所有字符，包括段后的回车键。设置不同的段落格式，可以使文档布局合理、层次分明。段落格式主要是指段落中行距的大小、段落的缩进、换行和分页、对齐方式等。

设置段落格式的方法是：单击“格式”菜单的“段落”命令，打开“段落”对话框，对话框中的三个选项卡分别是：缩进和间距、换行和分页、中文版式。

1. 缩进和间距

（1）用菜单命令调整缩进和间距：在“缩进和间距”选项卡中，可以进行缩进、间距和对齐方式等多项设置。缩进的度量单位主要有三种：厘米、磅和字符。度量单位的设定可以通过“工具”菜单中的“选项”命令，选择“常规”选项卡，在度量单位下拉列表中设定。

1）缩进：可以将选定的段落左、右边距缩进一定的量。

2）特殊格式：特殊格式中有“无”、“悬挂缩进”和“首行缩进”三种形式：无，是指无缩进形式；悬挂缩进，是指段落中除了第一行之外，其余所有行缩进一定值；首行缩进，是指段落中的第一行缩进一定值，其余行不缩进。

3）间距：可以在段前、段后分别设置一定的空白间距，通常以“行”或“磅”为单位。

4）对齐方式：设置段落或文本左对齐、居中对齐、右对齐、两端对齐、分散对齐等。

（2）使用“格式”工具栏：可以快速进行格式化操作，方便快捷。对齐方式可以使用“格式”工具栏上的工具按钮进行设置，这些按钮从左到右分别是：两端对齐、居中、右对齐和分散对齐。可以使用“格式”工具栏上的工具按钮 或 来减少和增加缩进量，每按一次减少或增加一个字符。

（3）格式刷：格式刷是实现快速格式化的重要工具。格式刷可以将字符和段落的格式复制到其他文本上。使用方法是：

1）先将鼠标指针定位在格式化好的标准文本块中；

2）单击“常用”工具栏上的“格式刷”工具按钮 ，鼠标指针变成一个“带 I 字的小刷子”；

3）按住鼠标左键刷过要格式化的文本，所刷过的文本就被格式化成标准文本的格式。同时，鼠标指针恢复原样。

双击“常用”工具栏上的“格式刷”工具按钮，就可以在多处反复使用。要停止使用格式刷，可单击 “格式刷”工具按钮或按 Esc 键取消。

（三）制表符和制表位

所谓制表位，是指按下键盘上的 Tab 键后光标向右移动的位置。常见制表符有：左对齐式制表符、右对齐式制表符、居中式制表符、小数点对齐式制表符和竖线对齐式制表符。Word 中默认的制表位是两个字符。

设置制表位的方法是：

1. 单击水平标尺左端的制表符可以切换各种制表符，直到出现所需要的制表符类型。

2. 例如选择小数点对齐制表符，在水平标尺上，单击要插入制表位的位置，水平标尺上就会出现小数点对齐制表符。按照这种方法依次在标尺上相应位置设定其他需要的制表符。

3. 在文档中输入需要设置小数点对齐的数据，该数据要有小数点，否则就要按最后面的字符对齐。把光标移到数值的前面，按下 Tab 键，这时该数值就会在设置的制表符处以小数点为准对齐。

4. 按下 Enter 键进入下一行，再输入下一行数据，在每个数据前按 Tab 键，数据就会按照所设置的制表位对齐了。先按 Tab 键，再输入数据也可以得到同样的结果。如果想移动制表位的位置，可以选择使用该制表位的文本，拖动制表位可以在文档的标尺范围内移动。

若要设置精确的度量值，可以通过“格式”菜单中“制表位”命令或者双击标尺上制表位符号，在打开的“制表位”对话框中进行精确的设置。

要删除制表位，用鼠标按住制表位，拖离标尺栏释放鼠标即可。

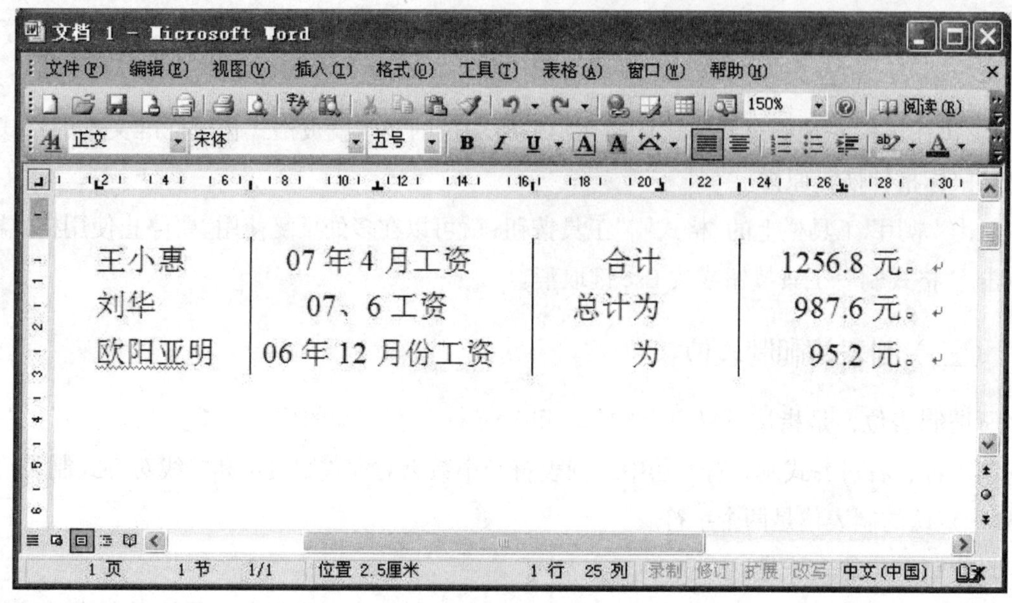

图5–1–7

（四）项目符号和编号

使用项目符号和编号，可以使文档有条理、层次清晰、可读性强。项目符号使用的是符号，而编号使用的是一组连续的数字或字母，出现在段落前。项目符号和编号的使用方法是：

1. 将鼠标定位在要插入项目符号或编号的位置；

2. 单击“格式”菜单中“项目符号和编号”命令，弹出“项目符号和编号”对话框；

3. 使用不同的选项卡，选择合适的项目符号或编号后，单击“确定”按钮。也可以通过“自定义”对话框进行个性化项目符号或编号设置。

使用了项目符号或编号后，在该段落结束回车时，系统会自动在新的段落前插入同样的项目符号或编号。系统还会自动调整项目符号或编号的位置缩进相同。

也可以通过单击“格式”工具栏上的工具按钮 和 ，分别设定简单的项目符号和编号。

（五）分节

1. 分节符的类型：

“下一页”：插入一个分节符，新节从下一页开始。

“连续”：插入一个分节符，新节从同一页开始。

“奇数页”或“偶数页”：插入一个分节符，新节从下一个奇数页或偶数页开始。

2. 可为节设置的格式类型

页边距、纸张大小或方向、页面边框、垂直对齐方式、页眉和页脚、分栏、页码编排、行号、脚注和尾注等。

3. 插入分节符

将鼠标定位在需要插入分节符的位置，单击“插入”菜单中的“分隔符”命令，在“分节符类型”中选择新节开始位置的选项。

4. 删除分节符

在页面视图或大纲视图下看不到分节符，单击“常用”工具栏上的“显示 / 隐藏编辑标记”按钮以显示隐藏的分节符标记，然后将光标定位到该标记前面按 Delete 键即可。

（六）分页

Word 有自动分页功能，当文档满一页时系统会自动换到下一页，并在文档中插入一个自动分页符。除了自动分页外，也可以人工分页，所插入的分页符为人工分页符。

插入人工分页符的方法是：

1. 将光标插入点移至要分页的位置，单击“插入”菜单中的“分隔符”命令，打开“分隔符”对话框；

2. 单击分隔符类型中的“分页符”单选钮，就可以在当前插入点的位置开始新的一页。

也可以通过 Ctrl+Enter 组合键开始新的一页。在普通视图下，人工分页符是一条中间带“分页符”字样的虚线，按 Delete 键可以删除，而自动分页符是一条水平虚线，不能人为地删除。

（七）分栏

所谓分栏就是将一段文本分成并排的几栏，只有当填满第一栏后才移到下一栏。在编辑报纸、杂志时，经常要用到分栏，以增加版面的美感，而且便于划分板块和阅读。

分栏的方法是：

1. 单击“格式”菜单中的“分栏”命令，打开“分栏”对话框。

2. 在“预设”一栏中，选择分栏格式；选中“分隔线”复选框，可以在各栏之间加入分隔线；取消选中“栏宽相等”复选框，可以建立不等的栏宽，各栏的宽度可在“宽度”文本框中输入；在“应用于”列表框中设定分栏的范围，可以是选定的文字或整篇文档。

3. 设置完毕，单击“确定”按钮即可将所选段落分栏。Word 最多可以分为 11 栏。

（八）边框和底纹

1. 文字或段落的边框

为文字或段落添加边框的方法是：

（1）选定要添加边框的文字或段落；

（2）单击“格式”菜单中的“边框和底纹”命令，弹出“边框和底纹”对话框；

（3）在“边框”选项卡中，分别设置边框的样式、线型、颜色、宽度、应用范围等，应用范围可以是选定的文字或段落甚至图片，对话框右边会出现效果预览，用户可以根据预览效果随时进行调整，直到满意为止。

2. 页面边框

Word 2003 可以给整个页面添加一个页面边框，该边框可以是普通的边框，也可以添加艺术型的边框，使文档变得活泼、美观、赏心悦目。设置页面边框效果的方法是：

（1）单击“格式”菜单中的“边框和底纹”命令，弹出“边框和底纹”对话框；

（2）单击“页面边框”选项卡，分别设置边框的样式、线型、颜色、宽度、应用范围等。

（3）如果要使用“艺术型”页面边框，可以单击“艺术型”下拉式列表框右边的箭头，从下拉列表中进行选择后，单击“确定”按钮，应用范围可以根据需要进行设定。

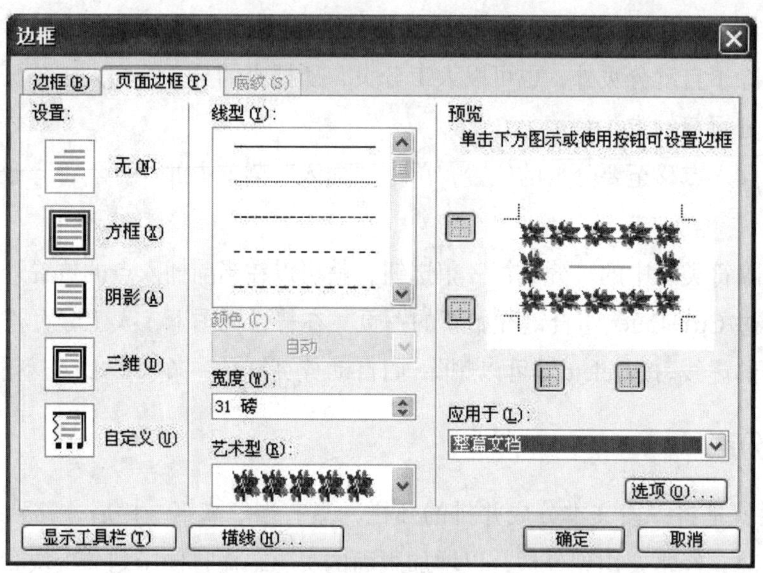

图5-1-8

3. 底纹和样式

（1）在“边框和底纹”对话框中还有一个“底纹”选项卡，可以给选定的文本添加底纹。设定文字或段落底纹的方法是：

1）单击“格式”菜单中的“边框和底纹”命令，弹出“边框和底纹”对话框；

2）单击“底纹”选项卡，分别设定填充底纹的颜色、样式和应用范围等。

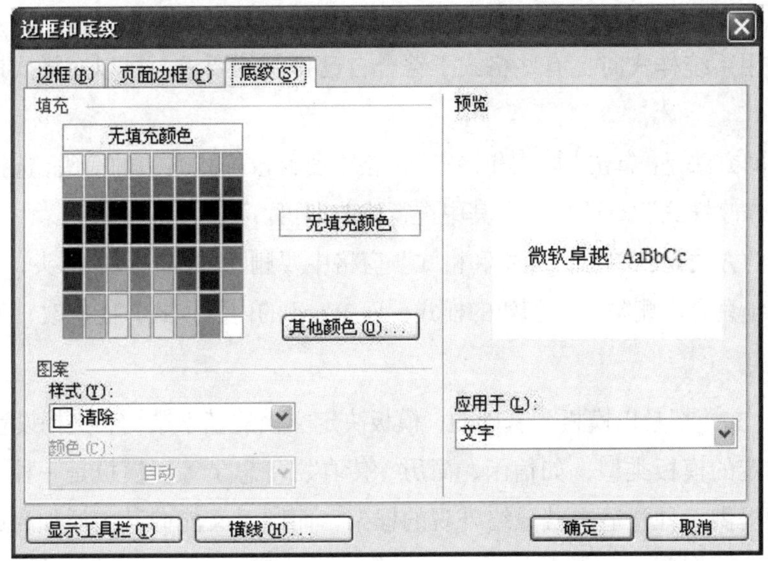

图5–1–9

（2）样式

样式就是由多个排版命令组合而成的集合，是系统自带的或由用户自定义的一系列排版格式的总和，包括字体、段落、制表位和边距格式等。一篇文档包含多种样式，各种样式都包含多种排版格式。相同格式的设定最好使用样式来实现，因为样式与标题、目录有着密切的联系。Word 2003 提供了一百多种内置样式，如标题样式、正文样式、页眉页脚样式等。

对样式的操作主要有：

1）应用样式

应用样式主要有以下几种方法：

（1）选定要使用样式的文本，单击“格式”菜单中的“样式和格式”命令，窗口右边的任务窗格就变成了“样式和格式”窗格，从中选择需要的样式。任务窗格是否显示可以通过单击“格式”工具栏最左侧的“格式窗格”按钮来实现。

（2）选定要排版的文本，然后单击“格式”工具栏中的“样式”下拉列表，从中选择要应用的样式，就可以将样式应用到选定的文本中。

2）创建样式

Word 2003 允许用户自己创建新的样式。新建样式的方法是：

（1）在任务窗格中，单击“新样式”命令，出现“新建样式”对话框；

（2）在“名称”文本框中为新建的样式确定好名称，通过对话框中的系列格式按钮进行相应的格式设置。更多格式的设置可以单击左下角的按钮，单击选择字体、段落、制表位、边框等 8 个格式之一，在打开的对话框中进行设置。

3）修改、删除样式

用户在使用系统样式时，有些格式不符合自己排版的要求，可以对样式进行修改，甚至删除。

修改样式的方法是：单击“样式和格式”窗格中要修改样式右边的箭头，选择“修改样式”命令，弹出“修改样式”对话框，在其中进行修改即可。

删除样式的方法是：单击“样式和格式”窗格中要删除样式右边的箭头，选择“删除”命令即可。系统只允许删除自己创建的样式，而 Word 的内置样式只能修改，不能删除。

4. 模板

任何 Word 文档都是以模板为基础的，模板决定文档的基本结构和文档设置。Word 2003 提供了多种固定的模板类型，如信函、简历、传真、备忘录等。模板是一种预先设置好的特殊文档，能提供一种塑造文档最终外观的框架，而同时又能向其中添加自己的信息。对模板的操作：

（1）利用文档创建模板的方法如下

1）打开已经设置好并准备作为模板保存的文档，单击“文件”菜单中的“另存为”命令，打开“另存为”对话框；

2）在“保存类型”列表框中选择“文档模板”选项；在“文件名”文本框中为该模板命名，并确定保存的位置。默认情况下，Word 会自动打开“Templates”文件夹让用户保存模板，单击“保存”按钮即可。模板文件的扩展名为 .dot。

（2）选用模板

以选用“毕业设计模板”为例，方法是：

1）单击“文件”菜单中的“新建”命令，任务窗格变成“新建文档”窗格。可以选择新建文档的类型，也可以选择使用模板的类型，例如选择“本机上的模板”，打开“模板”对话框，可以看到“常用”选项卡下已经有了刚才建立的“威海职业学院毕业论文”模板。选定该模板，单击“确定”按钮即可打开该模板。

2）按照模板的格式，在相应位置输入内容，就可以将此模板应用到新文档中了。

（九）版面设置

1. 页面设置

页面设置主要包括页边距、纸张、版式、文档网格等。

（1）页边距：单击“文件”菜单中的“页面设置”命令，在“页边距”选项卡中，可以设置文档的页边距、方向和页码范围等。我们通常使用“纵向”打印，打印一个行少列多的扁形表格时，则可以采用横向方式。

（2）纸张：在“纸张”选项卡中，可以设置纸张的大小和来源。如果系统中没有所需要的纸张大小，可以在“纸张大小”下拉列表中选择“自定义大小”项，然后在“高度”和“宽度”文本框中输入自定义纸张的大小即可。

（3）版式：在“版式”选项卡中，可以设置节的起始位置、页眉和页脚形式及距边界的距离、页面垂直对齐方式等。

（4）文档网格：在“文档网格”选项卡中，可以设置文字的排列方式和分栏数、文档的网格设置形式、每行的字符数及每页的行数等。

2. 页眉页脚

页眉和页脚只有在页面视图下才能看到，创建页眉和页脚必须先切换到页面视图下。

（1）插入页眉和页脚的方法是

1）单击“视图”菜单中的“页眉和页脚”命令，弹出 “页眉和页脚”工具栏，同时进入页眉和页脚编辑状态，在该状态下，正文呈暗显状态；

2）在页眉编辑区内输入内容，如文字和图片，使用“页眉和页脚”工具栏上的工具按钮，可以插入自动图文集、页码、时间、日期等，并可以对输入的内容进行格式化；

3）单击“页眉和页脚”工具栏的按钮，切换到页脚区并输入内容、设置格式；

4）单击“页眉和页脚”工具栏上的“关闭”按钮（或双击文档区域），返回到正文编辑状态。

（2）编辑页眉和页脚的方法是

1）双击页眉或页脚区域，将再次进入页眉和页脚编辑状态，可以继续编辑页眉和页脚。

2）单击“页眉和页脚”工具栏上的“页面设置”按钮，弹出“页面设置”对话框，选中“奇偶页不同”和“首页不同”复选框，可以分别设置奇偶页不同和首页不同的页眉和页脚。

3）创建页眉和页脚不需要为每一页都进行设置，对某一个奇数页或偶数页设置了页眉和页脚后，则该文档中所有的奇数页或偶数页都将发生同样的变化。

3. 插入页码

如果文档页数较多，为了便于阅读和查找，就需要给文档设置页码。设置页码的方式是：

单击“插入”菜单中的“页码”命令，在该对话框中可以设置页码的位置、对齐方式以及首页是否显示页码，单击“格式”按钮则打开对话框，在该对话框中可以设置页码的数字格式和页码编排格式。

4. 字数统计

在 Word 2003 中，可以方便地使用“字数统计”功能完成整篇文档的字数统计。

方法是：单击“工具”菜单中的“字数统计”命令，弹出 “字数统计”对话框，对话框中显示了当前文档的页数、字数、段落数、行数等信息。也可以任意选定部分内容进行字数统计。

第二节　电子表格软件

Excel 同 Word 一样是世界著名的 Office 系列之一。它强大的功能主要体现在能够制作出各种电子表格，同时可引用公式对表格中的数据进行复杂的运算，并将结果用各种统计图表的形式表现出来。因引，Excel 被广泛用于各大管理公司和财务领域。通过本章节学习需要掌握的知识：

1、Excel 制表基础

2、工作簿与多工作表操作

3、Excel 公式和函数

4、Excel 数据分析与处理

5、Excel 与其他程序的协同与共享

一、Excel 简介

（一）Excel 工作界面

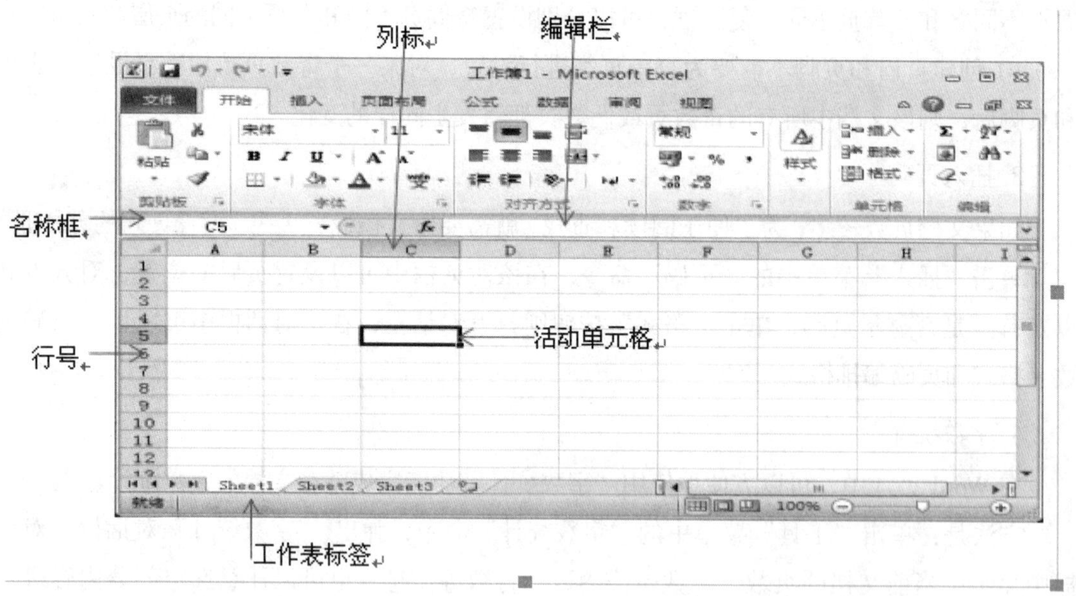

图5-2-1　工作界面

（二）工作薄

是工作表的集合体，一个工作薄就由一张或多张工作表构成的；（在默认情况下工作薄是由 3 张工作表组成，其名为工作薄 1，一个工作薄就是一个 Excel 文件，扩展名为 .xlsx）

注：Excel 2003 的扩展名为 .xls，2010 的为 xlsx，高版本的 Excel 可以兼容低版本的所有功能，低版本的不能打开高版本的内容。

（三）工作表

是单元格的集合，一张工作表最多可以由 1048576 行 *16384 列个单元格构成（行号：1-1048576 列标：A-XFD 列）

（四）单元格

Excel 中的最小单位（活动单元格：被激活的单元格），标识方法：列标 + 行号。

1. 选定单元格：用鼠标单击 / 用方向键移动选取 / 用 tab 移动选取。
2. 选择连续的单元格区域：从第一个拖动到最后一个单元格 。
3. 选择间隔单元格区域：ctrl+ 拖动不相邻的单元格。
4. 选整行整列：单击行号与列标。
5. 全选：ctrl+A/ 单击列标与行号交叉的全选按钮。

（五）名称框

是显示活动单元格的地址

（六）编辑栏

显示或编辑单元格内容

二、管理工作表

（一）插入工作表

1. “开始”功能区—单元格—插入—插入工作表
2. 右击标签—插入—工作表
3. 标签右侧—单击插入工作表图标（shift+F11）

（二）删除工作表

1. “开始”功能区—单元格—删除—删除工作表
2. 右击标签—删除

（三）选择工作表

1. 单个选择：单击标签
2. 多个连续选择：选择第一个后按 shift 键单击最后一个
3. 多个间隔选择：按住 ctrl 键单击所需要的工作表

4. 全选：右击标签——全部选定工作表

（四）移动或复制工作表

1. 右击标签—移动或复制—指定移动的位置 / 建立副本—确定（复制工作表也可按住 Ctrl+ 左键拖动）

2. “开始”功能区—单元格—格式—移动或复制工作表

（五）重命名工作表

1. 右击标签—重命名—输入新名称—确定

2. 双击标签—输入新名称—确定

3. “开始”功能区—单元格—格式—重命名工作表

（六）工作表标签颜色设置

1. 右击—工作表标签颜色

2. “开始”功能区—单元格—格式—工作表标签颜色

（七）工作表行高 / 列宽 / 隐藏 / 冻结

1. 手工调整行高列宽

方法一：光标放在行号列线上拖动，多选几行可平均调整多行多列；

方法二：在行号之间的线上双击可根据内容调整。

2. 精确调整行高与列宽

行高列宽：定位单元格—“开始”功能区—单元格—格式—行高 / 列宽 / 自动调整 / 最适合行高列宽。

3. 隐藏行 / 列 / 工作表

光标定位要隐藏的行列 / 工作表中—“开始”功能区—单元格—可见性—隐藏和取消隐藏—行 / 列 / 单元格

4. “视图”功能区—窗口—冻结窗格—冻结首行 / 首列 / 拆分单元格

（八）保护工作表

将光标定位于要保护工作表的任意位置—“开始”功能区—单元格——格式—保护工作表—输入密码—确定

（九）加密工作薄

“文件”选项卡— 信息—保护文档—用密码进行加密—输入密码—确定—保存一次。

三、在单元格输入内容

（一）输入文本

汉字、字母及数字的一些组合（文本靠左对齐）。

（二）输入数字

阿拉伯数字与 $、% 的组合（数字靠左对齐）。

注：当数字超过单元格宽度时会以科学计数法显示，解决的方法是调整单元格宽度，若以 ###### 显示，也需调整列宽。

（三）文本与数字之间的相互转换

数字转换为文本：

方法一：前导加单引号：’123456

方法二：前导加等号，并用双引号括起来：=“038011”

方法三：先将单元格格式设置为“文本”型，再直接输入（选中单元格—右击—设置单元格格式—数字选项卡—文本—确定）。

（四）输入日期

年月日之间用“/”或“-”号隔开，ctrl+；可以提取系统日期。

（五）输入时间

时分秒中间用冒号隔开，ctrl+shift+；：提取系统时间。

（六）分数

先输入一个 0 及一个空格，再输入分数。

（七）逻辑值

逻辑真（true）和逻辑假（false）。

四、数据的快速填充

当一组相邻数据满足某种数学关系或具有某种对应关系时，便可使用“填充”方法输入数据。

（一）使用填充柄

在首单元格中输入常数或公式，横向或纵向拖动填充柄。适用于以下几种情况：

1. 数字格式时，直接拖动，复制数据；按住 Ctrl 键拖动，生成步长为 1 的等差序列。

2. 日期格式时，直接拖动，生成“日”步长为 1 的等差序列；按住 Ctrl 键拖动，复制数据。

3. 直接拖动公式，自动填充与首单元格相应的公式。

4. 对于步长不是 1 的序列，也可以使用填充柄自动填充。方法是：先在相邻两个单元格中输入数据，然后选定并拖动其填充柄。

（二）使用填充序列

在首单元格输入数据—选定首单元格及填充区域—开始—编辑 —填充—系列。

（三）自定义序列

文件—选项—高级—常规—编辑自定义列表—添加—确定（可以定义没有规律的序列）。

（四）任意填充单元格

选取单元格区域—输入数据—按 ctrl+ 回车（可以填充连续或不连续的单元格区域）。

（五）将单元格行 / 列内容相互转换

选中要转换析内容—复制—定位光标—右击—粘贴选项—转置。

五、利用公式统计计算

（一）公式的输入及应用

公式必须以“=”开头，可由常数、单元格引用、运算符、函数、括号等组成。

公式中的运算符：

算术运算符：+、-、* 、/、∧、% 等

关系运算符：=、>、<、≥、≤、<>

文本运算符：& 可以将一个或多个文本连接为一个组合文本值。例如：”音乐学 1 班”在 A1 单元格，”张三”在 B1 单元格，可写成：=A1&B1，结果为：音乐学 1 班张三

（二）引用运算符

冒号（区域运算符）：即对两个引用之间，包括两个引用在内的所有单元格进行引用，如 A3：A7

逗号（联合引用运算符）：将多个引用合并为一个引用，如 SUM（B5：B10，D5：

D10）

空格是交叉运算符：产生对同时隶属于两个引用的单元格区域的引用。

如 SUM（A1：B3 B1：C3），即对 B2 至 B3 单元格引用。

（三）单元格引用

1）相对引用

复制公式时地址跟着发生变化，表示方法：列坐标行坐标 例 B6，A4，C5：F8

例：

C1 单元格有公式：=A1+B1

当将公式复制到 C2 单元格时变为：=A2+B2

当将公式复制到 D1 单元格时变为：=B1+C1

当将公式复制到 A2 或 B2 时单元格时变为 #REF!，即无效引用

2）绝对引用

复制公式时地址不会跟着发生变化

表示方法：$ 列坐标 $ 行坐标　例 $B$6，$A$4，$C$5：$F$8

例：

C1 单元格有公式：=$A$1+$B$1

当将公式复制到 C2 或任意单元格时仍为：=$A$1+$B$1（按下 F4 即可绝对引用）

3）混合引用

复制公式时地址的部分内容跟着发生变化

表示方法：列坐标 $ 行坐标 例 B$6　　$ 列坐标行坐标 例 $B6

注：如果行不变，行前加 $，如果列不变，列前加 $

规律：加上了绝对地址符“$”的列标和行号为绝对地址，在公式向旁边复制时不会发生变化，没有加上绝对地址符号的列标和行号为相对地址，在公式向旁边复制时会跟着发生变化。

六、函数

Excel 提供的函数包括财务、日期与时间、数学、统计、文本等一系列函数。

（一）数学与三角函数

1. Abs（）：返回指定实数的绝对值

Eg：假定 A1 单元格中为 4　　　　A2 单元格中为了 -4

=Abs（A1），结果为 4　　　　=Abs（A2），结果为 4

2. Fact（）：返回某一个数的阶乘

Eg：假定 A3 单元格中为 5

=Fact（A3），结果为 120

3. Int（）：取指定数的整数，小数全部舍去

Eg：假定 A4 单元格中为 3.1　　　　A5 单元格中为 3.9

=Int（A4），结果为 3　　　　　　=Int（A5），结果为 3

4. Mod（）：返回两数相除的余数

Eg：假定 A6 单元格中为 9，A7 单元格中为 2

=Mod（A6，A7），结果为 1

5. Round（）：对指定数进行四舍五入

格式：=Round（需要四舍五入的具体数值，四舍五入后要保留的小数位数）

Eg：假定 A8 单元格中为 123.456

=Round（A8，2），结果为 123.46

=Round（A8，1），结果为 123.5

6. SUN（）：对指定单元格求和

格式：=Sum（求和的单元格）

Eg：假定 A9 到 E9 的值分别为：1、2、3、4、5

=Sum（A9：E9），结果为 15

=Sum（A9：C9，E9），结果为 11

7. Sumif（）：对满足条件的单元格求和

格式：=Sumif（条件所在区域，条件，求和实际区域）

8. Sumifs（）：对满足条件的单元格求和

格式：=Sumifs（求和单元格区域，条件 1 区域，条件 1，条件 2 区域，条件 2，条件 3 区域，条件 3）

注意：sumifs（）函数是 SUMIF（）函数的扩展，SUMIF（）只能计算一个条件的，SUMIFS（）可使用多个条件

9. Sumproduct（）：返回相应的数组或区域乘积的和

注：Sumproduct（）函数可以多个条件求和，也可以多个条件计数

多条件计数格式：= SUMPRODUCT（（条件 1）*（条件 2）*（条件 N））

功能：统计同时满足条件 1、条件 2 到条件 N 的记录的个数。

多条件求和格式：= SUMPRODUCT（（条件 1）*（条件 2）*（条件 N）* 求和的实际区域）

作用：找出同时满足条件 1、条件 2、条件 N 的记录，然后对指定的区域求和

（二）文本函数

1. Left（）：从左边取指定字符串的值，默认从左边的第一位开始取起

格式：Left（字符串所在单元格，取字符串的长度）

Eg：假定 A1 单元格有 ABCDEFG

则：Left（A1，3），取出的结果为：ABC

Eg：假定 A2 单元格中有文博职校

则：Left（A2，2），取出的结果为：文博

2. Right（）：从右边取指定字符串的值，默认从右边的第一位开始取起

格式：Right（字符串所在单元格，取字符串的长度）

Eg：A1 单元格有 ABCDEFG

则：Right（A1，3），取出的结果为：EF

3. Mid（）：从中间取指定字符串的值，取的值由起始位置和长度决定

格式：Mid（字符串，起始位置，长度）

Eg：A1 单元格有 ABCDEFG

则：Mid（A1，3，2），取出的结果为：CD

Eg：A2 单元格中有：文博电脑学校

则：Mid（A2，3，2），取出的结果为：电脑

4. Len（）：求指定单元格内容的长度

Eg：A3 单元格中有：美丽的安康!

则：Len（A3），返回的结果为：6

（三）查找与引用函数

1. Lookup（）：从单行或单列或数组中查找一个值，条件是向后兼容

注：此函数需要用到数组，用数组则需要用花括号 {}

Eg：

取出学号的第 3 位与第 4 位作为班级，如 03，则为 3 班

=LOOKUP（MID（A2，3，2），{“01”，”02”，”03”}，{“1 班”，”2 班”，”3 班”}）

2. Vlookup（）：是按列查找，最终返回该列所需查询列序所对应的值

=Vlookup（两个表格中相等的字段，查找范围，返回值的列数，精确 Or 模糊查找）0 或 False 是精确查找，1 或 True 是模糊查找

例：

从学生信息中返回姓名到学生成绩的姓名列中，要求学号相等（注：跨工作表时表格与单元格之间用 ! 隔开）

=VLOOKUP（A2，学生信息 !$A$2：$B$13，2，FALSE）

（四）日期和时间函数

1. Date（ ）：返回括号里的年月日

格式：Date（年，月，日）

Eg：=Date（2015，3，9），返回的结果为：2015/3/9

2. Now（ ）：返回系统现在的日期与时间

Eg：＝Now（ ），返回的结果为：2015/3/29 16：15

3. Today（ ）：返回今天的日期

Eg：Today（ ），返回 2015/3/29

4. Weekday（ ）：返回 1 至 7 的整数，代表一周的第几天

格式：Weekday（计算的单元格，返回值的表示）：

返回值的表示：

（1）代表星期日返回 1，星期一返回 2，以此类推（缺省或 1 都代表一周的第一天是星期日）

（2）代表星期一返回 1，星期二返回 2，以此类推

（3）代表星期一返回 0，星期二返回 1，以此类推

5. Year（ ）：返回指定日期的年份

Eg：假定 A1 单元格中有日期：2014-9-25

则：＝Year（A1），返回的结果为：2014

求年龄 =Year（Now（ ））-Year（出生年月日）

（五）逻辑函数

1. Not（ ）：非，取相反值

2. And（ ）：与，当所有结果都为真，最终的结果才会返回真

3. Or（ ）：或，只要有一个为真，最终的结果就会返回真

4. If（ ）：常用于判断条件

格式：=If（条件表达式，值 1，值 2）

注：如果条件表达式为 True 时，那么结果取值 1；如果条件表达式为 False 时，则结果取值 2）。

5. true（ ）：逻辑真，等价于 1，false（ ）逻辑假，等价于 0

（六）其他函数

1. Count（ ）：统计指定区域的个数

2. Countblank（ ）：求空单元格个数

3. Counta：求非空单元格个数

4. AVERAGE：求平均值

5. MAX（）：返回一组数值中的最大值

6. MIN（）：返回一组数值中的最小值

7. COUNTIF（）：在单元格 X 内查找 Y 出现的次数

格式：=Countif（引用的区域，查找的值）

8. RANK（）：返回某数字在一列数字中相对于其他数值的大小排位

=Rank（X，Y）（其中 X 是一个数值，Y 是一个绝对引用区域）

注：在书写函数时出错值信息：

1）#DIV/0：被零除了

2）#NAME：公式中出现了不能识别的文本

3）连续多个“#”：单元格内所含的日期、日期比单元格宽或者单元格的时间日期公式产生了负值

4）#NULL!：为两个相交叉的区域指定了交叉点

5）NUM!：公式或函数中的数值有问题

6）REF！单元格引用无效

7）#N/A：在函数或公式中缺少可用数值

8）#VALUE：使用错误的参数或运算对象类型

七、图表

（一）图表的常用类型

1. 柱形图和条形图：一般反应不同对象在同一时期某些属性的比较

2. 折线图：一般反应同一对象在不同时期某些属性的比较

3. 饼图：一般反应部分与整体某些属性的比较

（二）创建图表

1. 插入图表：选择数据和字段—“插入”功能区—图表—图表类型—确定

2. 图表的组成：图表区、绘图区、分类轴、图例等

3. 图片部分的格式更改：在图表对应位置上右击—选择该对象需要修改的值—更改—确定

（三）创建透视图 / 透视表

1. 透视表：需要一个行标题，一个列标题及一个汇总列，即可将结果显示在行与列的

交叉单元格中

如：统计各班男女生人数

2. 透视图：以图例的方式显示数据，更直接的显示之间的比例

（四）迷你图

是 EXCEL 中加入的一种全新的图表制作工具，它以单元格为绘图区域，简单便捷地为我们绘制出简明的数据小图表，方便地把数据以小图的形式呈现在读者的面前，它是存在于单元格中的小图表。

八、排序 / 筛选 / 分类汇总

（一）排序

1. 按单字段排序：将光标置于要排序字段所在列中——单击常用工具栏中的升、降序按钮

2. 按多个字段排序：将光标置于数据库内：单击“数据”—排序—分别选择“主要、次要、第三关键字的排序方式”—确定

（二）筛选

1. 自动筛选

将光标置于数据库中—单击“数据”—筛选—自动筛选—单击字段名的筛选按钮—选择一个条件进行筛选

2. 高级筛选

在数据库以外建立条件—单击“数据”—筛选—高级筛选—分别选择筛选方式、数据区域和条件区域—复制到的位置—确定

同行不同列表示“与”的关系

同列不同行表示“或”的关系

逻辑关系：

“与”两个条件都必须同时成立

“或“两个条件只要有一个成立

（三）分类汇总

步骤：先排序（排序的作用是分类）—单击“数据”—分类汇总—分别选择：分类字段、汇总方式、汇总项—确定

九、Excel 常用操作

1. 突出显示单元格规格：选择区域—设置条件—确定
2. 套用表格格式：为表格增加一种设置好的数据格式，增加美观性
3. 插入、删除工作表的行 / 列：右击—插入、删除行 / 列
4. 自动求和：快速对数据进行一些最基本的运算
5. 清除：可删除数据、格式、批注等
6. 合并居中单元格：开始—对齐方式—合并居中
7. 打印：需要设置表格框线

第三节 演示文稿软件

一、PowerPoint 简介

Powerpoint 用途是：通过它你可以制作出图文并茂、色彩丰富、生动形象并且具有极强的表现力和感染力的宣传文稿、演讲文稿、幻灯片和投影胶片等，可以制作出动画影片并通过投影机直接投影到银幕上以产生卡通影片的效果；还可以制作出图形圆滑流畅、文字优美的流程图或规划图。在演讲、报告和教学等场合有很大的帮助。那么它到底能不能制作出这样的效果呢？下面先请大家看张简单的幻灯片。

（一）PowerPoint 的主要特点

1. 强大的制作功能。文字编辑功能强、段落格式丰富、文件格式多样、绘图手段齐全、色彩表现力强等。

2. 通用性强，易学易用。PowerPoint 是在 Windows 操作系统下运行的专门用于制作演示文稿的软件，其界面与 Windows 界面相似，与 Word 和 Excel 的使用方法大部分相同，提供有多种幻灯版面布局，多种模板及详细的帮助系统。

3. 强大的多媒体展示功能。PowerPoint 演示的内容可以是文本、图形、图表、图片或有声图像，并具有较好的交互功能和演示效果。

4. 较好的 Web 支持功能。利用工具的超级链接功能，可指向任何一个新对象，也可发送到互联网上。

5. 一定的程序设计功能。提供了 VBA 功能（包含 VB 编辑器 VBE）可以融合 VB 进行开发。

（二）PowerPoint 的启动

1. 从开始菜单中启动
2. 利用快捷方式启动
3. 直接从文件中启动

（三）PowerPoint 的工作环境

1. 窗口介绍

PowerPoint 的窗口由标题栏、菜单栏、工具栏、文档窗口和状态栏组成。各窗口元素的功能后面再分别介绍。

2. 工作环境

PowerPoint 共有幻灯片视图、大纲视图、幻灯片浏览视图、备注视图和幻灯片放映环境等五种不同的工作环境。（也有的叫作五种视图）在创建一个演示文稿时，用户可以在 5 种不同的环境之间进行切换。

（四）建立 PowerPoint 的演示文稿

1. 根据内容提示向导快速建立演示文稿

2. 建立幻灯片的基本步骤

（1）按“新建”按钮
（2）选择模板
（3）编辑背景及颜色
（4）输入文字
（5）绘制图形
（6）其他辅助制作工具（如图表等）
（7）设定放映方式与动画效果
（8）设定打印效果

（五）退出 PowerPoint 及保存文件

1. 退出（关闭右上角关闭按钮，也可以从文件退出命令）

2. 保存文件

PowerPoint 保存文件的类型有：

PPT：演示文稿

WMF： Windows 图元文件，该格式允许保存某一张幻灯片，可被任何识别该格式的应用程序读取如 WORD 等。

RTF：大纲文件，可被任何识别该格式的应用程序读取如 WORD 等。

POT：演示文件稿模板文件。

PPS：该格式的文件，不需要进行入 PowerPoint 环境，即可直接放映。

PPA：加载宏的文件

GIF、PNG、JPG：均为图形文件格式。

二、文本内容的输入

（一）两种文字处理环境

PowerPoint 可以在两种操作环境中进行文字处理操作，即幻灯处视图和大纲视图，两种环境各有优点。

1. 在幻灯片视图下输入文字

在该视图方式下输入文字的方法与 Word 中的有关操作相似。区别在于该方式下输入文本内容必须在文本框中进行，文本框中的使用方法是：单击常用工具栏中的文本框按钮（或“插入”菜单中的“文本框”命令），此时鼠标变成竖线，然后在输入位置单击鼠标，待显示文本框即可输入文本内容。

2. 在大纲视图下输入文字

在大纲视图中，每一张幻灯片前面都有一个标号，表明是第几张幻灯片。在标号旁边有一个图标，代表一张幻灯片。图框右侧输入的文字将作为标题。在标题下面的提示点的文字是正文。

在文字尾按回车出现的新段落与上一段同级。

在标题位置按回车将产生一张新幻灯片。此时按 TAB 键，新幻灯片将降为上一张幻灯片的正文级别。

在标题尾按 Ctrl+Entre 将不产生新幻灯片，而直接进入原幻灯片的正文部分。

3. 用鼠标操作

当鼠标移到段落前面的提示点上时，鼠标光标变为十字箭头，此时按住鼠标左键并左右拖动，会出现一条竖线。该线所处的不同位置标明不同的级别，在相应的级别处释放鼠标，就可将选中的段落改变成新的级别。如果选中段落后上下移动鼠标，同样会出现一条横线，移动该横线到不同位置，可改变所选段落在正文中位置。在用鼠标操作时，选中一个级别，会将该级别的下属级别一同选中，并同时对其进行操作。如果所选段落的下属级别中已经包含最后一个级别即第五个级别，则该段落不能再向下一个级别移动。

在大纲视图中正文部分内容的位置可以跨幻灯片调整。该内容不受级别的限制，在任何选中的级别，都可以移动到大纲中的任意位置。

使用鼠标操作时，可以按照以下步骤进行：

（1）将鼠标光标移动到需要选中的某一段落前面的项目符号上，鼠标光标变成十字箭头。

（2）在项目符号上单击鼠标左键，选中该段落连同它的下属级别。

（3）按住鼠标左键上下移动，出现一条横线。横线所在的位置将是文字的新位置。

（4）移到文字的新位置后释放鼠标，选中的文字就被移动到了新的位置。

4. 使用大纲工具栏

（1）调整文字次序

使用大纲视图中大纲工具栏上的上移和下移按钮可以调整选中文字在整个环境中的位置。

①将光标移到要移动的某段落中。

②用上、下移动按钮，可以单独使光标所在的段落上、下移动，该段落的下属级别不会跟着移动。

③如果选中某几段文字，使用工具按钮可整体移动选中段落。

（2）控制大纲内容的显示方式

如果大纲中的文字太多，可以选择大纲工具栏上的全部折叠按钮，从中查看幻灯片上的标题。

使用全部展开按钮，可一同查看标题及正文的内容。如果想单独查看某一张幻灯片的标题或开展查看，可使用大纲工具栏上的文字格式，包括字体、字号、字形等。

（3）删除幻灯片

先选定幻灯片，后按删除键即可。

如双击一张幻灯片可切换到幻灯片视图。

（二）对文字的编辑操作

1. 编辑文字

在幻灯片视图中，对文字进行操作，首先要进入文字操作状态。用鼠标单击文字，文字周围即可以出现虚线框，并且光标呈 I 形，即可对文字进行编辑操作。

（1）选定文字

①双击英文单词，即是选定该单词。②三击鼠标左键可以选定上段文字。③按住 CTRL 键盘抽时单击文字，选定该文字所在的句子。④左拖动右任选一部分。⑤用 SHIFT 配合左拖动可选定多段文字。⑥单击正文中的提示点，可以选定该段文字。⑦单击文本框，可选定框内的所有文字。

（2）移动文字

①选定后用拖动法。②用剪切、粘贴法。

（3）复制文字

①拖动法。②用复制、粘贴切法。

（4）删除文字

（5）插入文字

（6）修改文字

①直接修改。②用查找替换命令修改。③用拼写检查命令修改。

2. 文字格式化

文字格式化包括字体、字形、字号、颜色等，均可用格式菜单中的“字体”项中的对话框进行修改，也可用工具栏的按钮来完成。

（三）文字的段落处理

1. 段落格式化

段落格式化包括改变项目符号、段落对齐、字体对齐、行距调整、改变单词大小写等。均可用格式菜单中的“段落”项中的对话框进行修改。也可用工具栏的按钮来完成。

2. 对段落文字的进一步调整

调整文字格式可以用标尺进行。从视图菜单中或单击右键都可以打开标尺命令。可用标尺改变文字格式。

用鼠标单击任何一个文本框，该框则进入文字操作状态，标尺的范围变小，横向为所选文字的宽度，纵向为高度，通过调整标尺，可以改变文本框的格式。

（四）插入艺术字

使用艺术字可以增加艺术表现力和视觉效果。

从绘图工具栏中选择“插入艺术字”按钮，打开“艺术字”库对话框。该对话框中提供了 30 种不同的艺术类型，用户可选择满意的艺术字体，单击“确定”按钮，退出“艺术字库”对话框，并打开“编辑艺术字文字”对话框，用户可以在该对话框中，输入所需的艺术字，然后单击“确定”按钮即可。

三、对象处理

任何由绘图工具及文字工具创作出来的内容都是一个对象。

（一）对象的格式化处理

1. 对象的特征处理

在一个对象上点一下鼠标，就可以选中这个对象。选中对象后，对象周围会出现一个对象框，对象框周围有八个控制点。当对象中有文字时，在对象中单击一下鼠标，会进入文字编辑状态，处于文字编辑状态下的对象框周围有一圈虚线。

对象具有图形和文字两种特征，对两种特征的处理，分别使用不同的工具。处理文字对象的特征包括选择文字、改变字号、增加字色及粗体、斜体、下划线、文字阴影、上下角标等。对图形对象的处理包括填充、边框及阴影三个部分。对于图形特征的基本操作可以通过绘图工具栏上的几个工具按钮来进行。

（1）增加填充

选定需要操作的对象后，在绘图工具栏中选择“填充”按钮会出现填充对话框。该对话框分为配色及填充两部分。

在对话框中选择“无填充色”则对象变成透明色。

对象的颜色可以从八种颜色中选择一种，如不满意可以选择“其他填充颜色”命令，进入颜色选择对话框图，从中选择满意的颜色。

（2）纹理选项卡

纹理选项卡提供了 24 种纹理图案，用户可以从中选择为对象进行填充。在 PowerPoint 中任何一种图像格式都可以作为纹理图像使用。

（3）图案选项卡

这种填充方式是给对象填充一种由配色方案形成的图案。对话框中提供了 36 种图案，图案由前景色和背景色共同组成。

图案填充应该注意的是，图案中组成的元素的大小是不能改变的，即改变对象本身的大小不会对其中的图案元素的大小产生任何的影响。图案还是原来的大小，只不过在对象变大时，对象框中的元素的数目会多一些，对象变小时，图案元素会少一些。

（4）图片选项卡

如果要选择一种图片作为填充效果，则单击该选项卡的“选择图片”按钮。打开选择图片对话框，可以在其中选择自己满意的图片文件。

图片填充与纹理填充的区别是：纹理填充时，作为纹理的图片使用它的原始大小填充到选取中的对象中，不随对象的大小而改变。如果是纹理填充，则纹理图片会自动平铺以充满整个对象；如果作为纹理的图片大于选取中的对象，则在选中的对象上会显示纹理图片的一部分。图片填充与之不同的是，当对象选中的对象做图片填充时，图片根据选中对象自动调整大小，以充满整个对象。

2. 增加边框的特征

边框的特征包括颜色、粗细和线的形状，这些特征通过绘图工具栏上的相应按钮来完成，也可以在格式菜单中打开“颜色和线条”命令，在对话框中完成。

（1）改变对象的线条颜色。

（2）改变线的形状。

（3）虚线线形。

（4）箭头样式。

3. 增加阴影

给对象增加阴影可以造成立体感的效果，增加阴影可以从绘图工具栏中找到相应的按钮。

4. 对象中文字同对象的关系

在 PowerPoint 的对象中，既有文字的特征，又有对象本身的特征。任何一个封闭的对象框中，都可以有属于该对象本身的文字存在。在对象中，其中的文字排列，在不同的对象框中各有不同。如先用文本框按钮划出文本框，然后在文本框中写字，遇到边框后可以自动换行。如不划出文本框，直接在文本框中写字，则不会自动换行。

（二）对象的编辑

对象的编辑操作主要包括：移动、改变大小、删除、复制等。这些操作都可以用鼠标进行，也可以用菜单进行。

（三）对象间的关系调整

调整对象之间的关系是指调整它们之间的位置、先后次序、组合与分解等。

1. 改变对象的先后次序（层次）

若要改变对象的先后次序，可以在选定该对象后，按工具栏中的绘图按钮，并打开“叠放次序”子菜单，从中选择即可。

如果某个对象被其他对象遮住了，无法找到，可以使用 TAB 键或 TAB+SHIFT 的键帮助寻找这个对象，找到后再改变这个对象。

2. 对象之间位置关系的调整

对象的排列关系可以用菜单命令实现。在绘图工具栏中选择“对齐与分布”命令弹出一个子菜单。通过选择子菜单中的相应命令可以实现对齐和分布操作。

（1）对齐对象

①选中所要进行排列的对象。

②选择绘图菜单中的“对齐与分布”子菜单，从中选择需要排列的命令。

打开该菜单必须选中两个以上的对象，否则不能进行操作。

在进行对象排列时，排列的基准线都是以对象的对象框为准。

（2）分布对象

这组命令可以精确地将对象等距离排列出来。分为横向和纵向两种。

在“对齐与分布”子菜单中有一个“相对于幻灯片”的命令。该命令是一个开关命令，它可以影响“对齐与分布”的命令效果。如选中该命令时，“对齐”与“分布”都是相对于幻灯片进行的。对齐的基线是幻灯片的四周边界和两条中心线。如果该命令无效时，对齐分布的命令基准线是选中对象组的外边界，以及对象组的中心线。

3. 对象的组合与分解及重组

组合对象的操作可以通过绘图菜单中的命令或工具栏中的组合按钮来实现。

（1）对象组合

方法是：①选中所要组合在一起的全部对象。②选择“绘图”工具栏中的“组合”按钮，使用组合命令。对象组合后，分散的小对象框，变成一个大的组合对象框。组合并不是对组件的整体操作，而是对其中的各个对象同时进行特征操作。组合处理允许多级组合。已经成为组件的对象还可以同其他对象组合。

（2）拆分对象

拆分对象的方法与组合相似，选定已组合的对象后，按“取消组合”命令即可。

如果想修改组件中的某个对象中的文字，不需要将组件拆开，直接在组件中就可以修改。方法是：①选中需要修改的组件。②在组件中找到需要修改的文字对象，将光标移到该文字对象上，可以看到鼠标成了文字光标。③在文字上单击鼠标，选中需要修改的文字，进行修改。

（3）重新组合对象

将一个组件拆分后，并对某些对象作了修改，只要不增加新的对象，就可以使用“重新组合”命令进行重新组合。

四、绘制图形

（一）使用 PowerPoint 的绘图工具

PowerPoint 的绘图工具都有在绘图工具栏中，包含直线、箭头、矩形、椭圆等四种常用的绘图工具。选择工具栏中的“自选图形”按钮，可以打开自选菜单。

1. 线条

从“自选图形”菜单命令中选择“线条”命令，打开子菜单。其中提供了 6 种画线工具。直线、箭头、双箭头这一类都是画直线的工具，可以画出各种形式的直线。方法是：①在“线条”子菜单中选取直线工具，鼠标变成十字光标；②在起点处按住鼠标左键并拖动，即可拉出一条直线；③直线画完释放鼠标。

在画的过程中，如果按住 SHIFT 键，可以画出 15° 的倍数，这样可以画出一些规则角度的直线。直线也是一个对象，也可以对直线进行各种特征处理。直线不能填充，但可以加阴影和增加箭头等。

2. 曲线

所谓曲线是一些轮廓边缘光滑的线条，使用曲线工具可以画出任何形状的曲线。

①选中曲线工具后，光标变成十字形。②将光标移到曲线的开始位置进行单击，设置起点。③释放鼠标，并移动可以从起点处拖出一条线，将鼠标移动需要曲线转弯处单击，设置曲线的另一个顶点。④重复上一步动作，直到曲线完成，双击结束。

3. 任意形状图形

①选择“线条”工具中的任意多边形按钮，光标变成“十”字。②在起始点按下左键，光标变成一支笔形状。③拖动鼠标画出图形。如不是封闭的图形，双击左键结束。

4. 画折线和多边形

①选择任意多边形工具，出现十字光标。②在开始处单击后松开鼠标。③移动鼠标到第二个转折处单击，尔后再移到下一点处。④重复上述操作，画出多边形后，双击结束。

在画图中按住 SHIFT 键可以画出 15 度的任意角度。在没有退出画图状态时，按退格键，可以按画图的反方向删除图形中的顶点。

（二）使用 PowerPoint 的艺术剪辑库

PowerPoint 提供了艺术剪辑库工具，其中有 3000 多幅艺术图片，及大量的照片及声音、动画等文件。

1. 进入艺术剪辑库

在常用工具栏中，单击“插入剪贴画”按钮，打开艺术剪辑库。

（1）剪贴画

提供各种矢量图形，即绘图工具画出来的图形，是用一系列命令描述的图形（如何描绘直线、曲线和框等），其最大的特点就是一个整体的图形由若干个对象组成，对象的属性随时可以修改从而改变图形的外观效果。其格式为 WMF，它是图元文件格式，是矢量图的一种。在 PowerPoint 中，可以将当前幻灯片保存为该格式文件。

（2）图片

提供各种位图格式的图形（也称画图类型或 RASTER 图像），是一组小点所组成的图像。常用的格式有 BMP 就是典型的位图。位图的特点是它只记录图片中像素点的特征，这种图形不能拆开任意修改，但位图记录的图形的色彩丰富，如扫描的照片等都采用这种格式。

（3）声音

PowerPoint 支持 WAV 格式的声音文件和 MID 文件。

2. 将艺术剪辑添加到幻灯片中

用下面的方法可以使艺术剪辑添加到幻灯片中：

（1）如果要插入剪贴画，可以单击“剪贴画”选项卡。如果要插入图片（照片、位图或扫描图像），可单击“图片”选项卡。（2）在类别列表中，单击所需的类型。（3）在所需要的图像上双击鼠标，或选中需要的图像后，单击“插入”按钮。

（三）编辑艺术剪辑图片

编辑图片包括改变图片大小、改变颜色、遮盖、复制、删除等操作。

在 PowerPoint 中，当选中一个艺术剪辑图片后，会自动弹出一个工具栏，该工具栏的名称为“图片”。如没有出现工具栏，可用鼠标右钮单击选中的图片，并在弹出的快捷菜单中按“显示图片工具栏”命令。工具栏中集中了所有对图片的操作命令。

1. 编辑插入图片

（1）改变图片颜色

①选中要操作的图片。②从图片工具栏中选择“图片重新着色”命令，出现图片重新着色对话框。③从中选择相应选项，完成对图片颜色的操作。④从原始栏中选择需要修改的颜色，在该颜色对应的更改为颜色对话框中选择一种新的颜色。⑤重复上述操作，直到全部更改。单击“确定”即可。

在“图片重新着色”对话框中，被修改过的颜色左侧的小方框中有一个对号，表明被更改，此时如取消对号，颜色还可还原。

（2）裁剪图片

实现这项功能可使用“图片”工具栏中的“裁剪”命令。方法如下：

①选中要操作的图片。②从“图片”工具栏中选择“裁剪”命令，鼠标变成双向“十”字箭头，进入遮盖图片操作状态。③将光标移到图片周围 8 个控制点的任何一个上面，让控制点在光标两个交叉折线上的中心，按住鼠标左键，使光标变成一个折线形状。④按住左键并向图片的内部拖动，图片的一部分就消失了。⑤按住左键向图片外拖动，消失的图片又出现了。⑥重复上述操作，直到找到合适的图片形状。⑦单击鼠标，退出编辑状态。

在图片周围的 8 个控制点中，鼠标点中四周的控制点时，可从一个方向向另一个方向遮盖图片，鼠标按住四个角的控制点时，可以向两个方向遮盖图片。此时，按 SHIFT 键，会按着原来图片的比例缩小遮盖；按住 CTRL 键时，会从四周向中间遮盖图片。

注意：“裁剪”命令只对图片起作用，对象操作不能用此命令。

（3）改变图片的大小

改变图片的大小方法与对象操作基本相同。选取中图片后，用鼠标按住图片四周的 8 个控制点拖动，就可以改变图片的大小。它与对象操作不同的是：

用鼠标按住图片框图 4 个角的控制点并拖动时，图片直接就会按照原来比例关系缩放。

该操作也可以使用“设置图片格式”命令进行。选中图片后，从格式菜单中选择“图片”命令，或从图片工具栏单击“设置图片格式”按钮，打开对话框。在对话框中选择“大小”选项卡。通过改变“尺寸”或“缩放比例”的方法改变图片的大小。在“大小”选项卡中选择“重新设置”按钮，图片会还原为原始大小。

2. 图像控制

在图片工具栏中提供了一组图片颜色控制命令。

①图像控制：该命令可更改图片的颜色效果。从图片工具栏中选择该命令后，打开一个下拉菜单。其中提供了 4 种图片的颜色效果。

自动：使图片自动控制使用其原来的颜色效果。

灰度：将选中的图片变为灰度效果。

黑白：将图片变为纯黑白效果。

水印：降低图片颜色的对比度和增加亮度的方法使图片具有类似水印的效果。

②增加对比度 / 降低对比度：可以增加和降低图片颜色的对比度。

③增加亮度 / 降低亮度：增加和降低图片的颜色亮度。

3. 设置透明度

该命令是针对位图格式的图片设置的。该命令可以使某种同样颜色变为透明。①选择一个位图图片。②选择“设置透明色”按钮，鼠标变为一支笔的形状。③将光标移动到需要设置透明的颜色处，单击左键即可。

4. 重设图片

如果在图片的修改中发生了错误，可以单击图片工具栏中的“重设图片”按钮，将图片还原来原始状态。

5. 插入图片

通过插入图片的方法，可以将不在艺术剪辑库中的图片插入到幻灯片中。方法是：

选择图片工具栏中的“插入从文件获取的图片”命令，打开“插入图片”对话框。找到需要的图片后，单击对话框中的“插入”按钮，将选中的图片插入到幻灯片中，还可以从“预览”对话框中看到效果。

6. 对图片的其他操作

图片可以有自己的边框和底色。选择图片工具栏中的“线形”按钮，可以改变图片的线形。选择工具栏上的“设置图片格式”按钮，可设置和改变图片的边线颜色、线形、底色、大小、位置等特征。

图片不能旋转。这是图片与对象之间的一个显著的区别，对象操作的所有命令对图片都不能使用。

其他对象的一些编辑命令，如对象顺序的提前、置后；多个对象的组合、分解；对象位置的自动排列等操作对图片同样可以使用，可以把图片和对象混在一起，共同操作。

图片上不可以直接写文字。但可以使用文本框先写下文字，然后再把文字移到图片上，把图片与文字组合进来。

（1）对图片的进一步操作

在图片编辑中如果要去掉或增加图片的某一部分，可以先将图片分解（取消组合）。图片被分解后会还原为对象，这样可通知对象操作的方法编辑修改图片。方法是：

①选中要编辑的图片。

②选择绘图中的“取消组合”命令，会出现一个警告对话框，说明用户选中的是一个嵌入的图片而不是对象组合，如果对图片进行分解，图片将失去它同原来程序之间的链接，即失去图片与艺术剪辑库之间的链接关系。

③可以不理会警告，单击“是”按钮，图片即被转成对象。

图片被转成对象后，就失去了图片的各种特征，也失去了同原艺术剪辑库间的联系。此后就不能通过在图片上双击鼠标左键的方法回到艺术剪辑库中。但可以采用对对象的各种操作命令来处理这个图片。

应注意的是：对位图文件（.BMP）不能进行分解操作。

（2）将对象还原为图片

组合操作可以起到保护图形的作用，但仍然可以对其进行操作，不能真正的保护图形。要想真正保护图形，应当把图形变成图片。方法是：①选中要编辑的对象；②选择编辑菜单中的剪切命令，将选中的对象移到剪贴板上；③选择编辑菜单中的“选择性粘贴”命令，打开对话框；④在该对话框中的“粘贴为”选框中有三选项。其中，OFFICE 图形对象是作为对象粘贴，另两个选项“图片”和“增强图元文件图片”就是将剪贴板中的内容作为图片粘贴到幻灯片中，选择这两个中的任何一个均可；⑤单击“确定”，退出对话框。

五、自动处理功能

（一）PowerPoint 对配色方案的控制

1. 改变 PowerPoint 的配色方案

格式菜单中的“幻灯片配色方案”命令，可以修改当前的幻灯片配色方案。

选择“幻灯片配色方案”命令后，出现幻灯片配色方案对话框。该框有两个选项卡，其中，标准选项卡中提供了 PowerPoint 预制的配色方案，共提供了 7 种预制的方案。如对配色方案满意可选“全部应用”按钮，将选中的配色方案应用于当前的幻灯片文件的全部幻灯片中；单击“应用”按钮，只用到当前的幻灯片中，这样，一个幻灯文件可以有多个不同的配色方案。另一个是“自定义”选项卡，在自定义选项卡的“配色方案”中，列出了 8 种颜色，每个颜色后边都有相应的说明。用户可以根据需要修改配色方案中的颜色。

选中需要修改的颜色后，单击对话框中的更改颜色按钮或在颜色上双击鼠标左键，都可以打开更改颜色对话框，从中选择颜色。

更改过的配色方案可以通过单击对话框图中的“添加为标准配色方案”按钮，使它们成为“标准”选项卡中的配色方案。如果在标准选项卡中选中不需要的配色方案，然后再单击“删除本色方案”按钮，也可以删除不需要的配色方案。

2. 改变幻灯片背景颜色

使用幻灯片配色方案命令不但可以改变幻灯文件的配色方案，也可改变背景颜色。

在实际操作中，即使用不改变配色方案，用 PowerPoint 中相应的工具，仍可以改变一个对象的全部颜色特征。包括填充颜色、边框线、阴影、文字颜色等。

格式菜单中的“背景”命令可以改变幻灯片的背景，并可以对背景做各种设定。

在背景对话框图中打开背景颜色下拉选框，其中可以选择一种颜色作为幻灯片的背景色，选择框中的“其他颜色”命令可以打开颜色对话框，以便从更多的颜色中挑选幻灯片的背景色。在下拉选择框中选择“填充效果”命令，可打开填充效果对话框。通过该对话框图中的各项命令，可以使幻灯片的背景具有各处特殊的效果。

PowerPoint 的背景特殊效果对话框与对象的特殊填充对话框实际上是一样的，可以按照为对象增加特殊填充的方法为幻灯片的背景增加特殊效果。对话框中的：

过度：为幻灯片增加颜色渐变的背景效果。

纹理：增加各种由图片平铺构成的纹理背景效果。

图案：增加各种图案的背景效果。

图片：选择一张图片文件作为幻灯片的背景。

在“底纹样式”选框中，有一个“从标题”的底纹样式。选中该项后，右面的示例中可以看到两种渐变示例。这种渐变是从幻灯的标题条开始渐变，若没有标题文字，则从幻灯片的中间开始渐变。此时可以改变当前幻灯片的版面，选择格式菜单中的“幻灯片版式面设置”命令，出现对话框，从中选择一种有标题对话框的版式面，然后单击“应用”按钮，退出对话框。则出现从标题框向四周的背景渐变的效果。标题框本身是一个矩形，选中标题框后，选择绘图菜单中的“改变自稳定图形”命令，可将原来的矩形标题改为各种其他的形状。如果选择了“从标题”的渐变效果会产生各种复杂的变化。

在空白的幻灯片上也可以出现渐变效果。方法是在幻灯片版面设置对话框图中选择“只有标题”的版面。此时版面中只有标题文本框，且也有渐变效果。此时的文本框在屏幕展示或打印时都不会被看到。但在幻灯片中可看到一个虚线框，若删除文本框，则渐变效果也没有了。处理的方法是，选中标题框，打一个空格键，这样幻灯片中的标题框就看不见了，但仍有渐变效果。

当背景有了渐变的效果后，可以更充分地的发挥对象的填充和阴影的功能。

在对象的填充工具中，有一个“背景”填充方式。该方式在绘图工具栏的“填充颜色”选取框中打不到，但可以在格式菜单的“颜色和线条”对话框中看到。打开该对话框，从下拉选框中选择“背景”命令，就可以为对象增加背景和填充效果。

当使用背景填充时，对象被填充上与背景相同的颜色，对象与背景之间不单是颜色相同。而且当幻灯片背景是特殊效果填充时，不论对象在何处，对象中的填充效果都同所处的位置的背景完全一样。

修改背景颜色也可以使用快捷菜单，在幻灯片的空白处单击鼠标右键在弹出菜单中可以找到相应的操作命令。

（二）PowerPoint 提供的模板

PowerPoint 为了方便用户的操作，提供了一套专家设计的模板。用户可以直接选择这些模板来改变自己幻灯片文件中的母版的设定。调用模板的方法是：

1. 从格式菜单中选择“应用设计模板”命令，进入应用设计模板对话框。

PowerPoint 提供了两类模板，分别放在“演示文稿”和“演示文稿设计”两个不同的文件夹中。第一次进入应用模板对话框时，首先进入的是“演示文稿设计”文件夹。该文件夹中提供了 17 种模板。进入上级文件夹后，可以找到“演示文稿”文件夹，该文件夹提供了 38 种模板。

2. 选中相应的模板，按对话框中的“应用”按钮，即可将选中的模板应用到当前的幻灯文件上。

在操作过程中，随时都有可以调用新的模板来替换现有的模板。但在一个幻灯文件中同时只能存在一个模板。

（三）PowerPoint 的母版

为了使演示文稿的风格一致，可以设置它们的外观。PowerPoint 所提供的配色方案、设置模板和母版功能，可方便地对演示文稿的外观进行调整和设置。

幻灯片的母版类型包括幻灯片母版、标题母版、讲义母版和备注母版。幻灯片母版用来控制幻灯片上输入的标题和文本的格式与类型。标题母版用来控制标题幻灯片的格式和位置甚至还能控制指定为标题幻灯片的幻灯片。对母版所做的任何改动，所有应用于所有使用此母版的幻灯片上，要是想只改变单个幻灯片的版面，只要对该幻灯片做修改就行。

下面来简单解释一下这几种母板的设置。

1. 设置标题母版

在演示文稿中的第一张幻灯片或是各部分的开头，便是标题幻灯片。通过标题母版，可以控制每一个应用此母版的标题幻灯片的格式和设置，包括演示文稿的标题和副标题的格式。

（1）建立一个新的演示文稿或打开一个旧的演示文稿。

（2）在菜单栏里的“视图”菜单中选择“母版”并点击子菜单下的“幻灯片母版”。

（3）在“幻灯片母版”视图中，选择“插入”菜单下的“新标题母版”命令，进入“标题母版”视图。

（4）单击“自动版式的标题区”，选择“格式”菜单下的“字体”命令，然后在 PowerPoint 弹出的“字体”对话框中设置有关字体的各种参数。比如标题的字体、字形、字号、颜色以及效果等。

（5）可以对标题母版进行美化，在菜单栏里的“插入”菜单下点击“图片”命令，可以为标题幻灯片插入一幅图片。还可以通过单击“绘图”工具栏上的“阴影”按钮，为标题添加阴影。

（6）下面给母版添加个“页眉和页脚”。在菜单栏的“视图”菜单中执行“页眉和页脚”命令，在弹出的“页眉和页脚”对话框中选择“幻灯片”选项卡，这样就可以对日期区、页脚区、数字区进行格式化设置。

在设置完毕后，您可以进行两种选择：点击“应用”按钮，那么你进行的设置只应用于当前的标题幻灯片上；点击“全部应用”按钮，那么你的设置将应用于所在的标题幻灯片上。

当完成设置后，切换到幻灯片浏览视图，这时，你会发现所设置的格式已经在标题幻灯片上显示出来。

常见问题：在标题母版中修改了文本属性，但标题幻灯片却不变，为什么呢？

标题母版从幻灯片母版中继承所有的文本属性。如果在幻灯片母版中修改了文本的字体、字号或样式，这些变化都会反映到标题幻灯片中。要在标题母版中使用不同的文本属性，可以在改完幻灯片母版中的文本属性之后再修改标题母版中的文本属性。这样，所作的修改就只停留在标题母版中，而不会体现到幻灯片母版中。

2. 设置幻灯片母版

幻灯片母版用来定义整个演示文稿的幻灯片页面格式，对幻灯片母版的任何更改，都将影响到基于这一母版的所有幻灯片格式。

（1）在菜单栏中的“视图”菜单下，点击“母版”子菜单下的“幻灯片母版”命令，进入幻灯片母版设置窗口。

（2）单击“自动版式的标题区”，在“格式”菜单下选择“字体”命令，字号、颜色、以及效果等。你还可以对母版进行美化。

（3）单击“自动版式的对象区”，便可以对此区域内的文本进行如上一步骤那样的设置。且用户还可以单击某一级文本，然后在菜单栏下的“格式”下选择“项目符号和编号”命令，在出现的“项目符号和编号”对话框中改变此级项目符号的样式。

（4）可以为母版添加“页眉和页脚”，如上。

在你完成幻灯片母版的设置后，切换到幻灯片浏览视图，这时你就会看到你所做的设置显示出来。

3. 设置讲义母版

（1）在菜单栏中的“视图”里的“母版”子菜单下的“讲义母版”命令，进入讲义母版设置窗口。这时“讲义母版”工具栏显示出来。在“讲义母版”工具栏上有六个按钮，分别代表显示的幻灯片的张数和排列样式。

（2）在“讲义母版”工具栏上选择一个你需要的张数和样式所代表的按钮并单击，此时讲义上便显示出你所要的幻灯片张数和排列样式。

“讲义母版”工具栏上按钮，用于显示多张讲义的位置。

（3）如果要设置“页眉和页脚”，可以在菜单栏里的“视图”下点击“页眉和页脚”命令，在弹出的“页眉和页脚”对话框中选择“备注和讲义”选项卡中，进行页眉和页脚的有关设置。

4. 设置备注母版

（1）在菜单栏“视图”菜单下的“母版”子菜单选择“备注母版”命令，进入备注母版设置窗口。

（2）单击“备注文本区”，此时“备注文本区”的外框显示为粗框，这表明该区处于编辑状态。

（3）这时可以对该文本框进行设置。当你将鼠标置于文本区，鼠标指针变成“十”字时，你可以通过拖动鼠标来改变备注框的位置；当你将鼠标置于边框上的控制点，鼠标将指针变为双向箭头时，拖动鼠标可以改变备注页框的大小。

（4）分别选中“备注文本区”中的各级文本，然后对它们进行字形、字体、字号以及效果、颜色等设置。

（5）还可以根据需要，在备注页上添加其他图片及其他对象。

（6）在“母版”工具栏上点击“关闭”按钮，退出备注母版设置。

六、图表及处理功能

（一）制作数据表

PowerPoint 提供了一个辅助应用工具。使用它可以方便地将各种数据转化为图表。

1. 图表编辑环境

Microsoft Graph 是一个图表编辑工作环境，它是嵌入在 PowerPoint 中的一个应用程序，它随 PowerPoint 一同被安装，有了它，用户可以直接进行图表的制作。进入图表工作环境的方法有两种。

（1）从幻灯片版式对话框中选择“图表”版面，则幻灯片中出现一个对象框，提示用户在框中双击鼠标就可以进入图表工作环境。

（2）在任何一个版面中，从常用工具栏中单击插入图表按钮，也可以进入图表编辑工作环境。

此时，已经是在图表状态下工作了，从工作窗口的菜单选项命令中可以看出，除了文件菜单中的各项命令还是 PowerPoint 的命令外，其他各个菜单中的命令都已经变成了与图表有关的各项命令了。同时，工具栏也发生了变化，原来 PowerPoint 中的工具不见了，换成图表工具栏，用这个工具栏，就可以完成对图表处理的各种工作。

图表工作环境中的工作对象分两部分：一是数据表；二是图表。用户可以在数据表中输入各种数据，这些数据就会直接反映到图表中。退出图表工作状态后，在幻灯片中得到的是图表中的内容，数据表中的内容在幻灯片中看不到，它的作用就是提供各种数据，帮助建立图表。

退出图表工作状态，返回到幻灯片工作环境的方法是：单击数据表和图表工作框外的部分，即可退回到幻灯片工作环境。如果需要对图表进行修改，可以直接在图表上双击鼠标，就可以再次进入图表工作状态。

2. 数据表

在图表工作环境中，首先要对数据表工作，在数据表中输入各种数据。数据表是一个工作窗口，它由单元格组成，每个单元格中可以放置一个数据。单元格是由行—列交叉组成的，除第一行的第一列外，其余各行和各列都有名称来标识。行标识用数字表示，列标识用英文字母表示。在数据表中每一个单元格和位置是唯一的。

在数据表中，第一行和第一列是用来输入数据标识的。通过这些标识，可以确定以后各行各列中数据的含义。其余的各行各列中是输入数据的，通过这些数据和数据前面的标识，就可以生成图表。

数据表的最大容量是4096行，4000列。

数据表中的“区域”。一个区域是由多个单元格组成的一个范围。选中一个区域后，就可以对其中的所有单元格进行统一操作。选中区域的方法有：

（1）在行标或列标上单击鼠标，可选中相应的一行或一列。

（2）单击任何一个单元格，就可以选中该单元格，按住并拖动鼠标，就会选中鼠标经过的区域。

（3）选中一个单元格，按住SHIFT键，在另一个单元格上单击鼠标，会选中两个单元格之间的所有单元格。

（4）在行标或列标的交叉处，即数据表左上角的方框（选择按钮）上单击，会选中数据表的全部单元格。

3. 在数据表中输入数据

选中单元格后，可直接在其中输入数据。单元格中原有数据会自动删除。在一个单元格中最多可以输入255个英文字符。输入结束后，按回车或TAB键退出输入状态。当一个单元格中的文字长度超过单元的宽度时，如果该单元格右面是空的，文字将延伸到其他单元格中。如果该单元格的右面有内容，则该单元格中只能显示单元格宽度的文字内容，超出部分将被遮住。此时可以通过调整单元格宽度的方法使该单元格中的内容全部显示。

在输入新的数据，创建自己的图表之前，应先删除数据表中的原先存在的样例数据。删除的方法是：（1）选中包含需要操作对象的区域；（2）按住键盘上的删除键，删除选中区域中的数据。

若要删除表中的全部数据，可单击选择按钮选中全部数据表，再按删除键。

数据表中的数据发生了变化，图表中的内容也随即发生改变。当用户删除了数据表中的数据后，图表中的相应内容也发生了改变。如果全部删除数据，则图表中就不存在任何内容了。在输入数据时，应在第一行和第一列中输入标识，明确每个数据的具体含义。输入时：

（1）单元格输入完毕，按回车，会转到下一个单元格，可继续输入；（2）按下TAB键，会选中该单元格右面的单元格；（3）按住SHIFT+ENTER键，会选中原单元格上面的单元格；（4）按住SHIFT+TAB键，会选中原单元格左面的单元格；如果在输入数据前，选定数据的输入范围。输入时，按住 ENTER 键或 TAB 键，单元格将只在选定的区域中移动，输入的数据就不会超出范围。

4. 对数据表的修改和格式化操作

（1）修改行宽

单元格的宽度可以修改，但不能只修改某一个单元格的宽度，而是该单元格所在的一列的宽度。方法是：①将鼠标移动到该单元格所在的列和右面一列的交界处，鼠标变成双向箭头。按住并左、右拖动鼠标即可改变该列的宽度；②当鼠标处在两列列首的交界时，双击鼠标，则光标左侧的列宽会自动调整，调整后的宽度正好与该列中最宽的文字宽度相同。

（2）改变单元格的格式

单元格中的字体、字形、字号等特征都可以修改。对一个单元格中的文字的修改，将改变整修数据表的文字特征。方法是：①选中单元格，从格式有单中选择字体命令；②在字体对话框中根据自己的需要进行修改。

字体也可以通过菜单找到。在任何一个单元格上单击鼠标右键，就可以弹出的快捷菜单中找到字体命令。

对单元格的格式化操作还可以通过工具栏进行。①从视图菜单中选择工具栏命令，出现工具栏子菜单；②在子菜单中选择需要的工具栏。单击该工具栏上的相应按钮即可。其中：货币样式：给单元格增加货币符号，该符号的格式由当前 Windows 环境中使用的货币格式决定。

百分比样式：使单元格中的数据以千分位的格式表示。如 12345 将表示为 12，345。

增加小数位数：使用单元格的数据中小数点的位数增加一位。

减少小数位数：使用数据中小数点的位数减少一位。

对单元格的格式化还可以用格式菜单中的“数字”命令。打开对话框，从中选择必要的格式。

（3）移动、复制单元格数据

①选中一个区域，将鼠标移动该区域边缘，鼠标变成白色“十”字箭头。②按住并拖动鼠标，即可将选中区域的内容移动到下一个位置。③在移动鼠标的同时按住 CTRL 键，移动就变成了复制。复制时，如果原来位置中有内容，则原内容将被新内容替换。

（4）插入和删除单元格

插入数据可以按下面步骤进行：①在需要插入数据的位置的下一个行或列首单击鼠标，选中一行或一列；②在选中区域单击鼠标右键，从快捷菜单中选择“插入”命令，就可以插入一行或一列新单元格；③除了插入一整行或一整列外，还可以插入单独一区域的单元格，选定需要插入的区域；④选择“插入”命令，出现对话框，选择相应的选项；⑤选择活动单元格下移选项。则插入一个新的空白单元格。原单元格中的数据下移一行。

删除单元格的方法与插入单元格的方法完全相同，区别在于使用的命令是“删除”。

该命令可以从快捷菜单中找到。

菜单中的删除命令与键盘的删除键的功能是有区别的。删除命令的作用是删除单元格，连同单元格中的全部内容。而键盘上的删除键在数据表中的作用是删除单元格的数据，并不删除单元格。它相当于菜单中的“清除”命令。

有时在图表操作过程中，并不想永久删除某一行或某一列的数据，而只想将这一行或一列从图表中暂时去掉。方法是：①在数据表中某一行或某一列的行头或列头双击鼠标，就可以将该行或列从图表中暂时去掉。此时该行或列的数据全部变成灰色；②在已从图表中被临时去掉的数据行首或列首再次双击鼠标，就可以从图表中恢复这一行或这一列的数据，数据恢复原有的颜色。

这两项操作也可以通过菜单命令来实现。在菜单中有两个命令。包含行 / 列命令对应的操作是从图表中还原数据；不含行 / 列命令对应的操作是从图表中消隐数据。

（二）改变图表的类型

在创建一个图表时，需要选择不同类型的图表，来说明不同的内容。

选择不同类型，可以通过工具栏上的按钮来实现。方法如下：

①单击常用工具栏上的图表类型按钮，出现图表类型列表，在图表中按住图表框上方的灰色部分并拖动鼠标，将类型列拖到工作窗口中。

②从中选择一种图表类型。

如果希望对图表做进一步调整，可以通过以下方法：

从图表菜单中选择“图表类型”命令，出现图表类型对话框。

③在对话框中的图表类型选框中可看到 14 种图表类型，从中选择一种类型后，在格式选框中可看到从属于该类型的全部子类型。

④从中选择一种自己需要的类型即可。

选中图表类型后，可以对该图表类型进行格式化操作。对图表的格式化操作包括改变图表的颜色、图案、边框及数字的格式化等，还可以插入辅助说明内容，以及对坐标轴、刻度线等的格式化操作。

对图表的格式化操作，首先要选中需要修改的部分。选中不同的部分，图表菜单中出现的格式化命令也不同。没有选中任何部分，则菜单大部分命令将是灰色的，不能使用。

（三）使用组织结构图

组织结构图是一个专门用来绘制组织结构图的应用软件。

在 PowerPoint 中，通常用两种方法进入组织结构图工作环境。

一是从幻灯片版面设置对话框中选择“组织结构图”版面，则幻灯片中出现一个对象框，提示用户在框中双击鼠标就可以进入组织结构图工作环境。

二是在任何一种版面中，从插入菜单中选择“图片”命令，在其中选择“组织结构图”

命令即可。

组织结构图是一个独立的应用软件。它可以不依靠任何其他应用程序独立运行。其菜单条中提供了完成组织结构图的全部操作命令。它也有一个工具栏，使用工具栏中的工具用户就可完成创作组织结构图的工作。中间的窗口就是用户的工作环境。在其中可能看到四个图框，并由一些连线连接起来。这是组织结构图中的预选提供的一个结构图样例。其中每一个图框代表一个结构项，用户可以在图框中输入文字。也可以对其进行修改，增加或去掉一些图框。具体操作方法这里就不再详细展开了。

第六章 计算机网络基础与应用

第一节 计算机网络概述

一、计算机网络基础知识

（一）计算机网络概念

计算机网络：将分布在不同地理位置上的多个具有独立工作能力的计算机系统通过通信设备和线路由功能完善的网络软件实现资源共享和数据通信的系统。【再具体一下就是：凡是处在不同地理位置的多台具有独立功能的计算机通过某种通信介质连接起来，并以某种硬件和软件（网络协议和网络系统）进行管理并实行网络资源通讯和共享的系统】 所谓的某种介质可以是有线也可以是无线的。有线的如【同轴电缆】【双绞线】【光缆】无线的如【红外短波】【微波】【超短波卫星】

（二）计算机网络分类：按覆盖范围分类，计算机网络的基本构成：

1. 局域网（Local Area Network，简称 LAN），小于 10km 的范围，通常采用有线的方式连接起来。局域网是组成其他两种类型计算机网络的基础。局域网有许多种类，按照组网方式的不同，局域网络的通信模式即网络中计算机之间的地位和关系的不同，局域网分为对等网和客户 / 服务器网两种。（对等网（Peer-to-Peer Networks）指的是网络中没有专用的服务器（Server）、每一台计算机的地位平等、每一台计算机既可充当服务器又可充当客户机（Client）的网络。对等网是小型局域网最常用的联网方式，对等网组建简单，不需要架设专用的服务器，不需要过多的专业知识，一般应用于计算机数量在十台至几十台左右。客户 / 服务器网与对等网不同，网络中必须至少有一台采用网络操作系统（如 Windows NT/2000 Server、Linux、Unix 等）的服务器，其中服务器可以扮演多种角色，如文件和打印服务器、应用服务器、电子邮件服务器等。基于服务器的网络适用于联网计算机数量多在几十台、几百台甚至上千台以上。）

2. 城域网（Metropolis Area Network，简称 MAN），规模局限在一座城市的范围内，

10 ～ 100km 的区域。

3. 广域网（Wide Area Network，简称 WAN），广域网的典型代表是 Internet 网。

（三）计算机网络体系结构

在 Internet 出现之前，各个国家甚至大公司都建立了自己的网络，这些网络体系结构各不相同。如日本 DECNet 等。其体系结构都不相同，协议也不一致。不同体系结构的产品难以实现互连；为网络的互联、互通带来困难。20 世纪 80 年代开始，人们着手寻找统一网络结构和协议的途径。国际标准化组织 ISO 下属的计算机信息处理标准化技术委员会为研究网络的标准化成立了一个分委员会。1984 年正式颁布了开放系统互连基本参考模型。这里的开放系统是指对当时各个封闭的网络系统而言，它可以和任何其他遵守模型的系统通信。模型分为 7 个层次，故又称为 OSI7 层模型。构成了计算机网络体系结构的基础。1990 年最终形成世界范围的 Internet。计算机网络体系结构采用分层配对结构，定义和描述了一组用于计算机及其通信设施之间互连的标准和规范的集合，它是管理两个实体（实体是通信时能发送和接收信息的任何硬件设施）之间通信规则的集合，遵循这组规范可以方便地实现计算机设备之间的通信。

（四）计算机网络的功能

1. 数据通信。这是计算机网络的最基本的功能，也是实现其他功能的基础。如电子邮件、传真、远程数据交换等。

2. 资源共享。计算机网络的主要目的是共享资源。共享的资源有：硬件资源、软件资源、数据资源。其中共享数据资源是计算机网络最重要的目的。

3. 提高可靠性。计算机网络一般都属分布式控制方式，如果有单个部件或少数计算机失效，网络可通过不同路由来访问这些资源。

二、因特网基本知识

Internet 是 20 世纪末人类最成功的发明。Internet 规范的中文译名叫因特网（有人译作因特网），也叫互联网。Internet 本身不是一种具体的单个物理网络，它是通过路由器和 TCP / IP 协议集进行数据通信，把世界各地的各种广域网和局域网连接在一起，形成跨越世界范围的庞大的互联网络。中国于 1994 年 4 月联入 Internet。尽管互联网上联接了无数的服务和电脑，但它们并不是处于杂乱无章的无序状态，而是每一个主机都有唯一的地址，作为该主机在 Internet 上的唯一标志。我们称为 IP 地址（Internet　Protocol　Address）。

（一）IP 地址

IP 地址与身份证号码一样，它是网络上一台计算机的唯一标识（这相当于身份证号码，

但这号码不易记忆，后来就出现了域名的概念，它与 IP 地址唯一对应，实际就是网络世界的门牌号码）。IP 地址具有固定、规范的格式：由 32 位二进制数组成，这 32 位二进制数分成 4 段，每段 8 位，4 个字节（通常将可表示常用英文字符 8 位二进制称为一字节。），再将它们用十进制数表示，段与段之间用“·”分割，书面表达形式为：xxx．xxx．xxx．xxx。例如 162．105．137．107。所有的 IP 地址都由国际组织 NIC（Network Information Center）统一分配。

（二）TCP/IP 协议

TCP/IP 是因特网的基础协议，它是“传输控制协议 / 网间协议”（Transmit Control Protocol/Internet Protocol）的简称。用以把不同类型的网络连接起来。 Internet 就是靠 TCP/IP 把分布在全球的不同类型的网络连接起来的。其中最重要的概念是 IP 地址。

（三）域名

域名是因特网地址的文字格式，为了使因特网的地址容易记忆和使用，人们用文字形式来代替 IP 地址， 引入域名服务系统，用以解决 IP 数字地址难以记忆的困难，这就产生了域名。域名系统定义了一套为机器取域名的规则，把域名高效率的转换成 IP 地址。命名规则：采用分层次方法命名域名，每一层构成一个子域名，子域名之间用点号分隔，自右至左逐渐具体化。域名的表示形式为：计算机名 . 网络名 . 机构名 . 顶级域名。域名与 IP 地址的关系是一个合法域名一定唯一对应着一个 IP 地址，但并不是每一个 IP 地址都有一个域名与之对应。

（四）接入因特网的方式

一般来讲，接入因特网的方式有局域网接入和单机接入。

（五）因特网的常用服务项目

浏览全球信息网 www（World WideWeb）：全球信息网（www），是目前 Internet 上最热门，最具规模的服务项目。它拥有非常友善的图形界面，简单的操作方法，以及图文并茂的显示方式，使 Internet 用户能迅速方便地连接到各个网址下，浏览从文本、图形、到声音、甚至动画不同形式的信息。电子邮件 E-mail：发一份电子邮件给美国的一位朋友，通常来说，几分钟之内他就能收到，最慢的也不会超过几个小时。

网络电话 Internet Phone：基于 Internet 的信息传递，将声音转化为数字信号，传送到对方后再还原为声音信号的通信手段，而费用上实现“花市内电话费，打国际长途。”远程登录协议 Telnet：用户利用电话拨接以模拟终端方式进入远方计算机。此时用户可以用自己的计算机直接操纵远方计算机，用户端电脑相当于远方计算机的一个显示输入端，既可把远方计算机上的开放资源下载，又可将本地信息拷贝到远方计算机。

网络论坛 Uesnet：Usenet 是利用电脑网络，提供使用者专题讨论服务。目前 Usenet 中至少有 5 千多个讨论专题，称为讨论群组（News Groups），其中包罗了世界上参与者最多、素质量高的讨论区。

文件传输协议 FTP：FTP 网站可以让用户连接到远程计算机上，查看并可下载上面的丰富资源，包括各种文档、技术报告、学术论文，以及各种公用、共享、免费软件。用 FTP 最大的问题是，必须预先知道所需文件在哪个 FTP 文件服务器上。

三、浏览网页

浏览网页，就是我们通常说的上网，首先我们了解一些上网的常识，明确几个概念：

（一）WWW

是 World Wide Web（环球信息网,“布满世界的蜘蛛网”)的缩写,也可以简称为 Web(网)，W3，中文名字为“万维网”（WWW 与 Gopher（基于菜单驱动的 Internet 信息查询工具，在 WWW 出现之前，Gopher 软件是 Internet 上最主要的信息检索工具，Gopher 站点也是最主要的站点。在 WWW 出现后，Gopher 失去了昔日的辉煌。尽管如此，今天 Gopher 仍很流行，因为 Gopher 站点能够容纳大量的信息，供用户查询。）、News、FTP、Archie、BBS 等等都是因特网上的一项资源服务。不同的是，它是以文字、图形、声音、动态图像等多媒体的表达方式，结合超链接（Hyperlink）的概念，让网友可以轻易地取得因特网上各种各样的资源。）。它起源于 1989 年 3 月，由欧洲量子物理实验室 CERN（the European Laboratory for Particle Physics）所发展出来的主从结构分布式超媒体系统。通过万维网，人们只要通过使用简单的方法，就可以很迅速方便地取得丰富的信息资料。WWW 是 Internet 的多媒体信息查询工具，是 Internet 上近年才发展起来的服务，也是发展最快和目前用得最广泛的服务。正是因为有了 WWW 工具，才使得近年来 Internet 迅速发展，且用户数量飞速增长。（因特网与 WWW 的区别是什么？基本上因特网是指不同网络之间相连接的一个统称，而 WWW 只是在因特网上的一项服务而已。世界上各种各样的最新信息，可通过 WWW 以多媒体的声光特效方式一一呈现出来，并将通过因特网传输至世界各地，以供查阅与存取，并让因特网更生活化。）

（二）WWW 浏览器

常见的 www 浏览器有两种：一个是 Netscape 公司的 Navigater 和 Communicatr；另一个是 Windows 附送的 Internet Explorer（IE），它的中文是“因特网探索者”，通常人们把它叫作 IE。两种浏览器的使用方法差不多，性能上各有优缺点。

（三）IE 主页与网站主页

浏览网页要用一个软件，一般用的是微软的 IE 浏览器，IE 打开后的起始页叫作 IE 的主页，主页是用户使用浏览器进入 WWW 系统后，访问 Web 站点时首先看到的信息页。主页也是某一个 Web 节点的起始点，它就像一本书的封面或目录。每一个 Web 站点都有一个主页，进入某个网站时看到的第一个网页称为该网站的主页，而且这个主页拥有一个被称为“统一资源定位器（URL，Universal Resource Location）”的唯一地址。在浏览网站的过程中，要返回到起始页，可以通过 IE 工具栏上的“主页”按钮直接返回。

（四）网页中的内容主要包括文字、图片、动画、声音

（五）超级链接（超链接）

在访问一个页面的时候，在一般的情况下，鼠标是一个向左上方翘起的箭头，而当鼠标移动到某些文字或图片上时，鼠标就会变成一个小手的形状，这时候你用鼠标点一下，由于其中内嵌了 Web 地址，就会打开另外一个页面，这就是网页上的超级链接。超级链接是指站点内不同网页之间、站点与 Web 之间的链接关系，它可以使站点内的网页成为有机的整体，还能够使不同站点之间建立联系。一般来说，超级链接分为文本链接与图像链接两大类。即是，网页中的超级链接可是文字，也可以是图片。

四、搜索工具

互联网上的资源是非常丰富的，我们在上网查询资料的时候，为了方便快捷，要用到搜索工具，最常用的搜索工具是搜索引擎。搜索引擎是一个为你提供信息“检索”服务的网站，是 WWW 环境中的信息检索系统。它使用某些程序把因特网上的所有信息归类以帮助人们在茫茫网海中搜寻到所需要的信息。从搜索工具所提供的服务形式来看，网络搜索工具是位于某服务器上，并具有搜集、储存、分类等功能的处理程序。搜索引擎包括目录服务和关键字检索两种服务方式。目录服务可以帮助用户按一定的结构条理清晰的找到自己感兴趣的内容。关键字检索服务可以查找包含一个或多个特定关键字或词组的 WWW 站点。目前著名的搜索引擎服务商有 yahoo!、Google、Sohu、百度等。

五、下载软件

在网上找到的一些资料要保存下来，就要用到下载工具，最常用的网络下载工具有网际快车（FlashGet）（1999 年）、网络蚂蚁（NetAnts）、网络吸血鬼（Net Vampire（简称 NV））。对于所需要的软件，我们可以从 Web 网站直接下载，也可以从 FTP 网站上下载。

六、电子邮件（Electronic Mail）的基本知识

电子邮件是Internet最普遍最基本的应用。电子邮件的英文简称是E-mail（Electronic Mail），有人把它叫作“伊妹儿”。据NIC统计，Internet上30%以上的信息流量是用于电子邮件。

（一）E-mail地址的通用格式

对于接收和发送电子邮件来说，入网服务商的邮件主机就相当于一个邮局，在这台计算机上，服务商为每一个用户都设立了一个电子邮件信箱，用户可以经常查看信箱是否有人给自己发来电子邮件，也可以通过信箱给别人发信。一般情况下，用户的电子邮件信箱名就是用户的用户名。用户名与域名的组合必须是唯一的。比如有这样一个用户，它的用户名是fox，它的这个信箱存放在一台名为yahoo.com.cn的计算机上，所以他的E-mail地址就是fox@ yahoo.com.cn。所有E-mail地址的通用格式是：用户名@邮件服务器名（主机域名）。

（二）特点

电子邮件与传统邮件相比最大的优势是它的速度。发一份电子邮件给美国的 一位朋友，通常来说，几分钟之内他就能收到，最慢的也不会超过几个小时。如果选用传统邮件，发一封航空信需要一两个星期，即使发特快专递也需要一两天，难怪用惯电子邮件的人把传统邮件称为“蜗牛邮件”了。向对方发送电子邮件时，并不要求对方开机，当然，你一定要开机，并且要连入因特网（在写邮件内容的时候可以不联网）；邮件的主题可以省略不写；可以一信多发，通过邮件目录（Mailing List）发信到几千几万个人只需要一两分钟；可用电子邮件发送附件，邮寄实物以外的任何东西，内容可以包括文字、图形、声音、电影或软件。

（三）收发电子邮件的常用软件

Outlook、FoxMail（1996年）、Netscape Mail。

（四）电子信箱

加入因特网的每个用户通过申请都可以得到“电子信箱”。

第二节　局域网

早期的计算机网络大多为广域网，局域网的出现与发展是在20世纪70年代出现了微型计算机（Personal Computer，PC）以后。20世纪80年代，由于PC机性能不断地提高，价格不断地降低，计算机从“专家”群里走入“大众”之中，应用从科学计算走入事务处理，

使得PC机大量地进入各行各业的办公室，甚至家庭。这时，个人计算机得到了蓬勃发展。由于个人计算机的大量涌现和广泛分布，基于信息交换和资源共享的需求越来越迫切，人们要求一栋楼或一个部门的计算机能够互联，于是局域网(Local Area Network, LAN)应运而生。

按照网络覆盖的地理范围的大小，可以将网络分为局域网、城域网和广域网三种类型。这也是网络最常用的分类方法。

个人计算机的普及、办公自动化的基本要求都使得局域网存在于各种场合，为了一个目的：资源共享。计算机专业的背景必须掌握尽可能多的局域网组网技术，以备不时之需。本文以下内容包括三点：局域网概述、局域网类型、常见网络拓扑结构。

一、局域网概述

局域网的地理范围：几百米~十几千米。工作站数量：两台到几百台。

具有连接范围窄、用户数少、配置容易、连接速率高等特点。而最早的商业计算机局域网有ARCnet、ARCnet、Token Ring。1980年IEEE制定了统一的LAN规范。

IEEE的802标准委员会定义了多种主要的LAN网：以太网(Ethernet)、令牌环网(Token Ring)、光纤分布式数据接口网络(FDDI)、异步传输模式网(ATM)、无线局域网(WLAN)等。

局域网（Local Area Network，LAN）是将较小地理区域内的计算机或数据终端设备连接在一起的通信网络。局域网覆盖的地理范围比较小，一般在几十米到几千米之间。它常用于组建一个办公室、一栋楼、一个楼群、一个校园或一个企业的计算机网络。局域网可以由一个建筑物内或相邻建筑物的几百台至上千台计算机组成，也可以小到连接一个房间内的几台计算机、打印机和其他设备。局域网主要用于实现短距离的资源共享。图6-2-1所示的是一个由几台计算机和打印机组成的典型局域网。

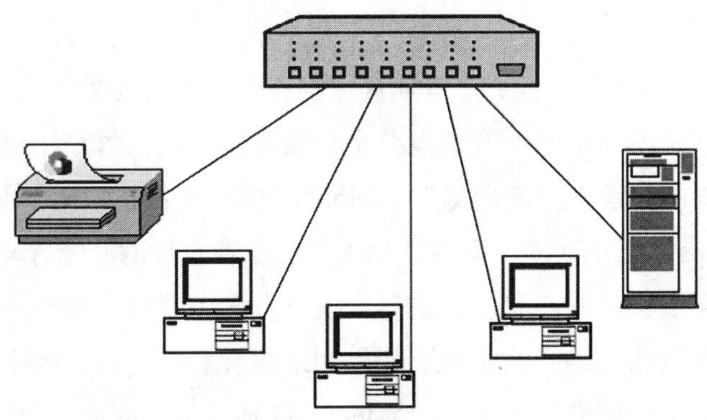

图6-2-1　局域网示例

一般来讲，局域网都具有以下特点：

1.有限的地理范围（一般在10米到10公里之内）。典型的应用为联网的计算机分布在一幢或几幢大楼，如：校园网，中小企业局域网等。

2.通常多个工作站共享一个传输介质（同轴电缆、双绞线、光纤）。

3. 具有较高的数据传播速率，通常为 10Mbps~100Mbps，高速局域网可达 1000Mbps（千兆以太网）。

4. 协议比较简单，网络拓扑结构灵活多变，容易进行扩展和管理。

5. 具有较低的误码率。局域网误码率一般在 10-8 ～ 10-10 之间，这是因为传输距离短，传输介质质量较好，因而可靠性高。

6. 具有较低的时延。

7. 以 PC 机为主体，还包括其他终端机及各种外设，局域网中一般不设中央主机系统。

二、局域网的类型及分类方式

一个局域网是属于什么类型要看采用什么样的分类方法。由于存在着多种分类方法，因此一个局域网可能属于多种类型。

1. 对局域网进行分类经常采用以下方法：按媒体访问控制方式、按网络工作方式、按拓扑结构分类、按传输介质分类等。

（1）按媒体访问控制方式分类

目前，在局域网中常用的媒体访问控制方式有：以太（Ethernet）方法、令牌（Token Ring）、FDDI 方法、异步传输模式（ATM）方法等，因此可以把局域网分为以太网（Ethernet）、令牌网（Token Ring）、FDDI 网、ATM 网等。

以太网采用了总线竞争法的基本原理，结构简单，是局域网中使用最多的一种网络。令牌环网采用了令牌传递法的基本原理，它是由一段段的点到点链路连接起来的环形网。光纤分布式数据接口（FDDI）是一种光纤高速的、双环结构的网络。异步传输模式（ATM），是一种为了多种业务设计的通用的面向连接的传输模式。

（2）按网络工作方式分类

局域网按网络工作方式可分为共享介质局域网和交换式局域网。

共享介质局域网是网络中的所有结点共享一条传输介质，每个结点都可以平均分配到相同的带宽。如以太网传输介质的带宽为 10Mbps，如果网络中有 n 个结点，则每个结点可以平均分配到 10Mbps / n 的带宽。共享式以太网、令牌总线网、令牌环网等都属于共享介质局域网。交换式局域网的核心是交换机。交换机有多个端口，数据可以在多个结点并发传输，每个站点独享网络传输介质带宽。如果网络中有 n 个结点，网络传输介质的带宽为 10Mbps，整个局域网总的可用带宽是 n × 10Mbps。交换式以太网属于交换式局域网。

（3）按拓扑结构分类：局域网经常采用总线型、环型、星型和混和型拓扑结构，因此可以把局域网分为总线型局域网、环型局域网、星型局域网和混和型局域网等类型。这种分类方法反映的是网络采用的拓扑结构，是最常用的分类方法。

（4）按传输介质分类：局域网上常用的传输介质有同轴电缆、双绞线、光缆等，因此可以将局域网分为同轴电缆局域网、双绞线局域网和光纤局域网。若采用无线电波、微波，则可以称为无线局域网。

（5）按局域网的工作模式分类：可分为对等式网络、客户机 / 服务器式网络和混合式网络等。

2. 局域网类型。

局域网类型分为对等网络、客户 / 服务器网络和混合型网络。

（1）对等网络——点对点网络（Peer To Peer）、工作组网络

在对等网络中，每一结点既作为客户端，又充当他人的服务器，从某种意义上，每一结点都处在同等地位。对等网络是对分布式概念的成功拓展，它将传统方式下的服务器负担分配到网络中的每一结点上，每一结点都将承担有限的存储与计算任务，加入到网络中的结点越多，结点贡献的资源也就越多，其服务质量也就越高。任一台计算机均可同时兼作服务器和工作站，也可只作其中之一。其特点是网络用户较少，一般在 20 台计算机以内，适合人员少，应用网络较多的中小企业；　网络用户都处于同一区域中。

对于网络来说，网络安全不是最重要的问题。其优点是，网络成本低、网络配置和维护简单。因为每台计算机既是客户机又是服务器，因此不需要强大的中央服务器或另外用于高性能网络的部件，所以对等网络的价格比基于服务器的网络更便宜。其缺点为，网络性能较低、数据保密性差、文件管理分散、计算机资源占用大。究其原因在于，网络规模扩大时，会给管理带来不便，所以一般只能用于规模较小的网络。由于网络资源不能集中管理，因此网络的安全管理要由资源提供者自己承担，而有些网络成员根本就不知道对自己的共享资源设置安全措施，所以网络安全性很差。对等网络提供的资源十分有限，主要是文件共享、打印机共享，或是满足小规模用户间的通信需要。一些功能强大的服务受到安全等方面因素的限制，很少在对等网络中实现。

（2）客户 / 服务器网络

这里服务器指的是专门提供服务的高性能计算机或专用设备。而客户机也就是用户计算机。数据传输过程则是以下内容，这是客户机向服务器发出请求并获得服务的一种网络形式，多台客户机可以共享服务器提供的各种资源。这是最常用、最重要的一种网络类型。不仅适合于同类计算机联网，也适合于不同类型的计算机联网，如 PC 机、Mac 机的混合联网。其优点为，便于集中管理和控制；安全性良好；可有效实现备份；有利于降低客户端设备的要求，降低成本。其缺点是，一切都依赖于服务器。

（3）混合型网络

在实际应用中，有时在客户端机器上也会实现资源共享。这使得一般情况下作为客户的计算机也提供一定的服务，如提供共享的软硬件资源（硬盘、光盘、打印机）。这样的网络称为混合型网络，实际上即是以上两种方式的混合。其优点为，处理灵活、使用方便。其缺点为，结构性不强，可能会破坏网络的安全策略。

三、常见网络拓扑结构

网络拓扑的意思是，网络物理布局，在设计网络必须要进行的一个步骤。即用传输介质连接各种设备的布局，它以概括的形式描述一个网络，即不指定设备、连接方法、网络地址。在设计一个网络之前，必须理解网络的拓扑结构，因为它们影响所使用的逻辑拓扑结构、建筑物里如何敷设线缆、使用何种网络介质等问题。另外，要解决网络中出现的问题或者是改变网络的基本结构，就必须理解网络的拓扑结构。

（一）总线网络

总线型结构采用一条单根的通信线路（总线）作为公共的传输通道，所有的结点都通过相应的接口直接连接到总线上，并通过总线进行数据传输。例如，在一根电缆上连接了组成网络的计算机或其他共享设备（如打印机等），如图 6-2-2 所示。由于单根电缆仅支持一种信道，因此连接在电缆上的计算机和其他共享设备共享电缆的所有容量。连接在总线上的设备越多，网络发送和接收数据就越慢。

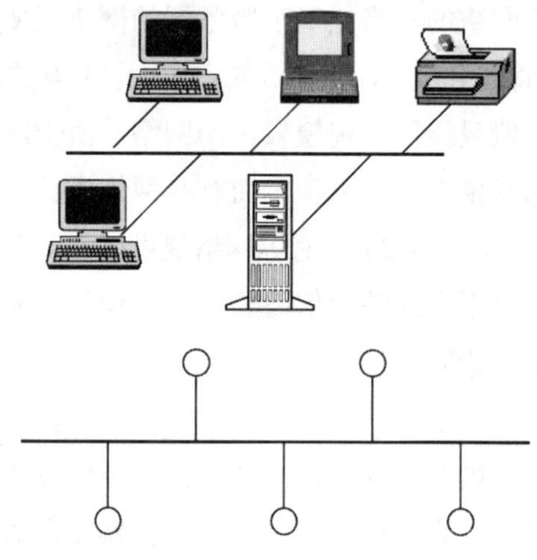

图6-2-2　总线型拓扑结构

其数据传输过程是，每台计算机称为一个结点，当一个结点向另一个结点发送数据时，其接口电路先检测总线是否空闲，如果是，就向整个网络广播一条警报信息，通知所有的结点，它将发送数据，目标结点将接受发送给它的数据，在发送方和接收方之间的其他结点将忽略这条信息。每个结点通过相应的接口侦听总线，检查数据传输。

如果接口判断出数据是送往它所服务的设备的，它就从总线上读取数据并传送给其相应的结点。因此，当有两个结点同时进行数据传送时，必须进行仲裁，仲裁机制分为集中式与分布式。集中式仲裁是指，总线仲裁部件的功能由一个独立于各个模块的附加部件集中完成；分布式仲裁是指，总线仲裁功能由不断改变的总线当前控制者和需要各个模块共同完成。如 IEEE802.3，即以太网，就是基于共享总线采用分布控制机制的局域网。当发生冲突时，发送数据的站点机器立即停止发送数据并等待一段的时间后继续尝试数据发送。

总线型拓扑结构具有如下特点：

结构简单、灵活，易于扩展；共享能力强，便于广播式传输。

网络响应速度快，但负荷重时性能迅速下降；局部站点故障不影响整体，可靠性较高。但是，总线出现故障，则将影响整个网络。

易于安装，费用低。

总线结构局域网典型代表：以太网（Ethernet）、快速以太网（Fast Ethernet）

吉比特以太网（Gigabit Ethernet）。

（二）星型网络

星型结构的每个结点都由一条点对点链路与中心结点（公用中心交换设备，如交换机、集线器等）相连，如图 6-2-3 所示。星型网络中的一个结点如果向另一个结点发送数据，首先将数据发送到中央设备，然后由中央设备将数据转发到目标结点。信息的传输是通过中心结点的存储转发技术实现的，并且只能通过中心结点与其他结点通信。星型网络是局域网中最常用的拓扑结构。

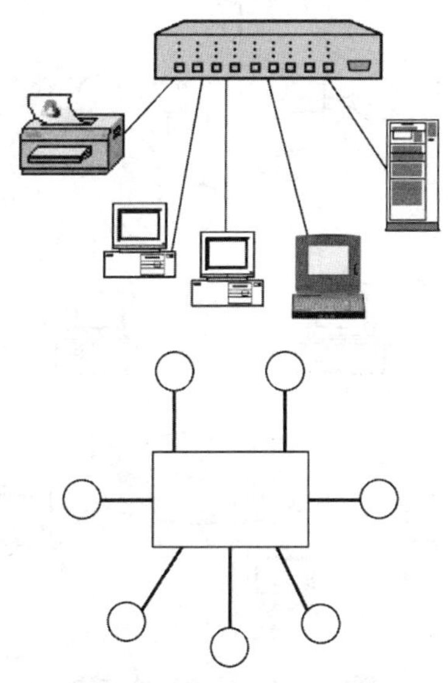

图6-2-3　星型拓扑结构

星型结构局域网典型代表是利用集线器或交换机连接工作站的典型网络。其数据传输过程为，各结点将数据发送到中心结点，中心结点执行集中式通信控制策略，由中心结点将数据转发到目的结点。其特点是，配置方便；结点的独立性；控制简单；易于扩展。

星型拓扑结构具有如下特点：

结构简单，便于管理和维护；易实现结构化布线；结构易扩充，易升级。

通信线路专用，电缆成本高。

星型结构的网络由中心结点控制与管理，中心结点的可靠性基本上决定了整个网络的可靠性。

中心结点负担重，易成为信息传输的瓶颈，且中心结点一旦出现故障，会导致全网瘫痪。

其缺点为，成本较高。每个结点与中心结点相连，需要大量的传输介质，费用较高；设备依赖性强。中心结点出现故障，则全网不能工作，所以对中央结点的可靠性和冗余度要求较高，中心系统通常采用双机热备份。

（三）环形网络

环形结构是各个网络结点通过环接口连在一条首尾相接的闭合环型通信线路中，如图6-6-4所示。每个结点设备只能与它相邻的一个或两个结点设备直接通信。如果要与网络中的其他结点通信，数据需要依次经过两个通信结点之间的每个设备。环形网络既可以是单向的也可以是双向的。单向环形网络的数据绕着环向一个方向发送，数据所到达的环中的每个设备都将数据接收经再生放大后将其转发出去，直到数据到达目标结点为止。双向环型网络中的数据能在两个方向上进行传输，因此设备可以和两个邻近结点直接通信。如果一个方向的环中断了，数据还可以在相反的方向在环中传输，最后到达其目标结点。

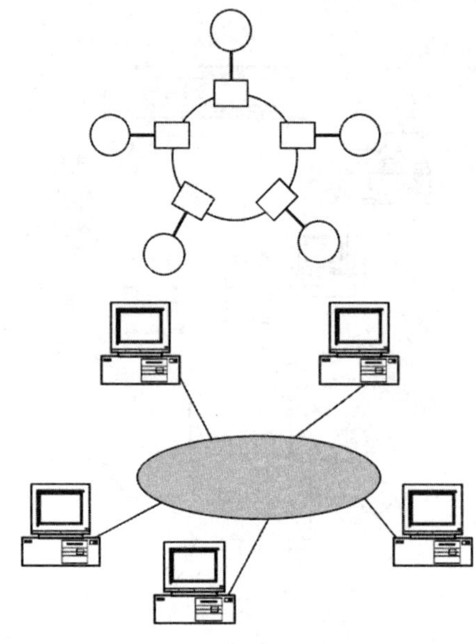

图6-2-4 环型拓扑结构

环形网络是以闭合环建立局域网。其数据传输过程是通过令牌传输。一个3字节的称为令牌的数据包绕着环从一个结点发送到另一个结点。如果环上的一台计算机需要发送信息，它将截取令牌数据包，加入控制和数据信息以及目标结点的地址，将令牌转变成一个数据帧。然后该计算机将令牌传递到下一个结点。被转变的令牌就以帧的形式绕着网络循环直到它到达预期的目标结点。目标结点接收该令牌并向发送结点返回一个确认消息。在发送结点接收到应答后，它将释放出一个新的空闲令牌并沿着环发送。

环形结构有两种类型，即单环结构和双环结构。令牌环（Token Ring）是单环结构的典型代表，光纤分布式数据接口（FDDI）是双环结构的典型代表。

环型拓扑结构具有如下特点：

在环型网络中，各工作站间无主从关系，结构简单；信息流在网络中沿环单向传递，延迟固定，实时性较好。

两个结点之间仅有唯一的路径，简化了路径选择，但可扩充性差。

可靠性差，任何线路或结点的故障，都有可能引起全网故障，且故障检测困难。

其他拓扑结构有树型网、网状网等其他类型拓扑结构的网络都是以上述三种拓扑结构为基础的。在实际使用中，通常结合以上三种拓扑结构。这种网络拓扑结构解决了星型网络在传输距离上的局限，而同时又解决了总线型网络在连接用户数量的限制。其特点是应用相当广泛；扩展相当灵活；速度较快。其缺点为，网络速率会随着用户的增多而下降的弱点。较难维护。如果总线断，则整个网络也就瘫痪了，但是如果是分支网段出了故障，则仍不影响整个网络的正常运作。

局域网的发展趋势。未来的局域网将集成包括一整套服务器程序、客户程序、防火墙、开发工具、升级工具等，给企业向局域网转移提供一个全面解决方案。局域网将进一步加强和 E-mail、群件的结合，将 Web 技术带入 E-mail 和群件，从信息发布为主的应用转向信息交流与协作。局域网将提供一个日益牢固的安全防卫、保障体系，局域网也是一个开放的信息平台，可以随时集成新的应用。

随着局域网（LAN）产品迅速发展并走向成熟，许多企业为了提高员工的工作效率，开始部署无线网络。中学及大学在内的许多学校也开始实施无线网络，随着家庭电脑的普及和住房装修的高档化，家庭无线网络也成为一个潜在的市场。因此无线网络将会成为许多公共场所的必备基础设施。

将来的局域网的发展趋势必将是有线网络和无线网络共存，局域网作为一种灵活的数据通信系统，在建筑物和公共区域内，是固定局域网的有效延伸和补充。

第三节　internet 基础

一、Interne 概述

（一）Internet 的概念

（设计者）分布于世界各地、数以万计、各种规模的计算机网络，借助于网络互联设备——路由器，相互连接而形成的全球性互联网络。（使用者）全球范围的信息资源网，接入其内的主机既可以是信息资源及服务的提供者——服务器，也可以是信息资源及服务的消费者——客户机。

（二）Internet 的组成部分

通信线路、路由器、主机、信息资源。

1. 通信线路

将主机、路由器等连接起来，有线线路（光缆、铜缆）和无线线路（卫星、无线电），用“数据传输速率 / 带宽”来描述通信线路的传输能力。

2. 路由器

网络与网络之间的连接桥梁，负责指明数据从一个网络送到另一个网络的路径。

3. 主机

连接在 Internet 上的计算机，C/S 模式、对等模式。

4. 信息资源

资源的组织形式（Web 服务），资源的查询和检索（搜索引擎：百度、Google）

（三）Internet 的接入方式：通过局域网接入，通过广域网远距离接入。

几种常见的广域网线路接入 Internet 的方法：

1. 通过电话网接入（单机用户常见方式）

用户主机—电话网—调制解调器（音频信号与数字信号的互换）—互联网服务提供商 ISP 处的远程访问服务器 RAS—互联网

一条电话线路在一个时刻只能支持一个用户接入。

特点：数据传输速率低，最高可达 56kbps，电话拨号线路只适合家庭使用。

2. 通过非对称数字用户线路 ADSL 接入

使用比较复杂的调制解调技术，在普通的电话线路上进行高速数据传输。有上行和下行两个通道，数据传输速率不同，上行慢—16-640kbps，下行快—1.5-9Mbps。ADSL 调制解调器不但有调制解调功能还有网桥和路由器功能。ADSL 不仅可将单台计算机接入互联网还可将一个局域网接入互联网。ADSL 可以使数据信号和电话信号同时传输，互不影响。

特点：数据传输速率高，且无须拨号、全天候连通，适合家庭和中小型企业。

3. 通过混合光纤 / 同轴电缆网 HFC 接入

用户主机—有线电视网（光纤 - 同轴电缆）—调制解调器（音频信号与数字信号的互换）—互联网服务提供商 ISP 处的远程访问服务器 RAS—互联网

信号首先通过光纤传输至光纤节点，再通过同轴电缆传输到有线电视网用户。网络覆盖面积更大，数据传输数据更快。也采用非对称的数据传输速率，上行慢—10Mbps，下行快—10-40Mbps。电缆调制解调器不但有调制解调功能也还有网桥和路由器功能。也不仅可将单台计算机接入互联网还可将一个局域网接入互联网。同样是全天 24 小时有网。但是，HFC 采用共享式的传输方式，所有通过电缆调制解调器 Cable Modem 的发送与接收均使用同一个上行或下行通道，故用户越多，平均每个用户的带宽越小。

特点：适合大中型城市。

4. 通过数据通信线路接入

用户主机—数据通信网（DDN、ATM、帧中继）—调制解调器（音频信号与数字信号的互换）—互联网服务提供商 ISP 处的远程访问服务器 RAS—互联网

数据信息网是专门为数据信息传输而建设的网络，电信部门管理，用户可以租用。用户的局域网和远程互联网可以通过配备有相应接口模块（DDN 网接口、ATM 网接口、帧中继网接口）与数据通信网连接。由于极高的数据传输速率，若只连接一台微机太大材小用了。

特点：用户端通常是一定规模的局域网。

二、IP 协议

Internet 将提供不同服务、使用不同技术、具有不同功能的物理网络互联起来，故 IP 协议作为一种互联网协议，运行于互联层，应该屏蔽各个物理网络的细节和差异，使网络共同向高层用户提供统一通用的服务。

1. 主机的 IP 层功能：应用层形成的数据经传输层到达 IP 层，IP 层将数据封装成数据包；IP 层将数据包拆封并将数据经传输层交给应用层。

路由器的 IP 层可以拆封和封装数据包，从而根据数据内源地址、目的地址为该数据包指明路径。

2. IP 层服务的特点：

（1）不可靠的数据投递服务。（2）面向无连接的传输服务。（3）尽最大努力投递服务。

3. IP 互联网的特点：

（1）隐藏了低层物理网络细节，向上为用户提供通用一致的网络服务。（2）不指定网络互联的拓扑结构，也不要求各网络之间全互联。（3）可在各物理网络之间转发数据，即信息可以跨网传输。（4）所有主机使用统一的全局的地址描述法（IPv4，IPv6）。（5）任何一个能传输数据单元的通信系统均可被看作网络，互联网平等地看待每个网络。

三、组播的相关协议

组播组管理协议（主机—组播路由器）；组播路由协议（组播路由器—组播路由器）。

（一）组播组管理协议：IGMP（Internet 组管理协议），CGMP（Cisco 专用的组管理协议）。

IGMP 实现的双向性：一方面，主机通知本地组播路由器自己希望加入某个组播组并接收该组播组的信息（主机申请加入的报告消息不必等待接收查询器的查询消息后发送）；另一方面，本地组播路由器周期性地查询本地网段是否仍有属于某个已知组播组的成员（查询器周期性地向本网段某组播组成员主机发送查询消息，后成员主机发送包含消息进行响应）

当某网段具有多个组播路由器时，IGMPv2 通过查询器选举机制决定某个组播路由器为查询器（记录路由器各个接口所对应的网络段上各有哪些组播组成员），其余组播路由器作为组成员（与主机成员的工作类似）。

IGMPv1 定义了组成员查询和报告过程；IGMPv2 添加了组成员快速离开的机制；IGMPv3 添加了成员可以指定接收或指定不接收某些组播源的数据报文（现常用）。

组播数据报文在经过 2 层交换机设，若不加配置会对交换机设备的所有接口（组播报文泛滥）进行转发而造成资源浪费，解决方案是采用 IGMP Snooping（IGMP 监听）技术：主机向路由器发送 RGMP（路由器 - 端口组管理协议），交换机在收到组播数据报文后根据已获悉的接口和组成员的对应关系仅向有组成员的接口转发该数据报文（交换机必需路由提取第 3 层路由器信息的功能，交换机需要对所有组播报文进行监听和解读）。

（二）组播路由协议（组播协议的核心）（各种组播路由协议均需要获得网络的单播拓扑结构）

组播路由 = 源地址 + 组地址 + 入接口 + 出接口（一个组播数据报文匹配一条路由的标准是必须匹配源地址、组地址、入接口）

1. 域内组播路由协议

密集模式：组播成员密布在整个网络上，带宽充裕。由于采用“洪泛技术”将信息传播给网络中的所有路由器，故不适用于大规模网络。

包括 DVMRP（距离矢量组播路由协议）、MOSPF（开放最短路径优先的组播扩展）、PIM-DM（协议独立组播 - 密集模式）。

稀疏模式：组播成员稀疏分布在整个网络上，带宽未必充裕。包括 CBT（基于核心的树）、PIM-SM。

2. 域间组播路由协议（IP 组播扩展到整个 Internet 网络）：MBGP（多协议边界网关协议）、MSDP（组播源发现协议）

应用程序依赖于底层计算机系统的可靠传输，计算机系统保证数据传送到底层后不会丢失、错序和重复。

互联层封装数据包从而经过互联网发送数据包，传输层不阅读或干预这些报文，而是提供两台主机的“端对端”可靠性通信控制，通信的两台主机需要安装传输层软件，中间的路由器并不需要（TCP/UDP 都是传输层协议）

四、传输控制协议 TCP

TCP 提供服务的特点：1. 面向连接；2. 完全可靠性（发送—接收—确认，重发技术补偿数据报的丢失，通过 Karm 算法等自适应性决定重发延迟时间）；3. 全双工通信；4. 流接口（连接建立后为通信的每个端口分配一个缓冲区，剩余缓冲区空间的数量叫作窗口，发送方通过接收接收方发送的确认信息中的窗口通告来进行流量控制以防溢出）；5. 连接的可靠建立与优雅关闭（三次握手法，发送连接请求—接收连接请求，发送连接确认—接收连接确认，发送数据—接收数据，由于在创建连接时通信两端（端口自身的命名采用一个 16 位的二进制表示。各自产生一个随机的 32 位初始序列号可以避免过时连接 / 避免连接请求的二义性；发送关闭请求后并不立即关闭连接，收到对方的确认信息后才关闭。

TCP 利用端口提供多路复用功能

五、用户数据报协议 UDP

UDP 提供服务的特点：1. 面向非连接；2. 不可靠的传输服务（可靠性由应用程序承担）；3. 使用端口对给定主机上的多个目标进行区分。

UDP 端口自身的命名也采用一个 16 位的二进制表示，UDP 著名端口

解决 IPv4 地址短缺不足的办法：1. 启用 IPv6 地址方案，由于不兼容问题需更换整个互联网设备；2.NAT 技术使人们利用较少的 IP 地址代表内部网所有计算机的 IP 地址，从而将私有互联网内的所有计算机通过这较少的 IP 地址接入公共互联网中。

网络地址转换 NAT 技术：静态 NAT，动态 NAT，网络地址端口转换 NAPT。

1. 静态 NAT

网络管理员在 NAT 设备中设置 NAT 地址映射表，该表确定了一个内部 IP 地址与一个全局 IP 地址的对应关系。

2. 动态 NAT

网络管理员在 NAT 设备中分配 NAT 地址池，当一个内部 IP 地址发出访问外部网申请时，NAT 设备从地址池中选择一个未被占用的全局 IP 地址并建立内部 IP 地址与全局 IP 地址的映射关系，本次通信结束则 NAT 设备回收该全局 IP 地址以备其他主机使用。若地址池中的所有全局 IP 地址均被占用，NAT 设备将拒绝为后序地址申请服务。

3. NAPT（最常用）

利用 TCP/UDP 端口区分 NAT 设备中地址映射表条目，可以使内部网中多个主机共享一个全局 IP 地址访问外部网。

优点：1.NAT 设备可以为后序的地址申请映射已被占用全局 IP 地址，只需指定端口号加以区别既可；2. 提高了内部网络的安全性：NAT 设备地址映射表中不存在的地址映射外

部网络不能主动访问内部网络中的主机。

第四节　网页制作

一、基础网页制作软件

（一）Microsoft FrontPage

使用 FrontPage 制作网页，页面制作由 FrontPage 中的 Editor 完成，其工作窗口由 3 个标签页组成，分别是“所见即所得”的编辑页，HTML 代码编辑页和预览页。FrontPage 带有图形和 GIF 动画编辑器，支持 CGI 和 CSS。向导和模板都能使初学者在编辑网页时感到更加方便。

FrontPage 最强大之处是其站点管理功能。在更新服务器上的站点时，不需要创建更改文件的目录。FrontPage 会为你跟踪文件并拷贝那些新版本文件。FrontPage 是现有网页制作软件中唯一既能在本地计算机上工作，又能通过 Internet 直接对远程服务器上的文件进行工作的软件。

（二）Netscape 编辑器

Netscape Communicator 和 Netscape Navigator GoId3.0 版本都带有网页编辑器。用 Netscape 浏览器显示网页时，单击编辑按钮，Netscape 就会把网页存储在硬盘中，然后就可以开始编辑了。也可以像使用 Word 那样编辑文字、字体、颜色，改变主页作者、标题、背景颜色或图像，定义描点，插入链接，定义文档编码，插入图像，创建表格等。但 Netscape 编辑器是网页制作初学者很好的入门工具。如果网页主要是由文本和图片组成的，Netscape 编辑器将是一个轻松的选择。如果对 HTML 语言有所了解的话，能够使用 Notepad 或 Ultra Edit 等文本编辑器来编写少量的 HTML 语句，也可以弥补 Netscape 编辑器的一些不足。

（三）Adobe Pagemill

Pagemill 功能不算强大，但使用起来很方便，适合初学者制作较为美观、而不是非常复杂的主页。如果主页需要很多框架、表单和 Image Map 图像，那么 Adobe Pagemill 的确是首选。

Pagemill 另一大特色是有一个剪贴板，可以将任意多的文本、图形、表格拖放到里面，需要时再打开，很方便。

（四）Claris Home Page

如果使用 Claris Home Page 软件，可以在几分钟之内创建一个动态网页。这是因为它有一个很好的创建和编辑 Frame（框架）的工具，不必花费太多的力气就可以增加新的 Frame（框架）。而且 Claris Home Page 3.0 集成了 FileMaker 数据库，增强的站点管理特性还允许检测页面的合法连接。不过界面设计过于粗糙，对 Image Map 图像的处理也不完全。

二、中级网页制作软件

（一）DreamWeaver

自制动态 HTML 动画的网页

DreamWeaver 是一个很酷的网页设计软件，它包括可视化编辑、HTML 代码编辑的软件包，并支持 ActiveX、JavaScript、Java、Flash、ShockWave 等特性，而且它还能通过拖拽从头到尾制作动态的 HTML 动画，支持动态 HTML（Dynamic HTML）的设计，使得页面没有 plug-in 也能够在 Netscape 和 IE4.0 浏览器中正确地显示页面的动画。同时它还提供了自动更新页面信息的功能。

DreamWeaver 还采用了 Roundtrip HTML 技术。这项技术使得网页在 DreamWeaver 和 HTML 代码编辑器之间进行自由转换，HTML 句法及结构不变。这样，专业设计者可以在不改变原有编辑习惯的同时，充分享受到可视化编辑带来的益处。DreamWeaver 最具挑战性和生命力的是它的开放式设计，这项设计使任何人都可以轻易扩展它的功能。

（二）Fireworks

第一款彻底为 Web 制作者们设计的软件

Fireworks 的来头实在不小，它的出现使 Web 作图发生了革命性的变化。Fireworks 是专为网络图像设计而开发，内建丰富的支持网络出版功能，比如 Fireworks 能够自动切图、生成鼠标动态感应的 javascript。而且 Fireworks 具有十分强大的动画功能和一个几乎完美的网络图像生成器（Export 功能）。它增强了与 dreamweaver 的联系，可以直接生成 dreamweaver 的 Libaray 甚至能够导出为配合 CSS 式样的网页及图片。

（三）Flash

Flash 是用在互联网上动态的、可互动的 shockwave。它的优点是体积小，可边下载边播放，这样就避免了用户长时间的等待。#{6FLASH6}# 可以用其生成动画，还可在网页中加入声音。这样就能生成多媒体的图形和界面，而使文件的体积却很小。FLASH 虽然不可以像一门语言一样进行编程，但用其内置的语句并结合 JavaScripe，也可做出互动性很强的主页来。有人曾经说过：下个世纪的网络设计人不会用 FLASH，必将被淘汰出局。

（四）HotDog Professional

制作要加入多种复杂技术的网页

HotDog 是较早基于代码的网页设计工具，其最具特色的是提供了许多向导工具，能帮助设计者制作页面中的复杂部分。HotDog 的高级 HTML 支持插入 marquee，并能在预览模式中以正常速度观看。这点非常难得，因为即使首创这种标签的 Microsoft 在 FrontPage 中也未提供这样的功能。HotDog 对 plug-in 的支持也远远超过其他产品，它提供的对话框允许你以手动方式为不同格式的文件选择不同的选项。但对中文的处理不很方便。

HotDog 是个功能强大的软件，对于那些希望在网页中加入 CSS、Java、RealVide。等复杂技术的高级设计者，是个很好的选择。

（五）HomeSite

制作可完全控制页面进程的网页

Allaire 的 HomeSite 是一个小巧而全能的 HTML 代码编辑器，有丰富的帮助功能，支持 CGI 和 CSS 等等，并且可以直接编辑 perl 程序。HomeSite 工作界面繁简由人，根据习惯，可以将其设置成像 Notepad 那样简单的编辑窗口，也可以在复杂的界面下工作。

HomeSite 更适合那些比较复杂和精彩页面的设计。如果希望能完全控制制作的页面的进程，HomeSite 是最佳选择。不过对于生手过于复杂。

（六）HotMetal Pro

制作具有强大数据嵌入能力的网页

HotMetal 既提供“所见即所得”图形制作方式，又提供代码编辑方式，是个令各层次设计者都不至于失望的软件。但是初学者需要熟知 HTML，才能得心应手地使用这个软件。HotMetal 具有强大的数据嵌入能力，利用它的数据插入向导，可以把外部的 Access、Word、Excel 以及其他 ODBC 数据提出来，放入页面中。而且 HotMetal 能够把它们自动转换为 HTML 格式。此外它还能转换很多老格式的文档（如 WordStar 等），并能在转换过程中把这些文档里的图片自动转换为 GIF 格式。

HotMetal 为用户提供了“太多”的工具，而且它还可以用网状图或树状图表现整个站点文档的链接状况。

三、高级网页制作软件

（一）Microsoft Visual Studio

该系列的版本有：2003，2005，2008 和未来的版本；

适合开发动态的 aspx 网页，同时，还能制作无刷新网站、web service 功能等，仅适合高级用户。

（二）Jbuilder

不论是各种版本，均适合使用其开发出 JSP 网页，仅适合高级用户。

（三）记事本

因为其在内容，没有任何可视化的操作可以直接制作网页，而只能编写各种 HTML 代码、CSS 代码、JS 代码和各种动态脚本，方能制作出网页。

第七章　计算机程序设计

第一节　程序设计

程序设计需要使用程序设计语言。程序设计语言的发展经历了从机器代码程序语言到用助记符的汇编语言，到第三代计算机时代，高级语言成为程序设计语言的主要选择。现在，程序设计除了使用语言之外，还使用编程“工具”，它是在语言的基础上形成的模块化的“装配”过程。显然，从开发速度上，编程工具可能更快，而对高质量、高效率的程序设计，语言仍然是主要选择。

一、程序和指令

（一）程序

从广义上看，程序是计算机进行某种任务操作的一系列步骤的总和。例如，我们需要计算机为我们做一个加法运算，那么这个加法程序的步骤可归纳为：

（1）输入被加数和加数；

（2）进行加法运算；

（3）将加法运算得到的结果即和数输出。

无论一个问题是简单或复杂的，根据程序设计理论，只要能够被分解为有限的步骤 . 计算机就可以实现自动计算。因此程序设计的过程就是把问题分解为有限的步骤，而这些步骤能够通过计算机的一系列基本操作加以实现。

在计算机技术中，“计算机的一系列操作”就是构成整个程序和程序设计基础的计算机的“指令”。因此。我们可以得到程序的定义：程序是一组计算机指令的有序集合。

（二）指令和指令系统

指令和指令系统构成计算机处理器的重要部分，又是整个程序的基础。简单地说，指令就是计算机执行的最基本的操作。例如处理器从内存中读取一个数据，二进制的加、减、乘、除，或者是进行逻辑判断等，都属于一条指令的操作。CPU 就是执行指令的部件。一个 CPU 所能够执行的所有指令就是指令系统。一般说来，指令和机器的硬件是直接相关的，例如 Intel 公司的 CPU 的指令系统和其他公司生产的 CPU 的指令系统是不同的。

指令是计算机处理器所能够执行的二进制代码。最初的计算机就是直接向计算机输入这种二进制代码程序运行的。尽管现在编写程序不再需要这种费时费力又容易出错，同时效率低下的方法，但无论程序是如何开发的，是用什么语言开发的，最终被计算机执行前都必须被翻译为指令形式：计算机只能够执行二进制指令。

（三）翻译计算机程序

作为计算机软件的重要部分，“语言翻译程序”是计算机系统软件中最早的，也是最先形成产品市场的软件产品。有意思的是，“翻译程序”本身就是程序，这个程序所执行的任务就是把其他程序翻译为机器语言程序。因此“翻译程序”是程序的程序。

翻译程序绝不是简单的程序，它的复杂程度和程序设计语言的发展是密切相关的。我们也把“翻译程序”归类为系统软件。除了直接使用机器语言编制的程序，其他任何语言编写的程序都需要相应的翻译系统，显然，不同的语言或不同的语言版本的翻译系统是不同的。

这里我们把用高级语言编写的程序通称为“源程序（Resource Program）”，把翻译后的机器语言程序叫作“目标程序（Object Program）”，图 7-1-1 给出了它们和翻译程序之间的关系。

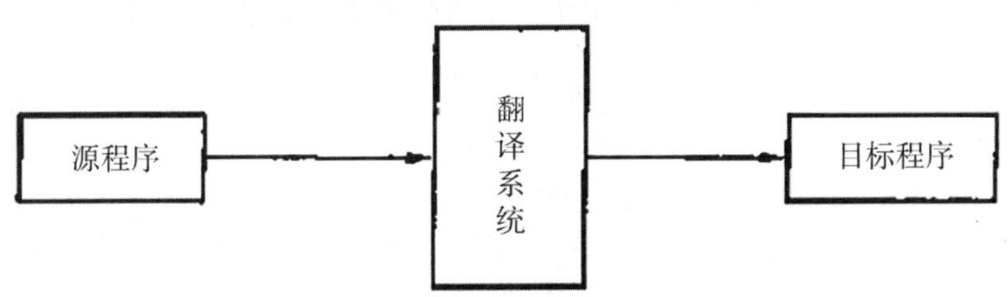

图7-1-1　程序的翻译系统

翻译程序根据功能的不同分为编译程序（Compiled Program 或称为编译器 Compiler）和解释程序（Interpreter，也叫作解释器）。

编译器将整个源程序代码文件一次性翻译成目标程序代码，最终生成可执行文件。一旦编译完成，程序就可以被单独执行，和翻译程序无关。这种模式有点像把一本外文书翻译为中文出版。读者可以直接阅读翻译出版后的中文书，和翻译这本书的人并没什么关系。显然使用编译系统，编译效率比较高，但对运行编译系统的计算机要求也比较高。当然现在的计算机对此已经没有任何障碍。一些高级编译器还可以生成其他类型的文件，如分析文件和程序错误文件，这些文件可帮助编程者更快地找出错误。各种高级语言的开发环境中一般都包含了这种语言的语言处理程序。

解释器对源代码中的程序进行逐句翻译，翻译一句执行一句，翻译过程中并不生成可执行文件。这和“同声翻译”的过程差不多，问题是如果需要重新执行这个程序的话，就必须重新翻译。因为解释程序每次翻译的语句少，所以对计算机的硬件环境如内部存储器要求不高，特别是早期的计算机硬件资源较少的背景下，解释系统被广泛使用。当然，因为是逐句翻译，两条语句执行之间需要等待翻译过程，因此程序运行速度较慢，同时系统一般不提供任何分析和程序错误更正。这种系统有特定的时代印记，现在已很少使用了。

我们以编译系统为例解释其“翻译”过程。编译系统是一个十分复杂的程序系统，它是一个“信息加工流水线”，被加工的是“源程序”，最终产品是“目标程序”。图 7-1-2 反映了编译系统的结构和工作流程，其各个功能模块的功能如下：

（1）词法分析程序。它的作用是对字符串形式的源程序代码进行扫描，识别出一个个的单词，又称扫描器。

（2）语法分析程序。它的作用是对单词进行分析，按该编程语言语法规则分析出一个个语法单位，如表达式、语句等。

（3）中间代码生成程序。它的作用是将由语法分析程序分析获得的语法单位转换成某种中间代码。

（4）优化程序。它的作用是对中间代码进行优化，以便最后生成的目标代码在运行速度、存储空间等方面具有更高的质量。

（5）目标代码生成程序。它的作用是将优化后的中间代码转换为最终的目标程序。在上述的翻译过程中，编译系统可用各种表格来记录各种必要的信息和相应的出错处理。

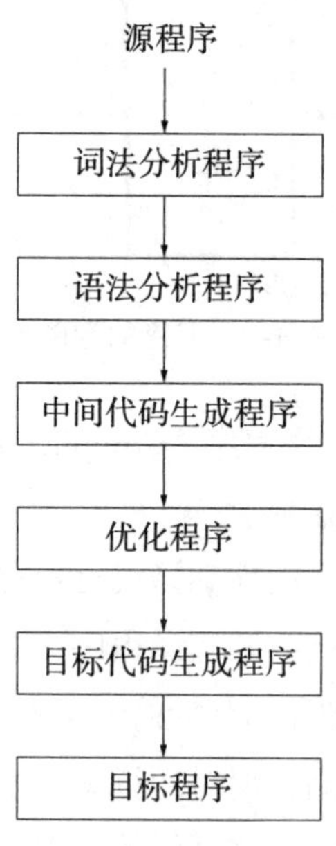

图7-1-2　编译系统的结构和工作过程

二、程序设计语言

程序语言按照他们和机器的关系，可以分为：

1. 面向机器硬件的机器语言。它是二进制语言，用二进制代码表示机器指令来编写程序。

2. 汇编语言。汇编语言是在机器语言的基础上符号化而成的，一般用英文单词或缩写表示机器指令，因此也是面向机器的。

3. 面向过程的高级语言：这种语言接近数学描述求解问题的过程，它和机器没有直接关系。

4. 面向对象的高级语言。实际上我们把机器语言叫作“低级语言”，把汇编语一言叫作“中级语言”，而面向过程或对象的语言叫作“高级语言”。的确，语言的级别就是根据它们和机器的密切程度划分的：越接近机器的语言级别越低，越远离机器的语言越“高级”。

（一）机器语言和指令

只有以机器语言（Machine Language）编写的程序，不需经过任何语言处理系统处理就能被计算机直接执行，而机器语言实际上就是机器指令—二进制代码。每种类型的计算机中都有一套它自己能直接执行的机器指令，把不同功能的机器指令组合起来就可以构成一个功能复杂的程序，CPU 通过执行一条一条指令来实现程序的功能。因为指令是以我们并不熟悉（也不可能熟悉的）二进制代码组成的。除非这个程序员对二进制有着特别的嗜好，否则没有人愿意使用机器语方编写程序，特别是复杂的程序。

一条指令必须明确规定做什么，怎么做。因为 CPU 执行指令时需要产生完成规定操作的各种信号，使计算机中的许多部件协调一致完成操作。比如在计算机的运算操作指令中，就必须指明进行什么样的运算（如是加还是乘）、数据的来源、运算结果的去向。一般来说，一条机器指令需要包含如下信息：

（1）操作类型。说明操作的类型和功能，一般在计算机中可以有几十种到上百种类型的操作。如加法操作、访问存储器操作、输入输出操作等。

（2）操作数或者操作数的存储位置，也称操作数的地址。它说明参加运算的数据存储在什么地方，它可以是内存单元或 CYU 内部寄存器或者直接包含在指令中。

（3）操作结果的存储位置。它说明将结果存储到什么地方，如存储器单元、寄存器等。

（4）一条指令的地址信息。它说明到哪里去取下一条指令。

机器指令的一般格式如下：

操作码	操作数或地址码	下一条指令的地址

操作码给出了指令的操作类型。操作地址码指明操作数的存储位置以及存储结果的存放位置，下一条指令的存放位置一般也可在当前指令的下一条指令的地址部分给出，有些

指令并不给出下一条指令在什么位置，一般是隐含顺序执行。

（二）汇编语言

以机器语言出现的程序是二进制代码，要记住并编写程序是很难的。为了克服这个困难，人们用一些比较容易记忆的文字符号来表示指令中的操作码和地址码，这种符号叫助记符，一般为英文单词或缩写。CPU 中的所有指令的助记符的集合以及使用规则构成了助记符语言—汇编语言（Assemble Language）。

用汇编语言来编写程序也不是件容易的事，只是与更难的机器语言相比是比较容易的，有助于记忆和了解语言。以下是一条汇编语言。

用汇编语言编写的程序可比较简单地转换成机器指令代码，最直接的方法是查机器说明书中的指令表，指令表给出了机器代码和汇编语句之间的一一对应关系。这种方法叫作“手工汇编”。再一种方法就是交给汇编程序去完成。

汇编程序是一种汇编语言处理程序。要注意的是：汇编程序是将用汇编语言编写的源程序翻译为机器语言的程序，它属于“翻译程序”。用汇编语言编写的源程序叫作汇编语言源程序或汇编语言程序。

虽然与二进制的机器指令相比，汇编语言指令可读性较好。便于设计、理解和调试，但它仍然是一种面向计算机硬件的语言，程序员必须熟悉计算机硬件结构、指令系统和指令格式等，而且由于汇编语言的语句直接和机器的指令相关，程序移植性也较差，在一种型号机器上的汇编语言程序不一定能够直接在另一种型号的机器上执行。故汇编语言适合于编写一些需要直接控制硬件或要求执行速度快的程序。

（三）面向过程的高级语言

从 20 世纪 60 年代起，出现了许多高级程序设计语言（简称为高级语言），高级语言（Higher-level Language）是一种与机器指令系统无关，表达形式更接近于被描述问题的语言正是由于高级语言的推广使用，才使编写程序不再是计算机专业人员的“专利”。

任何一种高级语言都有自己的一套语义和语法规定，只要程序员熟悉了该语言的规则就可以灵活地设计出各种能解决实际问题的程序。高级语言可分为面向过程和面向对象两种类型，目前广泛使用的 C 语言、FORTRAN 语言、Pascal 语言、BASIC 语言，COBOL 语言都是深受欢迎的面向过程的高级语言，而 C ++ 、Java 则是面向对象的高级语言。下面简单介绍当今最常用的面向过程的高级语言。

1. BASIC 语言

BASIC（Beginner’s All-purpose Symbolic Instruction Code）是一种在计算机技术发展史上应用得最广泛的语言之一，适于编程初学者编程，因其简单易学，被非计算机专业出身的编程爱好者广泛使用。BASIC 语言有很多版本，如 QuickBASIC、Turho BASIC； GW-BASIC 等。现在世界上最大的软件公司 Microsoft 最初就是从 BASIC 解释程序的开发开始的。

2. C 语言

C 是一种高级语言，被广泛用于专业程序设计。它既有高级语言的优点，又有汇编语言的效率，因此也有人把它定位为“中级语言”。它的命令可直接对计算机内存单元中的数据进行位操作，因此适合编写比较接近硬件操作又要求处理速度的程序。1972~1973 年间，著名的贝尔实验室的 D. M. Ritche 在 B 语言的基础上设计出了 C 语言。最初的 C 语言只是为描述和实现 UNIX 操作系统提供一种语言而设计的，后来美国国家标准化协会（ANSI）对其进行了发展和扩充。目前有 Microsoft C， Turbo C，，Borland C 等版本。后来发展的面向对象的 C++，Java 等语言都是继承了 C 语言的语法风格。

3. Pascal 语言

Pascal（为纪念计算机先驱 Pascaline 命名的）语言也是一种高级程序语言，它作为一种教学和应用开发语言被普遍接受。

4. FaRTRAN 语言

FORTRAN 语言是 IBM 公司在 1957 年开发的第一个高级语言，它更适合于科学、数学和应用工程方面的应用，编程人员可用它方便地描述数学问题，解决数学什算。

5 .COBOL 语言

COBOL 是一种专门的商用的高级程序设计语言，于 1960 年问世，它的大部分命令都与英语类似，它比较适用于存储、检索公司的财务信息，实现票据管理和工资报表等功能。

（四）面向对象的程序设计语言

在面向过程的程序中，程序员把精力放在计算机具体执行操作的过程上，而面向对象的程序设计中，技术人员将注意力集中在对象上，把对象看作程序运行时刻的基本成分。可在程序中创建各种各样的对象，而每个对象既包含了数据（对象的属性），又包含了执行某一项任务所需要的操作（对象的方法或行为）。可在程序中使用这些对象的属性和行为，但又不需要知道这些对象里面的代码（这就是对象封装技术），就像我们使用汽车，汽车就是一个对象，我们不需要知道汽车是如何构造的，我们只需知道汽车的性能（相当于属性）、汽车的操作（相当于行为）就可以开车了。

1. 面向对象程序设计的特点可以归纳为

（1）封装。封装（ Encapsulation）是面向对象方法的一个重要原则。封装是指把对象的属性和操作结合在一起，构成一个独立的对象。它的内部信息对外界来说是隐蔽的，不允许外界直接存取对象的属性，而只能通过有限的接口与对象发生联系。对于外界而言。只需知道对象所表现的外部行为，不必了解对象行为的内部细节。

（2）继承，继承（Inheritance）是指子类可以拥有父类的属性和行为。继承提高了软件代码的复用性，定义子类时不必重复定义那些已在父类中定义的属性和行为。如对象类“学生”是一个父类，“研究生”“本科生’是它的子类，在类“研究生”中，不但有“学生”

的全部属性，如“姓名”“年龄”“性别”等，而且还有自己的属性“学位”“导师”“专业”等。

（3）多态性。多态性（Polymorphism）是指在基类中定义的属性和行为被子类继承后，可以具有不同的数据类型或不同的行为。多态性机制不但为软件的结构设计提供了灵活性，还减少了信息冗余，提高了软件的可扩展性。

2. 面向对象的语言在 1967 年的 SIMIJLT67 语言中已有体现，当时并没有引起业内人士的注意，1972 年，又出现了 SMALLTALK 语言，面向对象的程序设计方法才被人们认识。到了 80 年代，面向对象的方法被扩展到 C++ 和 Turbo Pascal 中。近年来，使用广泛的面向对象语言有：Visual BASIC，Delphi，C++，Java 等。

（1）Visual BASIC

Visual BAS1C（简称 VB）是 Microsoft 公司对原来的 BAS1C 语言作了很大的扩充。引入了面向对象的设计方法，专门为开发图形界面的应用程序而设计的。由于它比较简单易学，功能又很强大，目前正得到广泛应用。据估计，全世界有 300 万以上的程序员在使用 VB 编程。VB 现在已经推出 6.0 版。在 Microsoft. net 战略中，VB 占了重要的位置，从而进一步推进了 VB 的广泛使用。使用 VB，编程者不需很多代码就可编制出漂亮的界面，因而可把精力放在实现软件的功能上。V B 既是一种可供非计算机专业的人员学习和掌握 Windows 编程的最简单易学的程序设计语言，同时又是一种可供专业程序设计人员开发 Windows 应用程序的编程语言。

（2）Java

Java 语言是由 Sun Microsystem 公司推出的。它具有纯面向对象、平台无关性、多线程、高安全性等特点。由于用 Java 语言编写的程序与平台的无关性，解决了困扰软件界多年的软件移植问题，所以近年来得到了计算机编程人员的欢迎。Java 的应用已经扩展到各个应用领域，加上各种功能组件的推出，使得 Java 能够满足产品快速开发的需要，成为网络时代最流行的程序设计语言。软件工业界一致认为：“Java 是（20 世纪）80 年代以来计算机界的一件大事。”

（3）C++

C++ 语言是一种对传统的 C 语言进行面向对象的扩展而成的语言，它在 C 语言的基础上增加了面向对象程序设计的支持。这类语言的特点是既支持传统的面向过程的程序设计，又支持新型的面向对象的程序设计，另外在同类型语言中，C ++ 程序的运行效率最高。

（4）Delphi

Delphi 使用的是 Pascal 编程语言，但它是彻底面向对象的，是开发 Windows 应用程序的有力工具，它包括了常用的按钮、菜单选项等可视化组件库。用 Delphi 可快速开发出 Windows 应用程序。

（五）基于组建的程序设计

自从微软提出 COM（Component Object Model，组件对象模型）概念，并在 Windows 95/98 以及 Windows NT 中广泛地使用它，使 COM 成了构建应用程序最普遍的方法。从本质上讲，组件技术属于面向对象的程序设计技术。

传统的程序设计方法设计出来的程序，如果需要做一些改进，就要修改源代码，然后编译，生成新的文件取代原来的文件。现在，我们用一种全新的角度来看问题；把原先的可执行文件，分割成功能不同但相对独立的几个部分，把它们拼装起来，组成程序。在程序发布以后，如果需要对它进行修改，只要替换有问题的或是需要升级的组件就可以了，甚至可以做到在不影响程序正常运行的情况下替换其中的部件，这个技术的核心就是 COM 。

COM 定义了客户（指需要某种组件的程序）组件必须遵循的标准，COM 规范就是一套为组件架构设置标准文档形式的规范。COM 的发布形式是：以 Windows 动态链接库（DLL）或者可执行文件（EXE）的形式发布的可执行代码组件。

COM 组件是动态链接的，而且 COM 组件是完全与语言无关的。同时，COM 组件可以二进制的形式发布。COM 组件还可以在不妨碍老客户的情况下升级成新的版本。

COM 所能提供的服务有些类似于对象中的类。不过类是基于源代码的，COM 则不是。首先 COM 不是一种计算机语言。其次，COM 技术是利用了 DLL 的动态链接能力才得以实现的，但不是 DLL。一般观点认为，利用 DLL 动态链接能力最佳的方法是 COM。当然，COM 也不是 API 函数集。COM 给开发人员提供的是一种开发与语言无关的组件库的方法，但 COM 本身并没有提供任何实现。在一定程度上可以认为 COM 是系统无关的。

Software AG 组织正在开发一系列 COM 支持系统，有望在不久的将来，在各种操作系统上都得以实现 COM 。 COM 提供了编写组件的一个标准方法。遵循 COM 标准的组件可以被组合起来形成应用程序。至于这些组件是谁编写的，是如何实现的并不重要。组件和客户之间通过“接口”来发生联系。

实际上组件也被称为中间件。有许多专业公司专门从事中间件的开发、销售。一个新的应用系统的开发不必按照传统的方法进行所有代码的编写，可以通过组件进行“组装”软件。COM 技术的优点是非常显著的，它对于提高开发速度、降低开发成本、增加应用软件的灵活性、降低软件维护费用很有帮助。当今软件开发技术的主流已是基于组件的技术。

第二节　程序设计过程

程序是使用程序设计语言编写的，程序设计则是设计程序的具体过程，它是软件开发的关键步骤之一。我们已经知道，广义上的程序设计并不是简单的编写程序代码，它是一个系统过程。一般可以把这个系统过程分为问题的定义或者叫作程序说明、设计解决问题的方案、编写程序代码、进行程序测试、完成程序的文档以及最后阶段的程序实际应用等六个步骤。这个过程还只是从程序设计角度来分解工作步骤。

1. 程序说明

程序说明应该被认为是程序设计中最重要的部分。设计一个程序是为了解决某个特定的问题。那么应该做什么、如何做都是程序说明需要解决的问题。一个组织得比较好的程序项目，花在这个阶段的时间应该为整个程序开发设计时间的 25% ~ 30%。

程序说明也叫程序正文或程序分析，这项工作一般可由具有比较丰富程序设计经验的系统分析员来做。在这个阶段主要是要弄清以下几个问题：

程序目标是什么？即程序需要解决什么样的问题。

（2）可能需要输入哪些数据？

（3）数据具体的处理过程和要求是什么？

（4）程序可能产生的数据输出以及输出形式是什么？

这个程序说明形成对整个问题解决的数据输入、输出的描述。这个文件将在整个设计过程中指导每一步工作按照预先设计的目标进行。当然，对项目设计以及数据描述的修改也将贯穿整个设计过程之中。

2. 设计解决问题的方案

第一个阶段是对问题的描述，在本阶段需要对要解决的问题设计出具体的解决方案。在这个过程中，要一步一步显示解决问题的过程。其关键是如何设计出一个解决问题的较好算法，主要有以下几个方面的工作。

（1）程序的逻辑结构。

编写程序可用前面提到的某种高级语言，但无论是哪种语言，所有的程序都由三种结构构成：顺序结构、循环结构和分支结构。

1）顺序结构。它是程序最简单的一种结构，它使计算机按照命令出现的先后顺序依次执行。这种结构是所有程序遵循的基本结构。图 7-2-1 就是一个顺序结构的表示，其中 A 和 B 两个框是顺序执行的，执行了 A 后接下去必然执行 B 指定的操作。

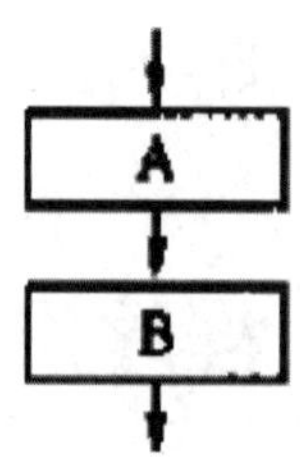

图7-2-1　顺序结构

2）循环结构。在程序中有许多重复的工作，是否要编写相同的一组命令呢？答案是不需要，可编写循环程序，让计算机重复执行这一组命令。有两类循环结构：当型（While〕循环结构和直到型（Until）循环结构。图 7-2-2 表示了两种循环结构。当型循环的功能是当条件成立时执行 A 框中的操作，执行完后再判断条件是否成立，若成立则继续执行 A 框操作，如此反复，直至条件不成立才结束循环。直到型循环的功能是先执行 A 框中的操作，再判断条件是否成立，如果条件不成立则继续执行 A 框操作，如此反复，直至条件成立才结束循环。

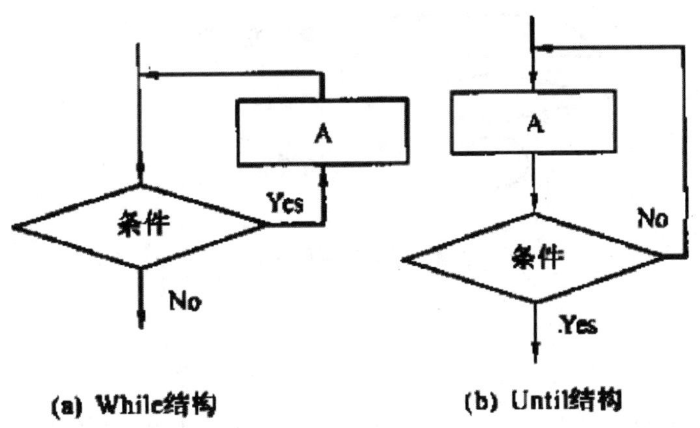

图7-2-2　循环结构

3）条件结构（分支结构）。在程序执行过程中，可能会出现判断，如判断某门课的成绩，大于或等于 60 则显示“及格”，否则显示“不及格”，这时就必须采用条件结构实现。图 7-2-3 为条件结构的一般表示。若条件成立则执行 A 框中的操作，否则执行 B 框中的操作。

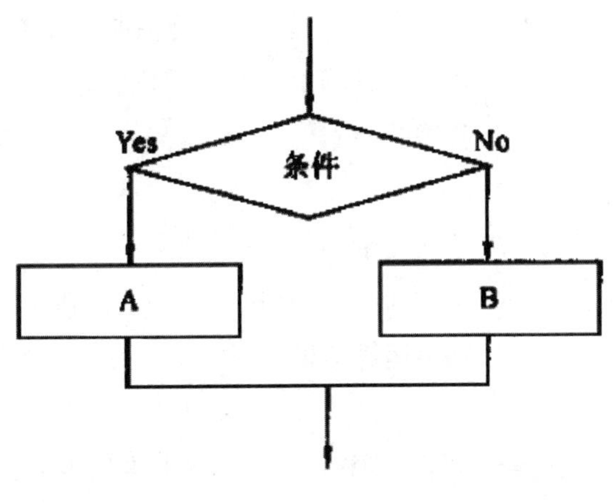

图7-2-3　条件结构

（2）算法

（3）流程图

程序流程图（Flow Chart）是用来表示程序逻辑的图形。程序在计算机上具体实现之前，一般可以用流程图来描述程序的具体执行步骤。流程图曾经是描述程序算法的最常用工具。实际上，在现在的面向对象的程序设计方法中，流程图用得并不多。在流程图中，不同的图形符号有不同的含义，常见符号如图 7-2-4 所示。

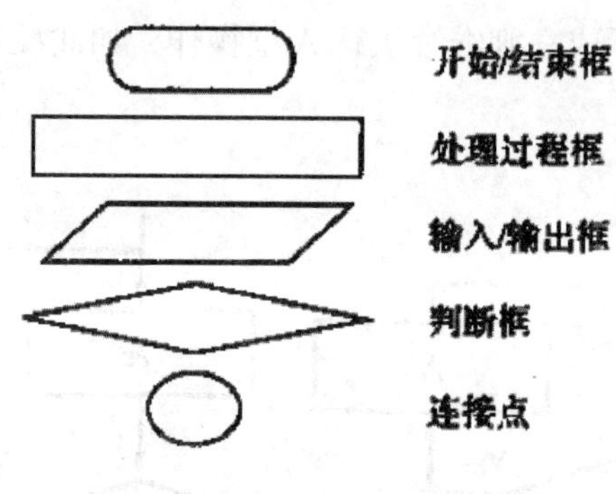

图7-2-4　部分流程图符号

（四）伪代码

用流程图表示算法确实比较直观，但画起来比较费劲，若修改了算法，则必须修改流程图，这是很麻烦的，此时可用伪代码表示算法。伪代码是用介于自然语言和计算机语言之间的文字和符号来描述算法。它不用图形符号，因此，书写方便，也比较好懂，它没有严格的语法规则，只要把意思表达清楚即可。

3. 编写程序代码

在此阶段，需要选择合适的编程语言，按照设计程序过程中形成的算法具体编写代码。下面是用 C 语言实现一个算法的程序代码，这是一个计算阶乘的简单例子。

```
#include<stdio.h>           /* 使用 C 语言编译系统提供的库函数 */
Main（ ）                    /* 程序开始 */
{
int i，fac;                 /* 定义变量 */
fac（i=2；i<=5；i++）        /* 从 2 到 5，循环执行乘法，得到 5 的阶乘 */
Fac=fac*i;                  /* 输出运算结果 */
}
```

在上面这个程序中，花括号中的为程序主体。程序由语句组成，每个语句按照一定的书写规则，如定义变量时，用“，”将变量分开，最后用“；”结束这个语句。在程序中，要得到一些原始数据，产生一些中间数据，最后得到结果。这些数据都必须放人内存，显然我们不必知道具体地址的信息，我们用一个标识符来表示内存中存放数据的那个地方就可以了。这是高级语言的重要特点，不必关心机器是如何实现的，这样程序设计人员就可以将精力集中在设计过程上，能够更有效地完成程序设计任务。

程序中变量 fac 被赋值的语句和数学中的等式是不同的。下面的程序代码是用 BASIC 语言实现求 5! 的算法。

```
Dim i as integer
Dim fac as integer
Fac=1
For i=2 to 5 step 1
    Fac=fac*i
next i
Print "fac="; fac
```

这两段程序显然从形式到结构都不相同，唯一相同的是我们给程序中使用的变量取了相同的名字。但这两个程序经过它们的编译器后成为计算机可执行的程序，运行结果却是相同的。

选择使用哪种程序设计语言并无规定，主要看是否能够完成程序设计任务以及编程人员对这个语言的熟悉程度。

4. 程序测试

这一步骤就是要调试已编写好的程序，找出程序中的逻辑错误和语法错误。如果违反了所使用的编程语言的语法规则就会发生语法错误；如果语法没错，但程序得到的输出不对，则可能是程序没有正确实现算法，这就是逻辑错误。程序测试和纠正程序中的错误交错进行，直到所有运行正确为止。

实际操作中，测试是非常复杂的，因为对一个比较大的系统，数据很复杂，往往是数据来源不同，数据类型上也有不同，需要对大量的数据进行测试。在程序设计研究中，已经有大量的测试模型用于程序的测试，但还没有哪一种模型能够把程序中的所有潜在的问题给测试出来。程序故障（大多数都是没有被测试出来）会使计算机出现错误，甚至产生极为严重的后果，这样的例子是很常见的。假如一个银行的账户处理出错的话，那么使你存在账户里的钱不翼而飞或者瞬间使你成为“亿万富翁”都是可能的，而且这种事情的确发生过。

5. 编写程序文档

完成测试后，项目的大部分工作已完成，但还要对前面所做的各种设计形成完整的手册，如设计程序阶段中形成的流程图、程序中的变量列表、程序代码、运行结果等都要编写文档，以供日后的程序维护、升级使用。此外，关于程序的功能、操作说明等也要编写成册，即生成程序使用手册。

6. 运行与维护

此为整个程序开发流程中的最后一步。编写程序是为了应用，在应用的过程中对用户的培训是很重要的，此外，还会涉及程序的安装、设置等。随着时间的推移，原有软件可能已满足不了需要。这时就要对程序进行修改甚至升级。因此，维护是一项长期而又重要的工作。

第三节　数据结构

为了有效地让计算机解决具有各种结构关系的实际问题，我们必须研究这些具有结构关系的数据在计算机内部的存储方法以及在计算机中处理这种具有结构关系数据所需进行的操作和操作的实现方法。这就是数据结构要讨论的问题。

数据结构包括三个方面的研究内容：数据的逻辑结构、数据的存储结构和数据的操作实现算法。

数据的逻辑结构分为线性结构和非线性结构。线性表（如“学生表”）是典型的线性结构，而树形结构〔如“家族树”）是典型的非线性结构。数据的存储结构主要有顺序存储结构和链式存储结构两种基本类型。

线性表是最简单、最常用的一种数据结构。用顺序存储结构存储的线性表称为顺序表，由于各种高级语言里的一维数组就是用顺序方式存储的线性表，因此也常用数组来称呼顺序表；用链式存储结构存储的线性表称为链表。对于线性表，如果对元素插入和删除的位置加以限制，则成为两种特殊的线性表—栈和队列。

一、数组

数组是 n（n>1）个相同类型数据元素 a_1，a_2，a_3……a_{n-1} 构成的有限序列，且该有限序列存储在一块地址连续的内存单元中。几乎所有的高级程序设计语言都支持数组数据类型。

数组这种数据结构把逻辑上相邻的数据元素存储在物理上相邻的存储单元中，如要保存一个学生所学五门课程的成绩，可以定义一个一维数组 A[5]，则该数组一共有 A[0]、A[1]、A[2]、A[3] 和 A[4] 五个元素（对于任一元素，用 A[i] 表示，i 称为下标值），分别保存该学生五门课程的成绩。设第一个元素 A[0] 在内存的存储起始地址为 2000，每个数组元素在内存中占 4 个存储单元，该数组在内存的存储实现如图 7-3-1 所示。由此可见，一个一维数组一旦第一个元素 a[0] 的存储地址 LOC（a[0]）确定，每个数据元素在内存所占用的存储单元个数 k 也确定，则任一数据元素 a[i] 的存储地址 LOC（a[i]）可山以下公式求出：

LOC（a[i]）=LOC（a[0]）+i*k　　（0 成 <=i<n）

2000	2004	2008	2012	2016
A[0]	A[1]	A[2]	A[3]	A[4]

图7-3-1　一维数组A[5]的存储示意图

在一维数组的基础上，我们可以引入多维数组。如要保存 3 个学生每人考 4 门功课的成绩，可以定义一个二维数组 B[3][4]，则该数组有 B[0][0]，B[0][1]，B[0][2]，B[0][3]，B[1][0]，B[1][1]，B[1][2]，B[1][3]，B[2][0]，B[2][1]，B[2][2]，B[2][3] 共 12 个元素，其中 B[0][0]。保存第1个学生所学第 1 门课程的成绩，B[0][1] 保存第 1 个学生所学第 2 门课程的成绩 ......B[2][3] 保存第 3 个学生所学第 4 门课程的成绩。由于计算机的存储结构是线性的，用线性的存储结构存放二维数组元素则存在行 / 列次序排放问题。对二维数组 B[3][4]，如果按图 7-3- 2 所示的方式存储，称为以行序为主序的存储方式，即先存储第 0 列，再存储第 1 行……每列中的元素是按列下标由小到大的次序存放；如果按图 7-1-3 所示的方式存储，称为以列序为主序的存储方式，即先存储第 0 列，再存储第 1 列……每列中的元素是按行下标由小到大的次序存放。大多数程序设计语言如 C、PASCAL、BASIC 等采用的都是以行序为主序的存储方式，少数程序设计语言如 FORTRAN 中采用的是以列序为主序的存储方式。

2000	2004	2008	2012	2016	…	2044
B[0][0]	B[0][1]	B[0][2]	B[0][3]	B[1][0]	…	B[2][3]

图7-3-2　以行序为主序存储的二维数组

2000	2004	2008	2012	2016	…	2044
B[0][0]	B[1][0]	B[2][0]	B[0][1]	B[1][1]	…	B[2][3]

图7-3-3　以列序为主序存储的二维数组

对于一个以行序为主序方式存储的二维数组 a[m][n]（该数组有 m 行，每行有 n 列），若第一个元素 a[0][0] 的存储地址 LOC（a[0][0]）确定，每个数据元素在内存所占用的存储单元个数 k 也确定。由于在内存中，数组元素 a[i][j]

前面已存放了 i 行（第 0 行至第 i-1 行），即已存放了 i*n 个元素，占用了 i*n*k 个内存单元；第 i 行中 a[i][j] 元素前又已存放了 j 列，即已存放了 j 个数据元素（元素此 a[i][0] 至元素 a[i][j-1]），占用了 j*k 个内存单元。该数组是从地址 LOC（a[0][0]）开始存放的，因此数组元素 a[i][j] 的存储地址 LOC（a[i][j]）可由以下公式求出：

$$LOC(a[i][j])=LOC(a[0][0])+i*n*k+j*k$$

而在以列序为主序方式存储的二维数组 a[m][n] 中的任一数组元素 a[i][j] 的存储地址 LOC（a[i][j]）可由以下公式求出：

$$LOC(a[i][j])=LOC(a[0][0])+j*m*k+i*k$$

由上面分析我们知道，数组中的每个数据元素都和一组唯一的下标值对应，而数组中任一数据元素的存储地址可通过下标值直接计算得到，因此，数组是一种随机存储结构，可通过给定下标值随机存取数组中的任意数据元素，这就给程序设计带来很大方便。

但是，用数组存放数据时，必须事先定义固定的长度（即数组元素的个数）。比如，要保存一个班级的学生某一门课程的成绩，可以采用一维数组，但有的班级有可能有 100 人，而有的班可能只有 30 人，如果要用同一个数组先后存放不同班级的学生成绩，则必须定义长度为 100 的数组。如果事先难以确定一个班的最多人数，则必须把数组定得足够大，以便能存放任何班级的学生数据。显然这将会浪费内存。因此，在有些情况下，要根据需要开辟内存单元来保存数据，链表就是一种可以动态地进行存储分配的数据结构。

二、链表

链表是一种物理存储单元上非连续、非顺序的存储结构，数据元素的逻辑顺序是通过链表中的指针链接次序实现的。链表由一系列结点（链表中每一个元素称为结点）组成，结点可以在运行时动态生成。每个结点包括两个部分：一个是存储数据元素的数据域；另一个是存储下一个结点地址的指针域。由于链表这种数据结构必须利用指针变量才能实现，因此先介绍指针的概念。

由前述可知，计算机的内存储器被划分为一个个的存储单元，每个存储单元存放 8 个二进制位（即一个字节）。存储单元按一定的规则编号，这个编号就是存储单元的地址。也就是说计算机中存储的每个字节是一个基本内存单元，有一个地址。计算机就是通过这种地址编号的方式来管理内存数据读写的准确定位的。

计算机是如何从内存单元中存取数据的呢？从程序设计的角度看，有两种办法：一是通过变量名；二是通过地址。程序中声明的变量是要占据一定的内存空间的，例如，C 语言中整型变量占 2 字节，实型变量占 4 字节。程序中定义的变量在程序运行时被分配内存空间。在变量分配内存空间的同时，变量名也就成了相应内存空间的名称，在程序中可以用这个名字访问该内存空间，表现在程序语句中就是通过变量名存取变量内容（这就是程序中定义变量的用途，即程序中通过定义变量来实现数据在内存中的存取）。但是，有时使用变量名不够方便或者根本没有变量名可用，这时就可以直接用地址来访问内存单元。例如，学生公寓中每个学生住一间房，每个学生就相当于一个变量的内容，变量名指定为学生姓名，房间是存储单元，房号就是存储单元地址。如果知道了学生姓名，可以通过这个名字来访问该学生，这相当于使用变量名访问数据。如果知道了房号，同样也可以访问该学生，这相当于通过地址访问数据。

由于通过地址能访问指定的内存存储单元，因此可以说，地址“指向”该内存存储单元（如同说，房间号“指向”某一房间一样）。故将地址形象化地称为“指针”，意思是通过它能找到以它为地址的内存单元。一个变量的地址称为该变量的“指针”。如果有一个变量专门用来存放另一个变量的地址（即指针），则它称为“指针变量”。在许多高级程序设计语言中有专门用来存放内存单元地址的变量类型，这就是指针类型。指针变量就是具有指针类型的变量，它是用于存放内存单元地址的。

通过变量名访问一个变量是直接的，而通过指针访问一个变量是间接的。就好像要在

学生公寓中找一位学生，不知道他的姓名，也不知道他住哪一间房，但是知道 101 房间里有他的地址，走进 101 房间后看到一张字条：“找我请到 302”，这时按照字条上的地址到 302 去，便顺利地找到了他。这个 101 房间，就相当于一个指针变量，字条上的字便是指针变量中存放的内容（另一个内存单元的地址），而住在 302 房间的学生便是指针所指向的内容。

指针作为维系结点的纽带，可以通过它实现链式存储。假设有五个学生某一门功课的成绩分别为 A，B，C，D 和 E，这五个数据在内存中的存储单元地址分 1248、1488、1366、1022 和 1520，其链表结构如图 7-3-4 所示。

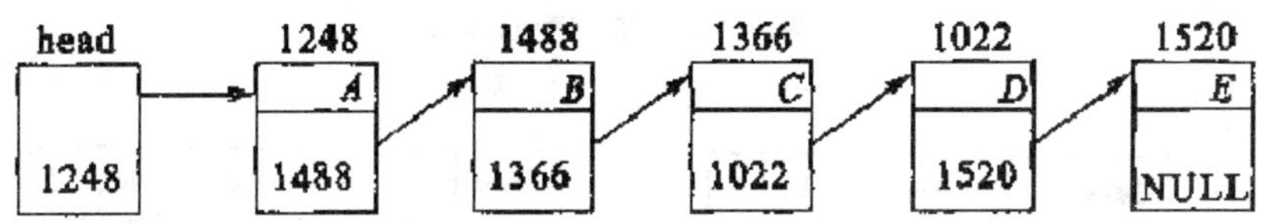

图7-3-4　链表示意图

链表有一个“头指针”变量，图 7-3-4 中以 head 表示，它存放一个地址，该地址指向链表中第一个结点，第一个结点又指向第二个结点……直到最后一个结点。该结点不再指向其他结点，它称为“表尾”，它的地址部分存放一个“NULL”（表示“空地址”），链表到此结束。链表中每个结点都包括两个部分：用户需要用的实际数据和下一个结点的地址。

可以看到链表中各结点在内存中可以不是连续存放的。要找到某一结点 C，必须先找到其上一个结点 B，根据结点 B 提供的下一个结点地址才能找到 C。链表有一个“头指针”，因此通过“头指针”可以按顺序往下找到链表中的任一结点，如果不提供“头指针”，则整个链表都无法访问。链表如同，一条铁链一样，一环扣一环，中间是不能断开的。

图 7-3-4 的链表每个结点中只有一个指向后继结点的指针，该链表称为单链表。其实结点中可以有不止一个用于链接其他结点的指针。如果每个结点中有两个用于链接其他结点的指针，一个指向前趋结点（称前趋指针），另一个指向后趋结点（称后指针），则构成双向链表。双向链表如图 7-3-5 所示。

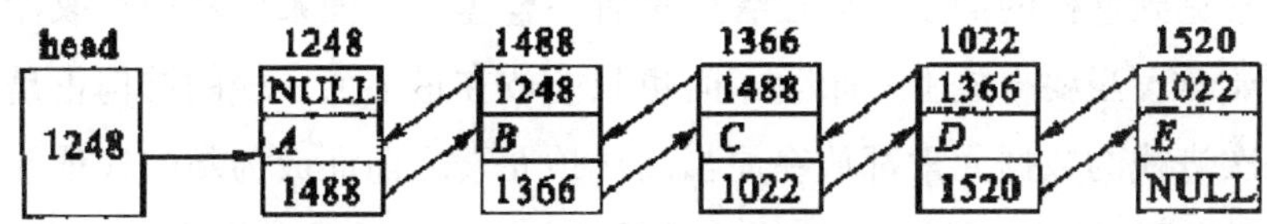

图7-3-5　双向链表示意图

链表的一个重要特点是插入、删除操作灵活方便，不需移动结点，只需改变结点中指针域的值即可。而数组由于用存储单元的邻接性体现数组中元素的逻辑顺序关系，因此对数组进行插入和删除运算时，可能需要移动大量的元素，以保持这种物理和逻辑的一致性。如数组中有 m 个元素，往第 i（i<m）个元素后面插入一个新元素，需要将第 i+1 个元素至第 m 个元素共 m-i 个元素向后移动。

图 7-3-6 显示了在单链表中指针 P 所指的结点后面插入一个新结点的指针变化情况，虚线所示为插入前的指针。图 7-3-7 显示了从单链表中删除指针 p 所指结点的下一个结点的指针变化情况，虚线所示为删除前的指针。

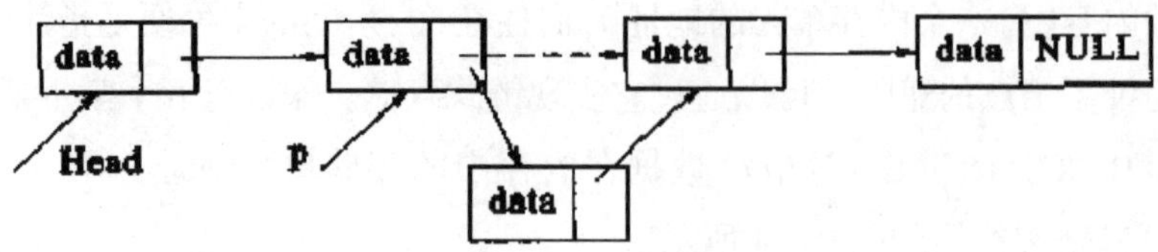

图7-3-6 单链表的插入

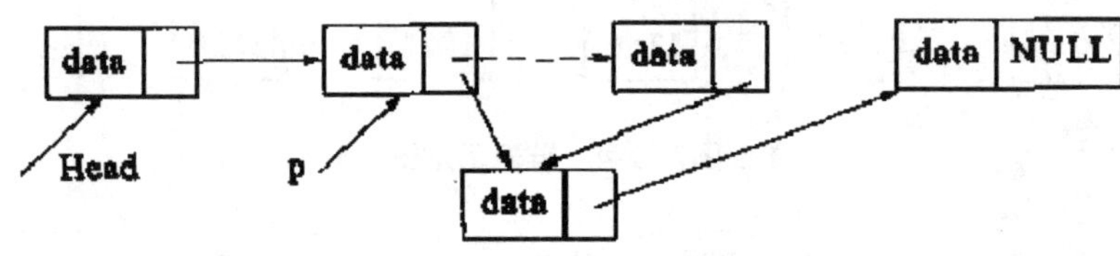

图7-3-7 单链表的删除

由于链表的插入、删除操作灵活方便，我们可以在程序运行期间根据需要动态申请内存，为新结点分配存储空间，并通过修改指针将新结点链接到链表上。因此，链表是一种动态数据结构。

三、栈

栈是一种特殊的线性表，是一种只允许在表的一端进行插入或删除操作的线性表。表中允许进行插入、删除操作的一端称为栈顶。表的另一端称为栈底。栈顶的当前位置是动态的，对栈顶当前位置的标记称为栈顶指针。当栈中没有数据元素时，称之为空栈。栈的插入操作通常称为进栈或入栈，栈的删除操作通常称为退栈或出栈。

在生活中常见到这样的例子：假设餐厅里有一叠盘子，如果要从中拿取盘子，只能从最上面一个开始拿，当要再放上一个盘子时也只能放在最上面。栈的结构正是如此。根据栈的定义，每次进栈的数据元素都放在原当前栈顶元素之前面成为新的栈顶元素，每次退栈的数据元素都是原当前栈顶元素。这样，最后进入栈的数据元素总是最先退出栈，因此，栈具有“后进先出”的特性。

图 7-3-8 是一个栈的动态示意图，图中箭头代表当前栈顶指针位置。图 7-3-8（a）表示一个空栈；图 7-3-8（b）表示插入一个数据元素 A 以后的状态；图 7-3-8（c）表示插入数据元素 B，C 以后的状态；图 7-3-8（d）表示删除数据元素 C 以后的状态；图 7-3-8（e）表示删除数据元素 B，A 以后的状态。简言之，若进栈顺序为 A，B，C，则退栈顺序为 C，B，A。图 7-3-8 显示的是一个顺序存储结构的栈，栈也可以用链式存储结构存储。

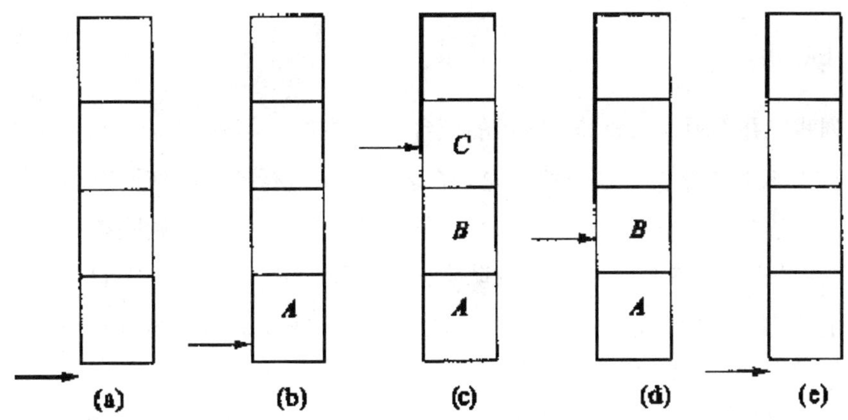

图7-3-8　栈的动态示意图

栈的应用非常广泛，表达式求值、递归过程实现都是栈应用的典型例子。下面简单讨论一下高级语言中的表达式处理是怎样通过栈实现的。

在用高级语言编写程序时，经常写出各种类型的表达式：算术表达式、关系表达式和逻辑表达式等等。编译系统在处理表达式时，需要将表达式翻译成机器指令序列，这首先需要确定运算次序。为此，需要建立两个栈—操作数栈（ODS）和操作符栈（OPS），然后自左至右扫描表达式。为叙述简洁，仅讨论算术表达式的计算，且假设表达式中只含有加、减、乘、除四种运算符和左、右圆括号，一个表达式用“#”作为分界符标识表达式的结束，并将表达式中自左至右所读到的一个操作数或一个操作符称为“一个词”。用栈实现表达式求值的处理过程如下：

（1）读人一个词；

（2）判断该词是操作数还是操作符，如果是操作数，则将该操作数压人ODS栈并转第（1）步；否则继续往下；

（3）判断表达式是否结束，是结束符则转第（7）步，否则继续往下；

（4）判断当前操作符优先级是否大于或等于OPS栈顶操作符的优先级（左括号的优先级最高，其次是乘除，再是加减，右括号的优先级最低）或者OPS栈是否为空，如果是，当前操作符压人OPS栈并转第（1）步；否则，继续往下；

（5）从ODS栈中弹出两个操作数Y和X，从OPS栈中弹出一个操作符θ，进行运算XθY，并将结果压人ODS栈。需要说明的是，如果当前操作符是右括号，则重复第（5）步这一过程，直到OPS栈顶操作符为左括号；

（6）当前操作符压入OPS栈（如果当前操作符是右括号，则它不但不压入OPS栈中，相反还从OPS栈中弹出左括号，这称为去括号）后，转第（1）步；

（7）判断OPS栈是否为空，不是，则从ODS栈中弹出两个操作数Y和X，从OPS栈中弹出一个操作符θ，进行运算XθY，并将结果压人ODS栈；

（8）ODS栈顶的值即为所求表达式的值，求值过程结束。

四、队列

对于队列我们并不陌生，商场、银行的柜台前需要排队，餐厅的收款机旁也需要排队。队列也是一种特殊的线性表，是一种只允许在表的一端进行插入操作而在另一端进行删除操作的线性表。表中允许进行插入操作的一端称为队尾，允许进行删除操作的一端称为队头。队头和队尾分别由队头指示器（或称队头指针）和队尾指示器（或称队尾指针）指示。当队列中没有数据元素时，称之为空队列。队列的插入操作通常称为进队列或入队列，队列的删除操作通常称为退队列或出队列。

根据队列的定义，每次进队列的数据元素都放在原当前队尾之后而成为新的队尾元素，每次出队列的数据元素都是原队头元素。这样，最先入队列的数据元素总是最先出队列，因此，队列具有“先进先出”的特性。图 7-3-9 是队列的操作示意图。

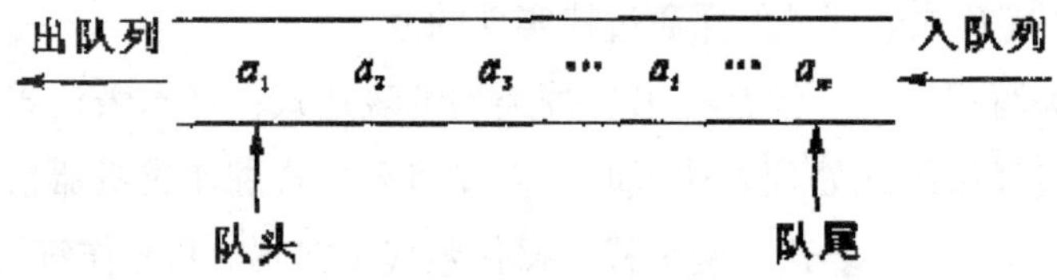

图7-3-9　队列及其操作的示意图

队列的应用也很广泛，它可以用于各种应用系统中的事件规划、事件模拟，例如银行和商场的顾客队列；计算机操作系统中的各种资源请求排队和各种数据缓冲区的先进先出管理也用队列来实现，如操作系统用队列来处理打印作业的调度。

五、树

树形结构是一类非常重要的非线性结构，用于描述数据元素之间的层次关系，如人类社会的族谱和各种社会组织机构的表示等等。在计算机领域中，树形结构的应用也非常广泛，磁盘文件的目录结构就是一个典型的例子。树和二叉树是常用的树形结构，由于用二叉树表示对于树的存储和运算有很大意义。可以把对于树的许多处理转换到对应的二叉树中去做。

1. 树的基本概念

树是一个或多个结点组成的有限集合了 T，有一个特定的结点称为树的根结点，其余的结点被分成 m（m>=0）个不相交的集合 T_1、T_2，……T_m，每一个集合本身又是一棵树，被称为这个根结点的子树。

图 7-3-10 所示是一棵具有 10 个结点的树，结点 A 为树的根结点，除 A 之外的其余结点分为 3 个不相交的集合 T_1={B，E，F]，T_2=（C，G）和 T_3=（D，H，I，J]，形成了结点 A 的 3 棵子树，T_1、T_2 和 T_3 本身也分别是一棵树。例如，子树 T_1 的根结点为 B，其余结点

又分为两个不相交的集合 {E} 和 {F}，它们形成了子树 T1 的根结点 B 的两棵子树。

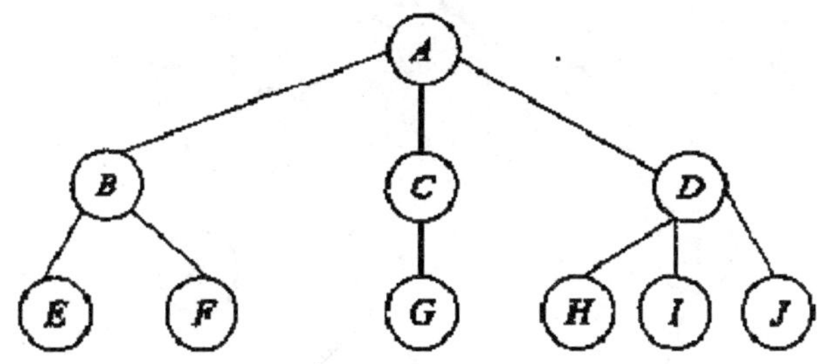

图7-3-10　一棵具有10个节点的树

树的基本术语有：

孩子、双亲、兄弟：树中某结点的各子树的根称为该结点的孩子；相应地该结点称为其孩子的双亲；具有相同双亲的结点互称为兄弟。图 7-3-10 中，结点 B，C，D 都是结点 A 的孩子，结点 A 是结点 B 的双亲，也是结点 C，D 的双亲，结点 B，C，D 互为兄弟。

结点的度：一个结点所拥有的子树的个数称为该结点的度。图 7-3-10 中，结点 A 的度为 3，结点 B 的度为 2，结点 E 的度为 0。

叶结点、分支结点：度为 0 的结点称为叶结点，或者称为终端结点；度不为 0 的结点称为分支结点，或者称为非终端结点。图 7-3-10 中，结点 A、B、C、D 为分支结点，结点 E、F、G、H、I、J 为叶结点。

结点的层数：规定树的根结点的层数为 1，其他任何结点的层数等于它的双亲结点的层数加 1。图 7-3-10 中，结点 A 的层数为 1，结点 B、C、D 的层数为 2，结点 E、F、G、H、I、J 的层数为 3。

树的深度：一棵树的叶结点的最大层数称为树的深度。图 7-3-10 所示的树的深度为 3。

2. 二叉树的基本概念

二叉树是结点的有限集合，这个有限集合或者为空集（称为空二叉树），或者由一个根结点及两棵不相交的、分别称为这个根的左子树和右子树的二叉树组成。

图 7-3-11 所示的是一棵二叉树，根结点为 A，其左子树包含结点 B、D、G，右子树包含结点 C、E、F、H、I。根 A 的左子树又是一棵二叉树，其根结点为 B，有非空的左子树（由结点 D、G 组成）和空的右子树。根 A 的右子树也是一棵二叉树，其根结点为 C，有非空的左子树（由结点 E、H、I 组成）和右子树（由结点 F 组成）。

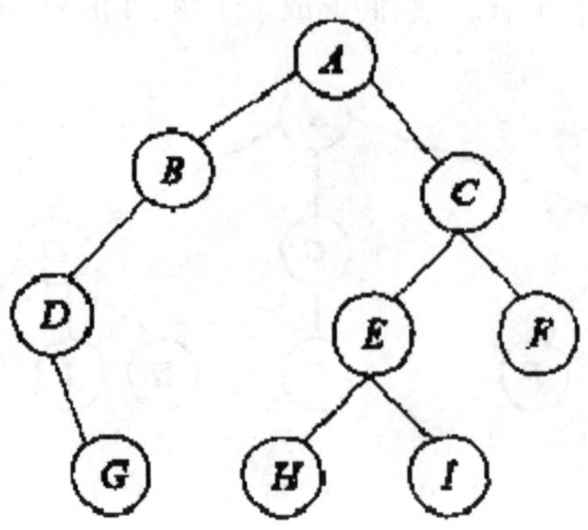

图7–3–11　二叉树

上面介绍的树的基本术语在二叉树中同样适用，但需要说明的是，尽管树和二叉树的概念之间有许多关系，但它们是两个概念。二叉树不是树的特殊情况，树和二叉树之间最主要的区别是：二叉树是有序的，二叉树的结点的子树要区分左子树和右子树，即使在结点只有一棵子树的情况下也要明确指出该子树是左子树还是右子树。例如，图 7-3-12 中是四棵不同的二叉树，但如果作为树，它们就是相同的了。

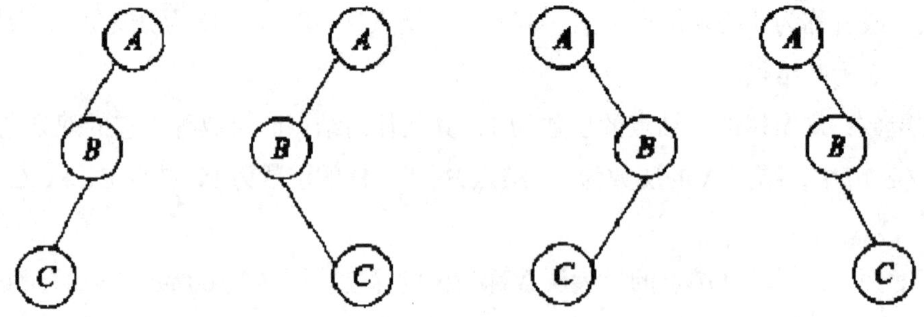

图7–3–12　四棵不同的二叉树

在树与二叉树之间有一个自然的一一对应的关系，每一棵树都能唯一地转换成它所对应的二叉树。把树转换成对应的二叉树的方法是：将树中所有相邻兄弟用线连起来，然后去掉双亲到子女的连线，只留下双亲到第一个子女的连线。对图 7-3-10 所示的树用上述方式处理后稍加倾斜，就得到对应的二叉树，如图 7-3-13 所示。

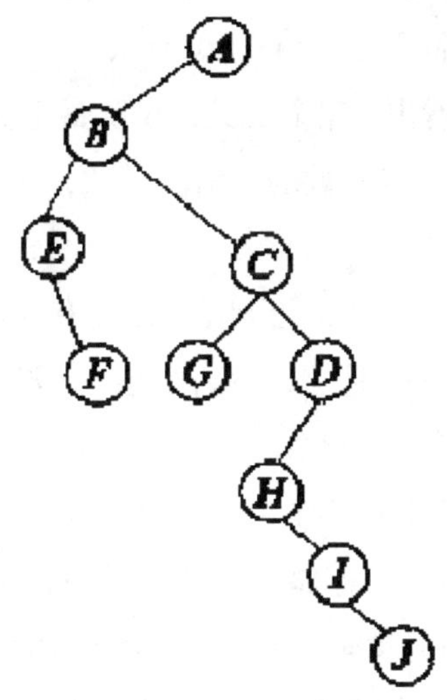

图7–3–13　树对应的二叉树

满二叉树：在一棵二叉树中，如果所有分支结点都存在左子树和右子树，并且所有叶结点都在同一层上，这样的一棵二叉树称为满二叉树。

完全二叉树：一棵深度为 k 的有 n 个结点的二叉树，对树中的结点按从上至下、从左到右的顺序进行编号，如果编号为 i（1 ≤ i ≤ n）的结点与满二叉树中编号为 i 的结点在二叉树中的位置相同，则这棵二叉树称为完全二叉树。显然，一棵满二叉树必定是一棵完全二叉树。

在图 7-3-14 中，图（a）为一棵满二叉树，图（b）为一棵完全二叉树，图（c）为一棵非完全二叉树。

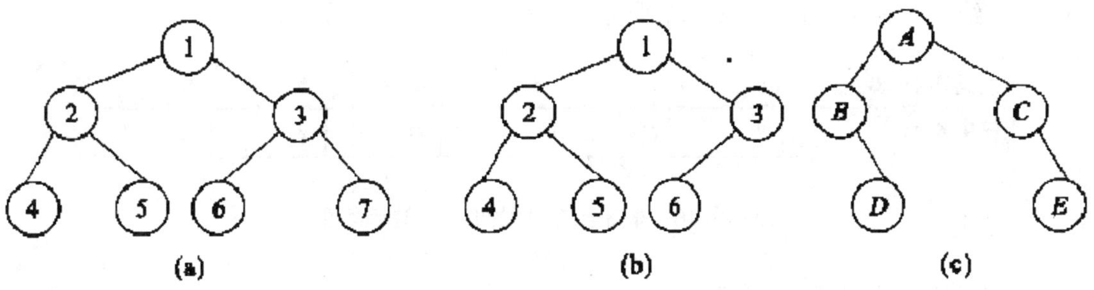

图7–3–14　满二叉树、完全二叉树和非完全二叉树

3. 二叉树的存储结构

（1）顺序存储结构

所谓顺序存储结构，就是用一组连续的存储单元存放二叉树中的结点。完全二叉树由于其结构上的特点，通常采用顺序方式存储。

按从上至下、从左到右的次序将一棵有 n 个结点的完全二叉树的所有结点从 1 到 n 编号，就得到结点的一个线性序列，如同图 7-3-14（b）所示。

从图 7-3-14（b）中我们可以看出，完全二叉树中除最下面一层外，各层都被结点充满了，每一层结点的个数恰好是上一层结点个数的 2 倍。因此，从一个结点的编号就可以推知它的双亲及左、右孩子结点的编号：

当 $2i \leq n$ 时，结点 i 的左孩子是 2i，否则结点 i 没有左孩子；

当 $2i+1 \leq n$ 时，结点 i 的右孩子是 2i+1，否则结点 i 没有右孩子；

当 $i \neq 1$ 时，结点 i 的双亲是结点 $[i/2]$。

由于完全二叉树中结点的序号可以唯一地反映出结点之间的逻辑关系，所以可以用一维数组按从上至下、从左到右的顺序存储树中所有结点的数据信息，通过数组元素的下标关系反映完全二叉树中结点之间的逻辑关系。图 7-3-15 给出了图 7-3-14（b）所示的完全二叉树的顺序存储示意图（注意由于数组下标从 0 开始，因此数组元素的下标等于结点在完全二叉树中的序号减 1）。

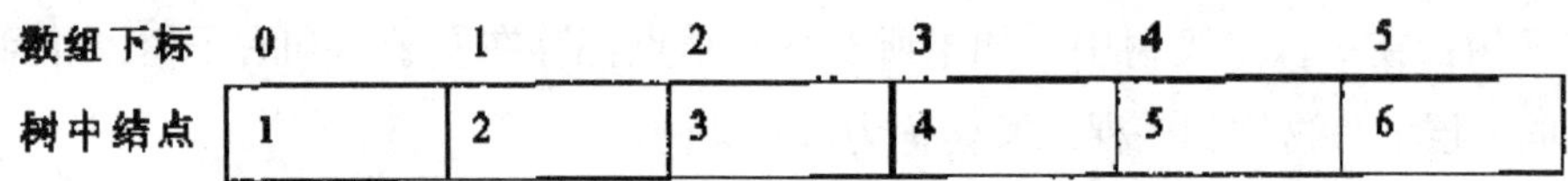

数组下标	0	1	2	3	4	5
树中结点	1	2	3	4	5	6

图7-3-15　完全二叉树的顺序存储示意图

对于一般的二叉树，如果仍按照从上至下、从左到右的顺序将树中的结点顺序存储在一维数组中，则数组元素下标之间的关系不能够反映二叉树中结点之间的逻辑关系。这时假设将一般二叉树进行改造，增添一些并不存在的空结点，使之成为一棵完全二叉树的形式，然后再用一维数组顺序存储。在二叉树中假设增添的结点在数组中所对应的元素值为“空”。图 7-3-16 给出了图 7-3-14（c）所示的非完全二叉树的顺序存储示意图。

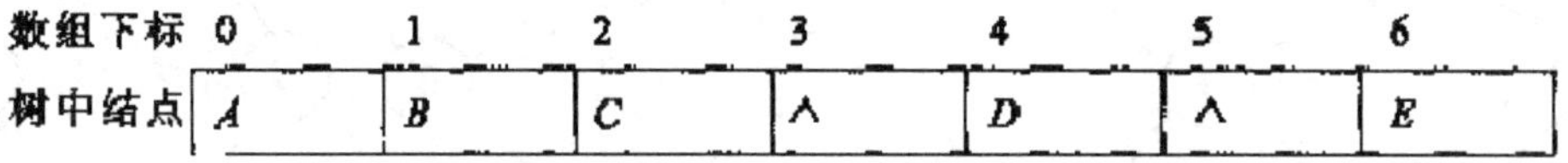

数组下标	0	1	2	3	4	5	6
树中结点	*A*	*B*	*C*	∧	*D*	∧	*E*

图7-3-16　非完全二叉树的顺序存储示意图

（2）链式存储结构

二叉树的链式存储结构是用链建立二叉树中结点之间的关系，通常采用的链式存储结构为二叉链表。所谓二叉链表，是将二叉树中的结点设置为如下的结构体类型：

lchild	data	rchild

其中，data 表示保存结点本身信息的信息域，lchild 和 rchild 分别为指向结点的左孩子和右孩子的指针域。由于每个结点有两个指针域，所以形象地称之为二叉链表。

当二叉树采用二叉链表存储结构时，如果某结点的左孩子或右孩子不存在，则相应的指针域为空，除此之外，还设置一指针变量指向二叉树的根结点，称之为头指针。与单链表中头指针的作用相似，二叉链表中的头指针可以唯一的确定一棵二叉树。图 7-3-17 给出了图 7-3-14（c）所示的非完全二叉树的二叉链表存储示意图。

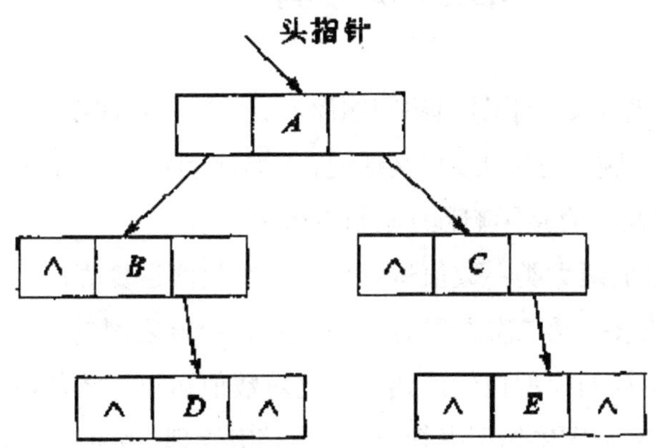

图7-3-17　二叉链表存储示意图

4. 二叉树的遍历

遍历是二叉树的一种重要运算。二叉树的遍历是指按一定的次序访问二叉树中的每个结点，使每个结点被访问一次且只被访问一次。

根据二叉树的定义知道，一棵二叉树可看做由三部分组成：根结点、左子树和右子树。若规定 D, L, R 分别表示“访问根结点”、“遍历根结点的左子树”和“遍历根结点的右子树”，则二叉树的遍历共有六种方式：DLR、LDR、LRD、DRL、RDL、RLD。若又规定按先左子树后右子树的顺序进行遍历，则遍历有三种方式：DLR、LDR 和 LRD，它们分别被称为前序遍历、中序遍历和后序遍历。

另外，还有一种按二叉树中结点由上至下、由左到右的顺序进行遍历的方式，称为层次遍历。

前序遍历的方法为：

若二叉树为空，遍历结束，否则，①访问根结点；②前序遍历根结点的左子树；③前序遍历根结点的右子树。

中序遍历的方法为：

若二叉树为空，遍历结束，否则，①中序遍历根结点的左子树；③访问根结点；③中序遍历根结点的右子树。

后序遍历的方法为：

若二叉树为空，遍历结束，否则，①后序遍历根结点的左子树；③后序遍历根结点的右子树；③访问根结点。

层次遍历的方法是：

从二叉树的第一层（根结点）开始，从上至下逐层遍历；在同一层中，则按从左到右的顺序对结点逐个访问。

第四节 算 法

在解决问题前首先思考如何描述解决问题而形成的每一具体步骤，这就是算法。不要认为只有数学“计算”的问题才有算法，广义地说，为解决问题而采用的方法和步骤，就是“算法”，一个算法的质量可以直接影响程序运行的效率。

计算机的算法可分成两大类：数值运算算法和非数值运算算法。数值运算算法的目的是对数值进行求解，如求一元二次方程的根、输出 1~1000 之间的所有素数、对若干个数进行排序等。由于数值运算的模型比较成熟，因此对数值运算算法的研究是比较深入的。非数值运算包含的面很广，如图书馆图书管理、人事档案管理、生产流水线的管理等。事实上，计算机在非数值运算方面的应用已经远远超过了数值运算方面的应用。

一个算法应具有以下特性：

1. 确定性

一个算法中的每一个步骤都不能含糊不清，都应该是确定的，不应使不同的编程者对算法中的描述产生不同的理解，例如，某算法中某步骤如此描述：“把 m 乘以一个数，将结果放入 sum 中”，这是不确定的，编程者不知将 m 与哪个数相乘。

2. 有穷性

一个算法中的步骤应该是有限的，否则计算机就会永远无休止地执行程序。当然“有穷性”是指在合理范围里，如让计算机执行一个要一万年才能做完的算法，这就不是一个有效的算法。

3. 有效性

算法中的每一个步骤都应该被有效地执行，并应能得到一个明确的结果。如在某算法中有 rn 除以 n 的操作步骤，若此时 n 为 d，则此操作在程序中是不能被有效地执行的，应修改此算法：增加判断是否为 0 的步骤，若 n 为 d 则提示相应信息，否则进行相除操作。

4. 可有零个或多个输入

输入是指在执行算法时，有时需要有关信息，这些信息必须从外界获得，如在判断某数是否为素数的算法中，必须要先获得被判断的数。当然，有时是不需输入的，如计算 2 乘以 3 的算法。

5. 有一个或多个输出

设计算法的目的是为了解决问题，要看到问题是否解决，总要得到有关信息，故没有输出的算法是没有意义的。如判断某数是否为素数的算法中总要得到最后的判断结果。

因此程序设计者在编写程序之前，就要分析问题，形成自己的算法。而对于那些刚接触计算机程序设计的人员来说，可使用或借鉴别人设计好的算法来解决问题。

一个算法的表示可有不同的方法，常用的有自然语言、传统的流程图、结构流程图、伪代码、PAD 图（问题分析图）等。

如要实现计算 5!，则较好的算法是什么呢？下面是其用自然语言的算法描述（假设 P 为被乘数，I 为乘数）：

第一步，使 P= 1；

第二步，使 I=2；

第三步，使 P*I，乘积仍放在 P 中。

第四步，使 I 的值加 I 再放回到 I 中。

第五步，如果 I 不大于 5，返回重新执行第三步及其后的步骤，否则，算法结束。最后得到的 P 就是 5! 的值。

自然语言表示通俗易懂，但文字冗长，容易出现“歧义性”，故除了很简单的问题以外，一般不用自然语言描述算法。

下面是用伪代码表示的求 5! 的算法：

开始

置 p 的初值为 1

置 i 的初值为 2

当 i<=5，执行下面操作：

使 P=P*i

使 i=i+1

（循环体到此结束）

打印出 p 的值

结束

流程图，求 5！。

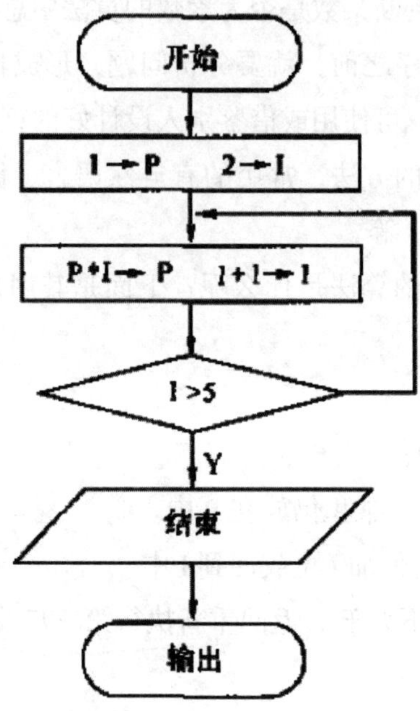

图7-4-1 求数学中5！的算法流程图

第八章　数据库技术基础

第一节　数据库创建流程

一、数据库设计过程

数据库技术是信息资源管理最有效的手段。

数据库设计是指：对于一个给定的应用环境，构造最优的数据库模式，建立数据库及其应用系统，有效存储数据，满足用户信息要求和处理要求。

数据库设计的各阶段：

A 需求分析阶段：综合各个用户的应用需求（现实世界的需求）。

B 在概念设计阶段：形成独立于机器和各 DBMS 产品的概念模式（信息世界模型），用 E-R 图来描述。

C 在逻辑设计阶段：将 E-R 图转换成具体的数据库产品支持的数据模型，如关系模型，形成数据库逻辑模式。然后根据用户处理的要求，安全性的考虑，在基本表的基础上再建立必要的视图（VIEW）形成数据的外模式。

D 在物理设计阶段：根据 DBMS 特点和处理的需要，进行物理存储安排，设计索引，形成数据库内模式。

（一）需求分析阶段

需求收集和分析，结果得到数据字典描述的数据需求（和数据流图描述的处理需求）。

需求分析的重点：调查、收集与分析用户在数据管理中的信息要求、处理要求、安全性与完整性要求。

需求分析的方法：调查组织机构情况、各部门的业务活动情况、协助用户明确对新系统的各种要求、确定新系统的边界。

常用的调查方法有：跟班作业、开调查会、请专人介绍、询问、设计调查表请用户填写、查阅记录。

分析和表达用户需求的方法主要包括自顶向下和自底向上两类方法。自顶向下的结构化分析方法（Structured Analysis，简称 SA 方法）从最上层的系统组织机构入手，采用逐层分解的方式分析系统，并把每一层用数据流图和数据字典描述。

数据流图表达了数据和处理过程的关系。系统中的数据则借助数据字典（Data Dictionary，简称 DD）来描述。

（二）概念结构设计阶段

通过对用户需求进行综合、归纳与抽象，形成一个独立于具体 DBMS 的概念模型，可以用 E-R 图表示。

概念模型用于信息世界的建模。概念模型不依赖于某一个 DBMS 支持的数据模型。概念模型可以转换为计算机上某一 DBMS 支持的特定数据模型。

概念模型特点：

（1）具有较强的语义表达能力，能够方便、直接地表达应用中的各种语义知识。

（2）应该简单、清晰、易于用户理解，是用户与数据库设计人员之间进行交流的语言。

概念模型设计的一种常用方法为 IDEF1X 方法，它就是把实体 - 联系方法应用到语义数据模型中的一种语义模型化技术，用于建立系统信息模型。

使用 IDEF1X 方法创建 E-R 模型的步骤如下所示：

1. 第零步——初始化工程

这个阶段的任务是从目的描述和范围描述开始，确定建模目标，开发建模计划，组织建模队伍，收集源材料，制定约束和规范。收集源材料是这阶段的重点。通过调查和观察结果，业务流程，原有系统的输入输出，各种报表，收集原始数据，形成了基本数据资料表。

2. 第一步——定义实体

实体集成员都有一个共同的特征和属性集，可以从收集的原材料——基本数据资料表中直接或间接标识出大部分实体。根据源材料名字表中表示物的术语以及具有“代码”结尾的术语，如客户代码、代理商代码、产品代码等将其名词部分代表的实体标识出来，从而初步找出潜在的实体，形成初步实体表。

3. 第二步——定义联系

IDEF1X 模型中只允许二元联系，n 元联系必须定义为 n 个二元联系。根据实际的业务需求和规则，使用实体联系矩阵来标识实体间的二元关系，然后根据实际情况确定出连接关系的势、关系名和说明，确定关系类型，是标识关系、非标识关系（强制的或可选的）还是非确定关系、分类关系。如果子实体的每个实例都需要通过和父实体的关系来标识，则为标识关系，否则为非标识关系。非标识关系中，如果每个子实体的实例都与而且只与一个父实体关联，则为强制的，否则为非强制的。如果父实体与子实体代表的是同一现实对象，那么它们为分类关系。

4. 第三步——定义码

通过引入交叉实体除去上一阶段产生的非确定关系，然后从非交叉实体和独立实体开始标识候选码属性，以便唯一识别每个实体的实例，再从候选码中确定主码。为了确定主码和关系的有效性，通过非空规则和非多值规则来保证，即一个实体实例的一个属性不能是空值，也不能在同一个时刻有一个以上的值。找出误认的确定关系，将实体进一步分解，最后构造出 IDEF1X 模型的键基视图（KB 图）。

5. 第四步——定义属性

从源数据表中抽取说明性的名词开发出属性表，确定属性的所有者。定义非主码属性，检查属性的非空及非多值规则。此外，还要检查完全依赖函数规则和非传递依赖规则，保证一个非主码属性必须依赖于主码、整个主码、仅仅是主码。以此得到了至少符合关系理论第三范式的改进的 IDEF1X 模型的全属性视图。

6. 第五步——定义其他对象和规则

定义属性的数据类型、长度、精度、非空、缺省值、约束规则等。定义触发器、存储过程、视图、角色、同义词、序列等对象信息。

（三）逻辑结构设计阶段

将概念结构转换为某个 DBMS 所支持的数据模型（例如关系模型），并对其进行优化。设计逻辑结构应该选择最适于描述与表达相应概念结构的数据模型，然后选择最合适的 DBMS。

将 E-R 图转换为关系模型实际上就是要将实体、实体的属性和实体之间的联系转化为关系模式，这种转换一般遵循如下原则：一个实体型转换为一个关系模式。实体的属性就是关系的属性。实体的码就是关系的码。

数据模型的优化，确定数据依赖，消除冗余的联系，确定各关系模式分别属于第几范式。确定是否要对它们进行合并或分解。一般来说将关系分解为 3NF 的标准，即：

表内的每一个值都只能被表达一次。

表内的每一行都应该被唯一的标识（有唯一键）。

表内不应该存储依赖于其他键的非键信息。

（四）数据库物理设计阶段

为逻辑数据模型选取一个最适合应用环境的物理结构（包括存储结构和存取方法）。根据 DBMS 特点和处理的需要，进行物理存储安排，设计索引，形成数据库内模式。

二、数据库实施

运用 DBMS 提供的数据语言（例如 SQL）及其宿主语言（例如 C），根据逻辑设计和物理设计的结果建立数据库，编制与调试应用程序，组织数据入库，并进行试运行。数据库实施主要包括以下工作：用 DDL 定义数据库结构、组织数据入库 、编制与调试应用程序、数据库试运行 ，（Data Definition Language（DDL 数据定义语言）用作开新数据表、设定字段、删除数据表、删除字段，管理所有有关数据库结构的东西）

- Create（新增有关数据库结构的东西，属 DDL）
- Drop（删除有关数据库结构的东西，属 DDL）
- Alter（更改结构，属 DDL）

三、数据库运行和维护阶段

在数据库系统运行过程中必须不断地对其进行评价、调整与修改。内容包括：数据库的转储和恢复、数据库的安全性、完整性控制、数据库性能的监督、分析和改进、数据库的重组织和重构造。

建模工具的使用

为加快数据库设计速度，目前有很多数据库辅助工具（CASE 工具），如 Rational 公司的 Rational Rose，CA 公司的 Erwin 和 Bpwin，Sybase 公司的 PowerDesigner 以及 Oracle 公司的 oracle Designer 等。

ERwin 主要用来建立数据库的概念模型和物理模型。它能用图形化的方式，描述出实体、联系及实体的属性。ERwin 支持 IDEF1X 方法。通过使用 ERwin 建模工具自动生成、更改和分析 IDEF1X 模型，不仅能得到优秀的业务功能和数据需求模型，而且可以实现从 IDEF1X 模型到数据库物理设计的转变。ERwin 工具绘制的模型对应于逻辑模型和物理模型两种。在逻辑模型中，IDEF1X 工具箱可以方便地用图形化的方式构建和绘制实体联系及实体的属性。在物理模型中，ERwin 可以定义对应的表、列，并可针对各种数据库管理系统自动转换为适当的类型。

设计人员可根据需要选用相应的数据库设计建模工具。例如需求分析完成之后，设计人员可以使用 Erwin 画 ER 图，将 ER 图转换为关系数据模型，生成数据库结构；画数据流图，生成应用程序。

第二节　数据库的运行与维护

一、数据库的运行

要使数据库系统投入并保持正常运行，需要许多人做许多工作。这里主要讨论作为计算机系统的一个组成部分的 DBMS 及其数据库与其他系统部件的接口关系、系统的工作原理。

（一）运行环境的构成

数据库的运行除了 DBMS 与数据库外，还需要各种系统部件协同工作。首先必须有各种相应的应用程序，其次各应用程序与 DBMS 都需要在操作系统（OS）支持下工作。在有远程通信的情况下，则需要数据通信管理部件的支持。图 8-2-1 描绘了一个数据库运行环境的典型部件。其中，DBCS（数据库控制系统）是与各用户程序 APPi 接口的模块；DBSS（数据库存储系统）操作存储数据库并与 OS 或 DBMS 自己的标准存取方法（AM）接口；各应用程序和 DBMS 部件都在 OS 的管理程序（supervisor）的管理下工作。对于一个给定的 DBMS，不一定就有名为“DBCS”或“DBSS”的系统，在这里它们是一般性术语，但绝大多数 DBMS 都有相当的功能部件。在网络或分布式环境下，还需要数据通信管理系统（DCMS）的支持。

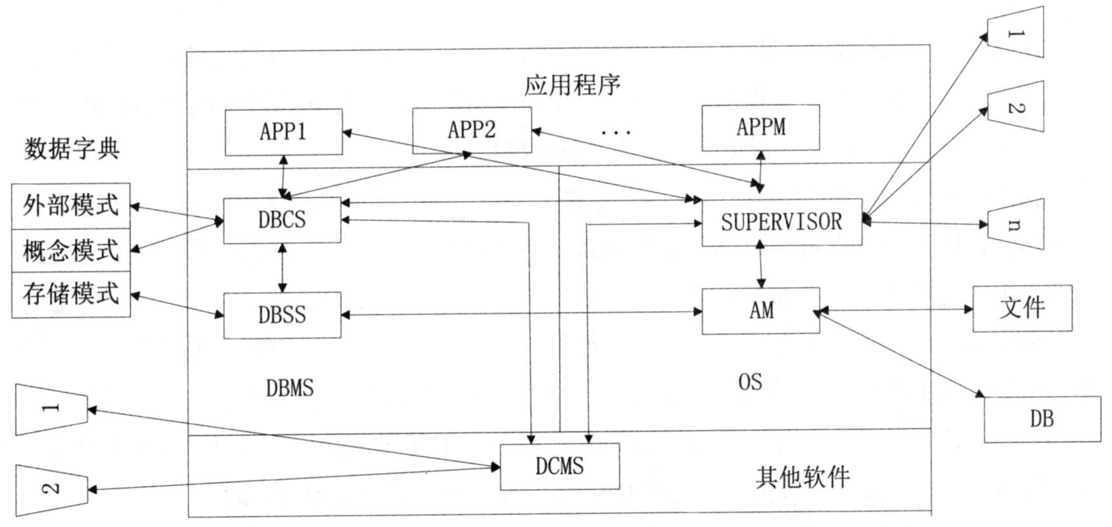

图8-2--1　数据库系统运行环境

通常，系统初启时，应用程序与 DBMS 都不活动，一旦事务达到系统，OS 管理程序就调度用户事务所需要的应用程序运行。当应用程序要求存取数据库时，向 DBMS 发出请求。DBCS 接受应用程序请求，并考察外部模式与概念模式，以确定需要什么概念记录来满足请求，然后调用 DBSS 存取存数模式，转换概念记录成存储记录，并经 OS 传递请求给相应的 AM，再由 AM 实现物理数据库的存取和数据 I/O。

（二）运行环境的类型

数据库运行环境的组成与用户环境的类型紧密相关。可以用两种不同的用户环境：一种是数据库为一个或少数单个用户的专用而建立；另一种是针对整个组织建立的集成数据库。在前一种环境下，常常只有一个用户存取数据库，且在给定时刻只有一个用户需求必须满足，因而一个程序活动就成完成（当然，这并不意味着系统只能服务于一种应用需求）。

在后一种环境下，任何时刻都可能有多个用户同时对数据库施加各种类型的操作，因而有许多程序活动并发执行。这种情况还可以分为所有应用集中在一起而形成的集中式的系统和应用分散在不同的地理位置的分散式或分布式系统。它们对数据库运行可施加不同的影响，因而要求 OS、DBMS 及 DCMS 等的不同支持。

当前数据库应用主要是联机事务处理（OLTP）和联机分析处理（OLAP），顾故分别有作业型（operational）和决策型（executive）两种运行环境。作业型环境支持预先程序设计和重复执行的事务处理、频繁的数据存取、当前的日常数据、联机的数据库维护、宿主语言与简单方便的用户接口。决策型环境主要是面向计划、决策、分析的，它支持多关键字及较复杂的布尔查询，提供大量历史数据的综合、推导与提炼。不同环境的设计要求不一样，它们所要求的数据库管理软件支持也不尽相同。

（三）处理方式

数据库系统运行时可以以多种处理方式支持用户。最简单的一种是批处理，用户一次性地提交任务的输入数据和程序以及说明的控制信息，应用程序执行时依次与 DBMS 打交道，并对数据库进行存取，直至整个任务完成后输出其结果。

较普遍使用的是联机交互式处理。在这种方式下，用户随时联机地输入请求，在请求的处理期间，用户一直保持与数据库系统联系，不断进行“会话”以交换信息。联机处理又可进一步分为单任务处理和多任务处理。如上所述，单任务处理在同一时刻只有一个程序存取数据库，这种方式一般只适用于个人数据库系统。单任务处理方式不能适应多个用户并行存取数据库的要求，虽然它也可以服务于多个用户，但用户的请求只能一个一个地执行，平均用户等待时间长。多任务处理允许同时有多个应用程序是活跃的，但这并不意味着一定支持多个应用并发存取数据库。现代 DBMS 一般都属于这种处理方式的。

多道联机处理数据库系统结构如图 8-2-2 所示。在这种系统中，各事务往往由一个“事务处理监控器”（transaction processing monitor，TPM）管理，它本身在操作系统控制下运行。当用户消息到达系统时，它根据消息标示符查找每一个用户消息与所使用的程序的对照表，从而在程序库（PB）中找出相应的应用程序，并为其建立一个事务来处理该消息。

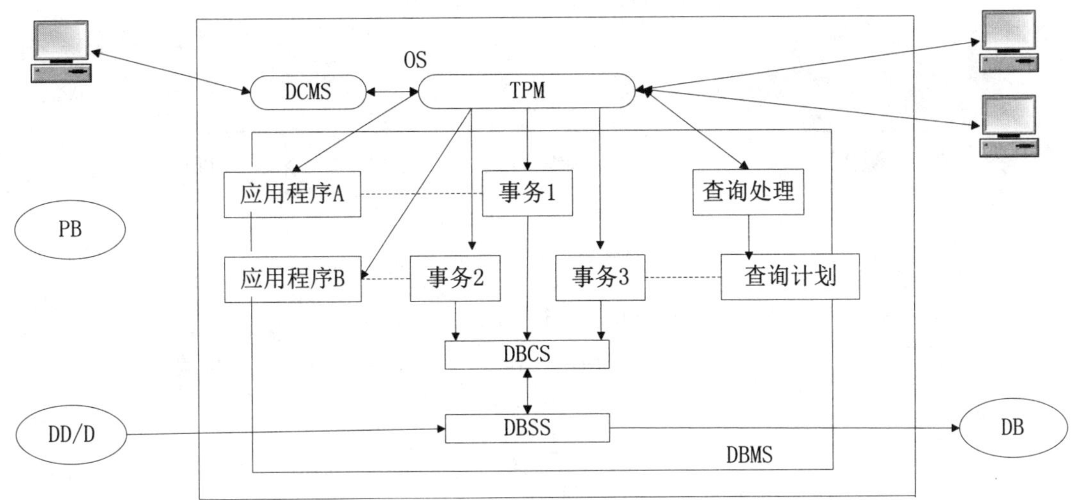

图8-2-2　数据库的多道联机方式

（四）数据库使用方式

现代数据库一般都是以多道联机处理方式来服务用户的。用户可以以两种方式来使用数据库，一种是编程方式，另一种是交互方式，下面分别介绍这两种方式的实现过程。

1. 编程使用方式

对于支持编程使用方式的数据库系统，用户可以用高级程序设计语言，如 C、FORTRAN、Cobal、Pascal 等来编写程序，在这种程序中嵌入数据库操作语言如 SQL 的语句（故又称嵌入式使用），从而使应用程序可直接存取数据库。这种方式的实现如图 8-2-3 所示，其中 DBRM（database request module）为相应 SQL 语句的语法结构块，“应用计划”就是实现 DBRM 中 SQL 语句的数据库存取操作序列。

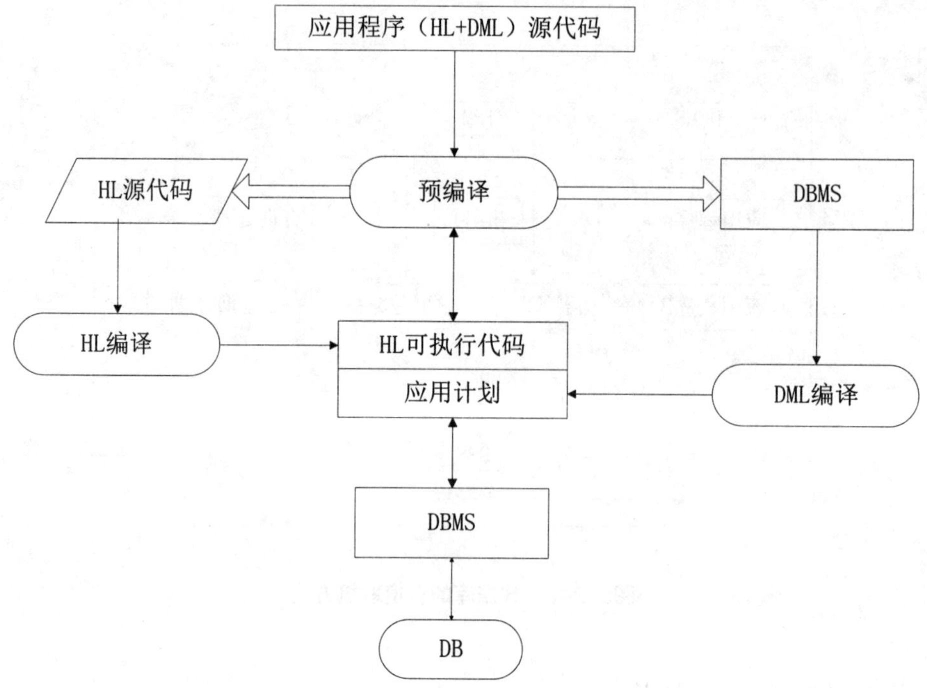

图8-2-3　数据库的使用编程方式

2. 交互使用方式

与编程式使用相对的是交互使用方式。典型的交互使用方式，用户即席打入查询（即数据库操作命令），如图 8-2-4 所示，查询经由 DBMS 的重要部件“查询处理器”进行语法分析，产生一个该查询的语法树。语法树经编译处理（包括预处理、逻辑计划生成和优化及物理计划生成），产生物理查询计划，即对数据库的实际操作序列。再由执行引擎执行查询计划的每一步。

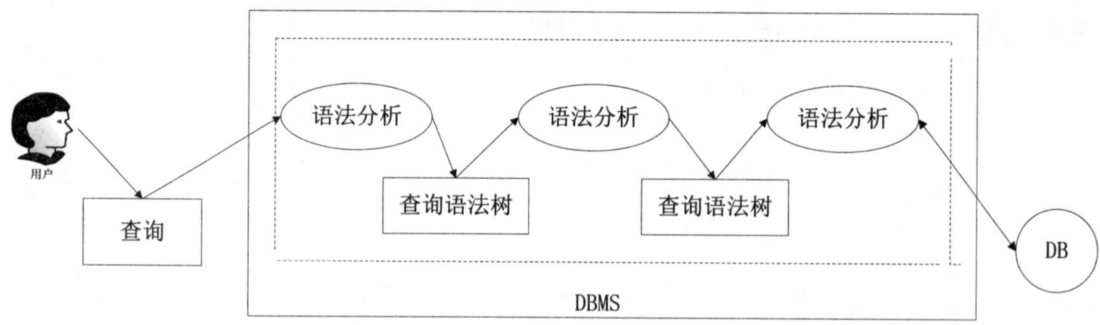

图8-2-4　数据库的交互使用方式

（五）用户请求的实现过程

用户请求实现模型是一个层次结构，它包含了三层软件、四层接口和物理数据库。图 8-2-5 给出了一个通用的实现模型。

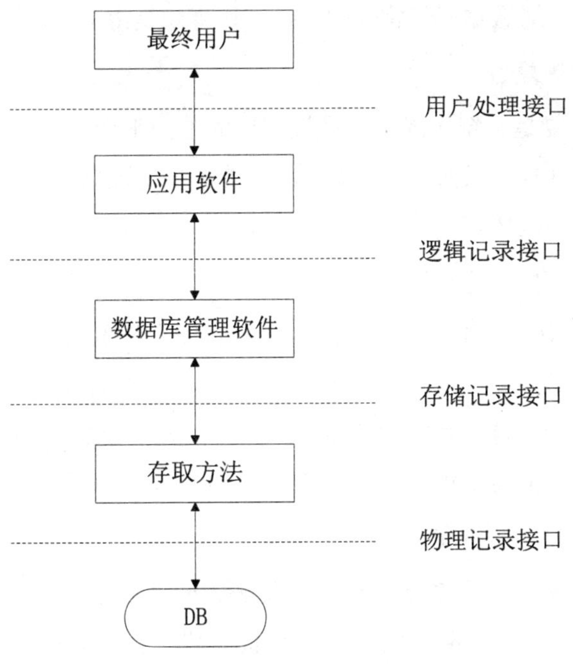

图8-2-5　实现模型层次结构

三层软件是：第一次是应用软件层，它直接支持最终用户，使他们能够对数据的请求来存取数据库。它将用户的数据请求转换成逻辑存取命令而嵌入在主语言程序或专门的查询中。第二层主要是数据库管理软件，还可能作为集成数据管理软件的部件而包括一些应用支撑软件，它们将逻辑存取命令转换成存储数据的存取命令。第三层是存取方法，它一般是操作系统的一部分，也包括 DBMS 的一些专门扩充和接口，它将存储记录命令转换成物理记录（块）操作，并执行物理记录接口上的数据传输。

第四层接口是：用户处理接口、逻辑记录接口、存储记录接口和物理记录接口。用户处理接口支持最终用户，使之能以不同的处理方式来处理数据，如此处理、联机处理和报告生成等。用户处理接口可使用户只关心他们感兴趣的数据。逻辑记录接口用来在数据库管理软件与用户之间传递逻辑记录，使用户软件能将数据库视作逻辑文件的集合。存储记录接口有事又叫存储文件组织，它使 DBMS 软件能将数据库存储结构看成是存储文件的集合，而一个存储文件就是具有相同构造的同一类型存储记录的集合。物理记录接口控制物理设备特性，实现内外存之间的物理块传递，它支持存取方法将存储记录组合成物理记录（或物理块）并实现其在外存设备上的安置或反之。

二、数据库的维护

数据库试运行合格后，数据库开发工作就基本完成，即可投入正式运行了。但是，由于应用环境在不断变化，数据库运行过程中物理存储也会不断变化，对数据库设计进行评价、调整、修改等维护工作是一个长期的任务，也是设计工作的继续和提高。

在数据库运行阶段，对数据库经常性的维护工作主要是由 DBA 完成的，它包括：

1. 数据库的转储和恢复

数据库的转储和恢复是系统正式运行后最重要的维护工作之一。DBA 要针对不同的应用要求制订不同的转储计划，以保证一旦发生故障能尽快将数据库恢复到某种一致的状态，并尽可能减少对数据库的破坏。

2. 数据库的安全性、完整性控制

在数据库运行过程中，由于应用环境的变化，对安全性的要求也会发生变化，比如有的数据原来是机密的，现在是可以公开查询的了，而新加入的数据又可能是机密的了。系统中用户的密级也会改变。这些都需要 DBA 根据实际情况修改原有的安全性控制。同样，数据库的完整性约束条件也会变化，也需要 DBA 不断修正，以满足用户要求。

3. 数据库性能的监督、分析和改造

在数据库运行过程中，监督系统运行，对监测数据进行分析，找出改进系统性能的方法是 DBA 的又一重要任务。目前有些 DBMS 产品提供了监测系统性能参数的工具，DBA 可以利用这些工具方便地得到系统运行过程中一系列性能参数的值。DBA 应仔细分析这些数据，判断当前系统运行状况是否是最佳，应当做哪些改进。例如调整系统物理参数，或对数据库进行重组织或重构造等。

4. 数据库的重组织与重构造

数据库运行一段时间后，由于记录不断增、删、改，会使数据库的物理存储情况变坏，降低了数据的存取效率，数据库性能下降，这时 DBA 就要对数据库进行重组织，或部分重组织（只对频繁增、删的表进行重组织）。DBMS 一般都提供数据重组织用的实用程序。在重组织的过程中，按原设计要求重新安排存储位置、回收垃圾、减少指针链等，提高系统性能。

数据库的重组织，并不修改原设计的逻辑和物理结构，而数据库的重构造则不同，它是指部分修改数据库的模式和内模式。

由于数据库应用环境发生变化，增加了新的应用或新的实体，取消了某些应用，有的实体与实体间的联系也发生了变化等，使原有的数据库设计不能满足新的需求，需要调整数据库的模式和内模式。例如，在表中增加或删除某些数据项，改变数据项的类型，增加或删除某个表，改变数据库的容量，增加或删除某些索引等。当然数据库的重构也是有限的，只能做部分修改。如果应用变化太大，重构也无济于事，说明此数据库应用系统的生命周期已经结束，应该设计新的数据库应用系统了。

第九章　多媒体技术基础

（一）多媒体定义的五大类别

1. 感觉媒体

能直接作用于人们的感觉器官、从而能使人产生直接感觉的媒体。如语言、音乐、图像等。

2. 表示媒体

指传输感觉媒体的中介媒体，即用于计算机和通信中数据交换的二进制编码。

3. 表现媒体

又称为显示媒体，指进行信息输入或输出的媒体。如各种输入和输出设备等。

4. 存储媒体

指用于存储表示媒体的物理介质，如硬盘、软盘、ROM、RAM 等。

5. 传输媒体

指传输表示媒体的物理介质。

（二）多媒体技术的类型及特点

多媒体技术是一种把文本、图形、图像、动画和声音等形式的信息结合到一起，并通过计算机进行综合处理和控制，使多媒体信息之间建立逻辑连接，能支持完成一系列交互式操作的信息技术。

1. 多媒体信息类型

文本、图形、图像、声音、动画、视频影像等。

2. 特点

集成性、控制性、交互性、非线性、实用性、信息使用的方便性、信息构成的动态性。

流媒体技术的类型及特点：流媒体是指将音频视频等媒体通过网络以流式传输方式从网络媒体服务器实时传送到用户端，时事收听收看的一种传输技术。也可认为是使用流式传输方式在 Internet/Intranet 播放媒体形式。

优点：由于不需要全部数据的下载，因此等待时间大大缩短；由于流文件往往小于原始文件的数据量，并且用户也不需要将全部流文件下载到硬盘，因此节省了大量的磁盘空间；

更适合动画、视频的实时传输。流媒体的主要技术特征就是采用流式传输，即通过 Internet 将影视节目传输到用户端的 PC 机。

传输方式：顺序流式传输（按时间顺序播放，只能观看已下载的部分，适合高质量短片，不适合讲座等）和实时流式传输（实时传送，适合现场事件，也支持随机访问，可快进快推）。

（三）多媒体压缩技术

1. 无损压缩

是指压缩后的数据进行重构（又称还原或解压缩），重构后的数据与原来的数据完全相同。用于要求重构的信号与原始信号完全一致的场合。

2. 有损压缩

是指压缩后的数据进行重构，重构后的数据与原来的数据有所不同。适用于重构信号不一定非要和原始信号完全相同的场合。如图像声音

3. 混合压缩

（四）多媒体文件格式

1. 音频

WAV（音质高，文件大），MIDI（模拟乐器，存储指令而非数据），MP3（压缩，损失很小）WMA（有损，压缩率高，防盗版）APE（无损压缩）CD 音轨（近似无损）RA（有损，音质适应网络）AU（Internet 上使用多）DVD Audio（高采样率，多声道）VOC（DOS 程序、游戏常见）

2. 视频

AVI（不兼容），MOV（APPLE）MPEG/MPG/DAT（压缩率高，质量好）RM（可变速率，实时传送）RMVB（更清晰）ASF（实时传播）WMV（体积小，网络传播）

3. 图像

WMF（剪贴画文件、比较粗糙，只能在 Microsoft Offices 中调用编辑）BMP（可压缩或不，画图板 2 ~ 24 位色彩），GIF（无损压缩，占空间小，色彩少最多 256 种）JPG（有损压缩真彩图像格式，压缩率大，24 位）PNG（无损压缩，体积小）PSD（PS）TIFF（体积大，信息量大，可压缩或非 48 位）EPS（32 位）

（四）流媒体：

RA，WMA，MP3；ASF，WMV，RMVB，FLV，MP4，3GP 压缩标准 MPEG4

（五）多媒体硬件

1. 基本设备：高性能主机、大容量存储、光驱、高清显示、声卡、音响话筒。

2. 扩展设备：扫描仪、手写板、绘图板、数字化仪（输入设备）、触摸屏（输入设备）等。

3. 图形分辨率和存储量的关系：在非压缩条件下计算，存储量 = 横向点 × 纵向点 × 颜色位数 ÷8 单位为字节（B）。

4.（1）USB 接口标准：V1.0（1.5Mbps），V1.1（12Mbps），V2.0（480Mbps），V3.0（5Gbps），V3.1（10Gbps）。

（2）光驱转速和传输率的关系：CD 单倍速 150kB/s，最大 52 倍数；DVD 单倍 1385 kB /s。例：16 倍数 DVD 光驱的数据传输率为

16 × 1385 kB /s=22160 kB /s=21.64 MB/s （1024 kB=1MB）

5. DVD 光盘的格式：① D5：单面单层，存储容量 4.7GB。

② D9：单面双层，存储容量 8.5GB。

③ D10：双面单层，存储容量 9.4GB。

④ D18：双面双层，存储容量 17GB。

（六）多媒体压缩标准

1. 图像

JPEG：图像压缩标准，是一个适用范围很广的静态图像数据压缩标准，既可用于灰度图像又可用于彩色图像。

2. 视频

（1）MPEG1：又称为 VCD 标准，文件小，但质量差，占用网络带宽在 1.5MB 左右。

（2）MPEG2：又称为 DVD 标准、高清标准，质量好，但更占用空间，占用网络带宽在 4MB ~ 15MB 之间，不太适合远程传输。

（3）MPEG4：流媒体等网络视频标准。很好地结合了前两者的优点。主要用于视像电话、视像邮件、电子新闻等，更适于交互 AV（Audio and Video）服务及远程监控。占用带宽可调，与图像清晰度成正比，目前大致在几百 kB/s 左右。

（七）波形信号数字化的概念、采样频率、量化精度（数字化位数）、传输率之间的关系：

波形信号数字化：把声音的模拟信号通过采样和量化来实现。主要是：采样频率（每秒采集多少声音样本）、量化精度（每个样本的位数）

公式：传输率（又称为比特率或码率，kB/s）= 采样率（kHz）× 量化精度（b）× 声道数（一般都为 2）× 压缩率

传输率 & 压缩率

256kbps--22.7%

128kbps--18.1%

92kbps—9.0%

64kbps—4.5%

32kbps—3.2%

第十章　计算机在教学方面的应用

第一节　概　述

随着社会快速进入信息时代，信息技术本身也正在对教育的改革产生深远的影响，并且已成为教育现代化的核心和成功的关键。为了从根本上优化教育管理和教学过程，各个国家都有在提高教育计算机化的水平，并且已成为世界范围的教育潮流和改革趋势。

计算机在教学中的应用，代表现代教育技术的发展趋势，这将影响到学校教育、远程教育和未来的家庭教育等多个方面。在学校教育中，计算机技术的应用将对教育手段、方法、学生的适应和创造能力都将产生深刻的影响。由此可见，改革我国现行教学中的弊端，培养富有创造性的人才，对我们中等专业学校的学生就业和深造都具有深远的意义。

一、计算机在教育教学的优势

（一）有助于促进教学的变革

1. 计算机运用与教学活动，有提高传授知识的效果。计算机辅助教育系统通过显示屏显示的文字、图形、动画、录像等向学生传授知识，比教师在传统黑板上书写更直观，更形象，更富有吸引力，更能激发学生的学习兴趣。例如，语文可得古诗教学，可以通过文字与图片相结合，在配上音乐，是本来枯燥的教学变的生动活泼，帮助学生理解和记忆；教学中利用多媒体CAL课件，使本来很抽象的概念变的十分明确，本来很复杂的关系变得十分简单，本来难以想象的问题变得十分直观。

2. 计算机运用与教学活动，改变了教学形式，能创造良好的教学环境。教师运用多媒体进行教学设计，可以将任何新兴科技和远距离发生的事情、历史事件及一些不易理解的内容、不便观察的实物编入课件，采用大量色彩鲜明，活泼有趣的演示动画，把教材内容设计成游戏的形式，寓教于乐，极大地调动了学生的学习积极性，改进了教学环境。

3. 计算机的使用产生了新的教学模式。计算机的超大存储容量，可以将有关学科的所有知识有机的组织存放起来，供师生方便地使用。我们还可以查询到全世界最好的信息和资料；计算机具有多种人机对话的特点，可以有条件的代替黑板、教师和实验仪器设备等，成为使用方便的多功能教学设施。丰富的教学活动模式使学生与教师可以因人而异地选择学习方式，既可以个别化，又可以保持议论、知识交流、竞争等活动，并在教学实践中同传授教学媒体以及其他新的教学媒体有机结合，产生新的教学方法和教学模式。

（二）有助于促进学生的全面发展

1. 有助于促进学生的思想品德的形成和发展。无论是课堂教学、活动课教学还是团体活动，都可以通过大量生动形象的多媒体画面向学生晓之以理，动之以情，导之以行，使学生轻松愉快的掌握道德规范，提高自身的责任感。有条件的学校还可以用计算机编排校园电视台节目，及时报道好人好事，活跃校园氛围，净化校园环境，从而促使学生思想品德的形成和发展。

2. 有助于促进学生认识水平的发展。计算机在教学中的应用，一个极为重要的功能就是经验替代。他可以无限的衍生人的各种感官、思维，无限的拓展时间、空间领域。对学生起到诱其观，促其思，导其向，排其难，解其疑，探其源，究其理的作用，而且缩短了学生人数客观世界深度和广度的时间，从而有利于培养学生的认识水平。

3. 有利于促进学生身心健康发展。计算机运用与体育教学，不仅可以清晰、直观地向学生传授各项运动动作技巧的基本要领要求，演示标准、规范的示范动作，也可以通过准确、生动、真实的生理解剖面展现人体生理结构、身体技能；同时学生通过多媒体电脑所展现的丰富多彩的各种体育活动，通过高水平的体育欣赏，能潜移默化地增强学生的个体意志、竞争意识和合作精神，从而有助于促进学生的身心健康发展。

4. 有利于促进学生的美育发展。在美育教育中，应用电脑绘画，可以大大激发学生的审美情趣。通过多媒体制作的课文范读，可以让学生感受到绚丽多彩的形象信息和错落有致的音响信息，使学生强烈地感受到文学作品里的诗情画意。从而使学生更深刻地享受到美育的熏陶。

二、计算机在教育教学中的应用的现状

我国的现代教育正逐步摆脱传统的”教师 - 黑板 - 教科书 - 学生”的教学模式，提出大力发展素质教育，提倡培养学生的积极主动性，创新能力及自主学习的能力。为适应学生学习的需求及教育发展的需要，我们的教育引入了多种多样的教育技术手段，如幻灯、投影、电视、录像等视听媒体技术，卫星通信技术，计算机多媒体技术，计算机“虚拟现实”的仿真技术和网络教学技术。

计算机多媒体技术具有较强的集成性、交互性和可挖性的特点。它是将文字、图形、动画、视频、声音等多种信息加工组成在一起来呈现知识信息。它可为教与学提供多种多样的可以选择的功能，同时提供随时的学习结果验证，学习信息的及时反馈和可调节的学习进度和可选择进行的学习路径，从而为学生提供了一个可调节自身视、听、读、写、做的创造

性的集成的学习环境，而教师这时充当一个领路人及指导者的角色，把学生放在主体的地位，这样可以使学生在学习的过程中，充分调动他们的感官，激发他们的学习兴趣，调动他们学习的积极性，从而使他们的想象力、创造力得以在一个相对较大的空间内发挥。与此同时，可以让学生针对自身不同的情况（包括能力起点不同，认知方式不同，学习风格不同等）来确定学习目标，选择适当的学习进度和达到目标的学习路径，从而确定自己需要的学习内容，找到适合自己的教学媒体，并通过不断的反馈来评定学习的结果，以此来不断地完善学习中存在的不足，使学习的效果达到最优化。

随着现代信息技术的发展，远程教育大大的发展，远程教育和计算机多媒体结合应用给课堂教学注入了新的活力，通过远程教育的相关方式，可以获得和积累大量的教学资源，为教师的上课，备课提供了极大的方便和帮助。例如，运用远程接收中央电教馆的教学资源，然后在多媒体教室中通过网络教室等方式，让每一位教师和每一个学生都能随意进行访问，大量的教学资源体现了它极大的优越性，同时也发挥了它极大的作用。

在课堂教学中，教师可利用计算机多媒体进行活泼的课堂教学，更好的激发学生的学习热情，发挥学生的想象力和创造力，以达到最优的教学效果。教师设计的多媒体课件中包含了幅图画，通过教师和课件中声音、动画等多种形式的诱导、启发，使得学生获得了发散思维的方法，为他们创造性的充分发挥提供了空间。

在德育活动中，教师可利用计算机多媒体技术向学生演示颂扬爱国主义精神等方面的多媒体教育软件，使学生于生动活泼的寓教于乐的接受思想品德教育，这样品德教育就从原先枯燥的说教变成了学生的自主自觉，同样大大促进了教育效果的最优化。

在教师的备课中，教师可根据教学的需要来制作教学幻灯片和多媒体课件，在教学课件的制作过程中，可以通过远程教育获得大量的教学资源，也可查阅有关方面的资料的补充教学内容。

计算机多媒体和远程教育应用于我们的教学，为我们的教学服务。那我们在教学内容的设计安排上应符合一定的教学设计原理，确定好教学目标，分析出教学重点和难点，以此确定内容的呈现方式，呈现次序、容量，真正做到整而细的把握，详略得当的安排，使我们的教学有的放矢，使计算机多媒体真正有效地用于教学。

总之，计算机在教育教学中的应用处于中期。待研究的问题还有很多，如计算机多媒体技术和现代远程教育技术、计算机辅助教学（CIA）、计算机模拟实验、计算机标准化测验、计算机辅助管理教学、计算机辅助教育评价等等。在 21 世纪这个信息化的社会，人类的生活越来越离不开数字化、信息化。计算机技术在教育领域的运用是导致教育领域彻底变革的决定性因素，它必将导致教学内容、手段、方法、模式甚至教学思想、观念、理论，乃至体制的根本变革。随着经济与现代信息技术的不断发展，技术与技术之间的有机结合，相信计算机在教育教学中的应用将具有十分广阔的前景。

第二节　计算机教学中存在的问题及解决对策

一、存在问题

（一）网络教学发展的不平衡性

网络化的教学模式以网络基础设施建设为依托。计算机的数量、网络传输的速度和质量等都是制约网络教学发展的主要因素。在经济欠发达的地区，网络基础设施建设相对滞后，许多地方还没有连通网络，在这些地方开展网络教学面临着很大的困难。人们期望通过网络教学使欠发达地区能有更多的机会接受先进教育方式的希望很难成为现实，从而使网络教学不能真正成为推动教育发展的有效工具。

（二）教育教学观念更新不到位

网络教学是一种依托网络的教学形式，它具有满足所有人的教育需求的潜力，与传统教学相比虽然都是教与学的过程，但网络教学却具有全新的教学模式和教学设计思想。当前，虽然许多学校开展了网络教学，但教师还是按照传统的教学观念，以灌输为主，很少考虑学生的参与和互动。虽然在上课过程也配有教学课件和动画等更为直观的演示手段，但也只是传统教学模式的翻版，没有体现出网络教学的先进性和交互性。

（三）网络教学系统的维护和管理人才短缺

许多学校的网络教学系统在开发期投入了大量的资金，建立了一套完整的网络教学系统，但是任何一个系统不可能是完美的，在使用的过程中需要不断地维护、修改、补充，而这些工作却并不为人重视。对于维护网络教学系统的人员来讲，需要具有专业的知识和吃苦耐劳的精神，这类人才从目前的情况来看是短缺的。如何吸引这些人才来到基层学校，也是现在网络教学开展所面临的一个主要问题。

二、解决对策

（一）加大投入，多管齐下

鉴于目前网络教学发展的不平衡性，对于经济发展相对之后的地区，相关的政府职能部门首先要协调联动，从有限的财政预算里加大支持网络教学发展资金的投入力度，并确保这部分资金使用的高效。其次，可以出台相关的政策，鼓励电信运营企业和有实力的电脑公司积极投身到网络教学的发展建设中来。事实证明，越是经济落后的地区发展网络教学的迫切性越高，优势和潜力越大，商机也就越大。最后，加强与网络教学发达地区的合作交流，实施“走出去，请进来”战略，选调优秀教师去网络教学发达的地区参观、学习。同时，请网络教学的专家来传经送宝，答疑解惑。

（二）要更新观念，提高自身业务水平

要开展网络教学，学校领导首先要更新教育观念，把现代化教学手段融入他的教育思想之中，改革陈旧的管理方式和教学模式，能为教师的思想转变和专业成长搭建平台，其次作为教师应该改变传统的教育理念，完成角色的转换，把自身定位为学生学习的引导者和协作者，以学生为主体，来设计教学活动，通过网络教学，让学生完成自我学习自我探索的过程。同时，加强学习，努力提高自身业务水平，要在摸索中学习，在实践中成材。最后，教师要时刻关注学生的适应状况。对于学生来讲，早已习惯了传统的教学方式，而网络教学中大量信息在课堂上的出现，学生对媒体的使用，注意力的分配、转移、持久都有一个适应过程，也值得广大师生积极研究和认真探索。只有做好这些，才有可能真正发挥网络教学的先进性。

（三）立足自身，吸纳人才

网络教学系统的维护和管理需要专业的人才。这些人才一方面要通过内部挖掘，选拔专业或相近专业的教师，积极参加各种专业培训，迅速提高他们的专业素质。另一方面，要制定相关的政策来吸引专业人才，在确保稳定的工资收入的前提下，还要提供广阔的舞台来实现他们的人生价值。

第三节　计算机教学的意义

一、计算机教学可以弥补教学器材的不足，增强教学中形象化成分，顺应学生心理思维的发展规律

伴随着教育的发展，学生知识面的不断扩大，教材的不断更新，许多新事物、新知识的不断涌现，作为面对着心灵幼稚、思维能力低下、抽象认识发展缓慢这一特殊群体的教师来说，已很难通过简单的介绍、片面的几句话来让学生在内心世界形成完整的认识，即使是教师自己，也很难仅仅凭借自己的所知来弄清楚问题的关键。因此，在传达知识的过程中往往会出现因教学资料、知识资料不能满足需要所造成知识盲点，造成教师与学生在知识传递上的阻塞。而计算机能够全面满足教学需要，解决这一问题，它通过网上传输获取教学中的所需资料，有力的弥补了教学器材数量与质量的不足，提供了丰富的教辅工具，并且运用各种动画、图解、音乐等先进的教学手段，系统全面的传输知识信息。更重要的是，学生这一不成熟的群体，获取知识的绝对途径则完全依赖于教师课堂的传播，他们心理和

思维的发展所要求的形象性资料，是任何教师都无法估计和全部满足的，而计算机教学则具有很强的形象性、灵活性、多样性，它可以根据学生的年龄层次有针对性地选择，能把书本上简单或是抽象的知识变得生动、深刻、形象，很好的针对学生形象思维发展快而抽象思维发展缓慢的心理特点进行信息的多元化处理，大大提高了课堂的教学效率。

二、计算机教学可以提高教师的知识文化深度和广度、教学能力，同时也可以弥补教师知识和教学方法不足的欠缺

知识文化是不断更新和发展的，作为教师——知识的传播者，就必须紧跟知识文化发展的脚步，努力将自己变成不断有清水涌出的甘泉。另外，学生这一特殊的群体，各方面发展的不成熟，教师以自己的所识抽象、模糊的讲解对于他们来说，是不能理解、接受的，因此，教师就必须寻找更简洁、生动、具体、形象的讲解方法和知识资料，这也决定了学教师查找资料的复杂性。但是，因为环境的限制、活动空间的约束，书本传达信息已远远不能赶上时代发展要求，教师知识的更新不得不借助更先进的传播媒体——计算机来完成，因而，计算机教学就必然充当起完善教师知识结构，增强教师业务能力、提高教师综合素质的教育角色，这是时代信息化发展的要求使计算机教学占据了教育方式的阵地，赋予了它担当教育发展方向的重任；其次，随着计算机教学的引入和推广，“快乐教学”理念的提出，“课堂教学要以学生快乐学习、自主学习为目的”，而学生玩中学、学中玩是他们现阶段获取知识的方式。对于活动教学，游戏教学的要求则更强烈，教师在教学、育人的方法上则必然要不断的改进，教师在教法上的差异、缺点、则更多地依赖于计算机教学互动式、启发式、游戏式的功能来弥补。计算机教学近年来的发展，其先进性的不断体现，已成为提高教学质量最有力、最快捷的手段，并且也已成为教师能力考核、教学比武、职称评定、教研科研的一项必备内容，因而，教学本身的要求也使计算机教学的作用不断增强，成了现代教学的重要组成部分。

三、计算机教学可以加大课堂教学容量，克服传统教育教学过程的弊端，创造最佳知识传输效果

计算机教学引入课堂，其高效、快速的信息传递功效，与传统教学相比大大节约了教学时间，在相同的课堂 40 分钟，采用计算机教学能够加大课堂教学容量、扩大学生的知识广度和深度。这在教学中是非常必要的，学生幼稚的思维对事物的认识需要寻求丰富的感官刺激，计算机教学正好能够源源地传递他们对知识需求，满足其求知欲。另外，计算机教学还能够简化教学步骤，克服传统教育教学过程的弊端：

1. 可以简化教师烦琐的书写过程，以演示稿、幻灯片代替黑板板书内容，大大节约了教学时间，提高了教学效率。

2. 克服了教学空间的限制，完成了以前在教室不能完成的教学内容，使教学从教室走向了校外，从有限空间走向无限空间，拓展了教学范围。

3. 克服了教学以教师为中心的观念，增强了小学生对知识掌握的深刻性和长久性，因此，计算机教学在小学教学中的作用与中学或其他阶段的教学表现得更明显、更直接。

四、计算机教学可以调动学生学习的积极性和求知欲，培养学生自觉学习的良好习惯

计算机教学是学习革命的产物，是一种新兴的教学模式，作为学生，对于新事物的渴望和思考是非常强烈的，对于计算机教学所带来的丰富信息，是他们从未接触过的。第一，计算机本身就是一种现代科学产物，学生对其中奥妙在教师的引导下必然会产生浓厚的兴趣，计算机所提供的对话式功能，能满足于学生爱动的心理，对计算机本身的操作就是一个自觉学习的过程，对计算机信息的寻找过程本身也就是一种满足求知欲的过程；第二，计算机所提供的虚拟式的演示功能，是在现实生活和实践过程中所无法实现和观察到的，它通过对学生感兴趣的事物进行模拟的动画演示，如火山喷发的过程，化石形成的过程，江河形成的原因等等，能通过具体的视觉观察，使学生产生外在教学认识与内在心理认识的差异，从而就培养思考问题能力，产生学习的内部动力，对于学生的学习成长起到积极的作用；第三，随着计算机教学的引入，使学生接触面的快速扩大，知识掌握程度的不断加深，思维能力的不断加强，其所遇到的疑难也就越来越多，其心理内在对知识的需求也就日益强烈，问题是促进学习最有利的动力。因而，他们在平时的生活和学习中必然会更加注重对知识的积累和对疑难问题答案寻求，同时也解决了以布置作业被动促学的教育弊端，从根本上符合了素质教育的号召，让学习的过程成为了“快乐学习、自主学习”。随着计算机教学深入课堂，它已开始逐步取代传统教育方式的地位，其先进性和可操作性被广大教师所认同，它所带来的教学效果的飞跃，是任何时期都不能相比的。相信，在不久的将来，计算机教学必将成为课堂教育的主宰，成为推动现代教育巨大的动力和武器。

第十一章　网络安全管理

第一节　网络安全管理概述

一、网络安全的含义

网络安全是指网络系统的硬件、软件及其系统中的数据受到保护，不受偶然的或者恶意的原因而遭到破坏、更改、泄露，系统连续可靠正常地运行，网络服务不中断。

网络安全从其本质上来讲主要就是网络上的信息安全，即要保障网络上信息的保密性、完整性、可用性、可控性和真实性。

计算机网络的安全性主要包括网络服务的可用性（Availability）、网络信息的保密性（Confidentiaity）和网络信息的完整性（Integrity）。随着网络应用的深入，网上各种数据会急剧增加，各种各样的安全问题开始困扰网络管理人员。数据安全和设备安全是网络安全保护两个重要内容。

通常，对数据和设备构成安全威胁的因素很多，有的来自企业外部，有的来自企业内部；有的是人为的，有的是自然造成的；有的是恶意的，有的是无意的。其中来自外部和内部人员的恶意攻击和入侵是企业网面临的最大威胁，也是企业网安全策略的最需要解决的问题。

网络安全应具有以下五个方面的特征。

1. 保密性

信息不泄露给非授权用户、实体或过程，或供其利用的特性。

2. 完整性

数据未经授权不能进行改变的特性。即信息在存储或传输过程中保持不被修改、不被破坏和丢失的特性。

3. 可用性

可被授权实体访问并按需求使用的特性。即当需要时能否存取所需的信息。例如网络环境下拒绝服务、破坏网络和有关系统的正常运行等都属于对可用性的攻击。

4. 可控性

对信息的传播及内容具有控制能力。

5. 可审查性

出现的安全问题时提供依据与手段。

二、网络安全的层次划分

（一）网络的安全性

网络的安全性问题核心在于网络是否得到控制，即是不是任何一个 IP 地址来源的用户都能够进入网络？如果将整个网络比作一栋办公大楼的话，对于网络层的安全考虑就如同大楼设置守门人一样。守门人会仔细察看每一位来访者，一旦发现危险的来访者，便会将其拒之门外。

通过网络通道对网络系统进行访问的时候，每一个用户都会拥有一个独立的 IP 地址，这一 IP 地址能够大致表明用户的来源所在地和来源系统。目标网站通过对来源 IP 进行分析，便能够初步判断这一 IP 的数据是否安全，是否会对本网络系统造成危害，以及来自这一 IP 的用户是否有权使用本网络的数据。一旦发现某些数据来自于不可信任的 IP 地址，系统便会自动将这些数据挡在系统之外。并且大多数系统能够自动记录曾经危害过的 IP 地址，使得它们的数据将无法第二次造成伤害。

用于解决网络层安全性问题的产品主要有防火墙产品和 VPN（虚拟专用网）。防火墙的主要目的在于判断来源 IP，将危险或者未经授权的 IP 数据拒之系统之外，而只让安全的 IP 通过。一般来说，公司的内部网络主要雨 Internet 相连，则应该再二者之间的配置防火墙产品，以防止公司内部数据的外泄。VPN 主要解决的是数据传输的安全问题，如果公司各部在地域上跨度较大，使用专网，专线过于昂贵，则可以考虑使用 VPN。其目的在于保证公司内部的敏感关键数据能够安全的借助公共网络进行频繁的交换。

（二）系统的安全性

在系统安全性问题中，主要考虑两个问题：一是病毒对于网络的威胁；二是黑客对于网络的破坏和侵入。

病毒的主要传播途径已由过去的软盘、光盘等储存介质变成了网络，多数病毒不仅能够直接感染给网络上的计算机，而且能将自身在网络上复制，同时，电子邮件，文件传输以及网络页面中的恶意 Java 和 ActiveX 控件，甚至文档文件都能够携带对网络和系统有破坏作用的病毒。这些病毒在网络上进行传播和破坏的多种途径和手段，使得网络环境中的防病毒工作变得更加复杂，网络防病毒工具必须能够针对网络中各个可能的病毒入口来进行防护。

对于网络黑客而言，他们的主要目的在于窃取数据和非法修改系统，其手段之一是窃取合法用户的口令，再合法身份的掩护下进行非法操作。手段之二是利用网络操作系统的某些合法但不为系统管理员和合法用户所熟知的操作指令，例如再 Unix 系统的默认安装过程中，会自动安装大多数系统指令。据统计，其中大约有 300 个指令是大多数合法用户根本不会使用的，但这些指令往往会被黑客所利用。

要弥补这些漏洞，我们就需要使用专用的系统风险评估工具，来帮助系统管理员找出哪些指令是不应该安装的，哪些指令是应该缩小其用户使用权限的。再完成了这些工作后，操作系统自身的安全性问题将在一定程度上得到保障。

（三）用户的安全性

对于用户的安全性问题，所要考虑的问题是：是否只有那些真正被授权的用户才能够使用系统中的资源和数据呢。

首先要做的是对用户进行分组管理，并且这种分组管理应该是针对安全性问题而考虑的分组。也就是说，应该根据不同的安全级别将用户分为若干个等级，每一等级的用户只能访问与其等级相对应的系统资源和数据。其次应该考虑的是强有力的身份认证，其目的是确保用户的密码不会被他人所猜测到。

再大型的应用系统之中，有时会存在多重的登录系统，用户如需进入最高层的应用，往往需要多次不同的输入不同的密码，如果管理不严多重密码的存在也会造成安全问题上的漏洞。所以在某些先进的登录系统中，用户只需要输入一个密码，系统就能自动识别用户的安全级别，从而使用户进入不同的应该层次。这种单一登录体系要比多重登录体系能提供更高的系统安全性。

（四）应用程序的安全性

在应用程序安全性这一层中，我们需要回答的问题是，是否只有合法的用户才能对特定的数据进行合法的操作？

这其中涉及两个方面的问题：一是应用程序对暑假的合法权限；二是应用程序对用户的合法权限。例如在公司内部，上级部门的应用程序应能存取下级部门的数据，而下级部门的应用程序一般不应该允许存取上级部门的数据。同级部门的应用程序的存取权限也应该是有所限制，例如同一部门不同业务的应用程序也不该互相访问对方的数据，这一方面是为避免数据的意外损坏，另一方面也是安全方面的考虑。

（五）数据的安全性

数据的安全性问题所要回答的问题是，机密数据是否还处于机密状态。

在数据的保存过程中，机密的数据即使处于安全的空间，也要对其进行加密处理，以保证万一数据失窃，使偷盗者（如网络黑客）不能读懂其中的内容。这虽然是一种比较被动的安全手段，但往往能收到最好的效果。

三、宽带 IP 网络面临的安全性威胁

宽带 IP 网络面临的安全性威胁分为两类：被动攻击和主动攻击。

（一）被动攻击

在被动攻击中，攻击者只是观察和分析某一个协议数据单元 PDU，不对数据信息做任何修改。截获信息的攻击属于被动攻击

截获信息是指攻击者在未经用户同意和认可的情况下获得信息或相关数据，即从网络上窃听他人的通信内容。

（二）主动攻击

主动攻击是更改信息和拒绝用户使用资源的攻击，攻击者对某个连接中通过的协议数据单元 PDU 进行各种处理。这类攻击可分为篡改、伪造、中断和抵赖。

1. 篡改

篡改是指一个合法协议数据单元 PDU 的某些部分被非法改变、删除，或者协议数据单元 PDU 被延迟等。

2. 伪造

伪造是指某个实体（人或系统）发出含有其他实体身份信息的数据信息，即假扮成其他实体伪造一些信息在网络上传送。

3. 中断

中断也称为拒绝服务，有意中断他人在网络上的通信，会导致对通信设备的正常使用或管理被无条件地中断。中断可能是对整个网络实施破坏，以达到降低性能、中断服务的目的；也可能是针对某一个特定的目标，使应到达的所有数据包都被阻止。

4. 抵赖

抵赖是发送端不承认发送了信息或接收端不承认收到了信息。

主动攻击可采取适当措施检测出来，而要有效地防止是十分困难的。对付主动攻击需要将数据加密技术与适当的鉴别技术相结合。

另外还有一种特殊的主动攻击就是恶意程序。恶意程序种类繁多，主要有：

（1）计算机蠕虫——通过网络的通信功能将自身从一个站点发送到另一个站点并启动运行的程序。

（2）特洛伊木马——是一种程序，它执行的功能超出所声称的功能。

（3）逻辑炸弹——是一种当运行环境满足某种特定条件时执行其他特殊功能的程序。

四、宽带 IP 网络安全服务的基本需求

（一）保密性

保密性指信息不泄露给未授权的用户，不被非法利用。

被动攻击中的截获信息（即监听）就是对系统的保密性进行攻击。

采用数据加密技术可以满足保密性的基本需求。

（二）完整性

完整性就是保证信息系统上的数据处于一种完整和未受损的状态，不会因有意或无意的事件而被改变或丢失，即防止信息被未授权的人进行篡改。

主动攻击中的篡改即是对系统的完整性进行破坏。

可采用数据加密、数字签名等技术手段来保护数据的完整性。

（三）可用性

可用性指可被授权者访问并按需求使用的特性，即当需要时授权者总能够存取所需的作息，攻击者不能占用所有的资源而妨碍授权者的使用。网络环境下拒绝服务、破坏网络和有关系统的正常运行等（即主动攻击中的中断）属于对可用性的攻击。

可用性中的按需使用可通过鉴别技术来实现，即每个实体都的确是它们所宣称的那个实体。

（四）可控性

可控性指对信息及信息系统应实施安全监控管理，可以控制授权范围内的信息流向及行为方式，对信息的传播及内容具有控制能力。主动攻击中的伪造即是对系统的可控性进行破坏。

保证可控性的措施有：

1.系统通过访问控制列表等方法控制谁能够访问系统或网络上的数据，以及如何访问（是只读还是可以修改等）；

2.通过握手协议和鉴别对网络上的用户进行身份验证；

3.将用户的所有活动记录下来便于查询审计。

（五）不可否认性

不可否认性指信息的行为人要对自己的信息行为负责，不能抵赖自己曾做出的行为，也不能否认曾经接到对方的信息。主动攻击中的抵赖即是对系统的不可否认性进行破坏。

通常将数字签名和公证技术一同使用来保证不可否认性。

第二节　网络安全的现状、类型及发展趋势

一、网络安全的主要类型

1. 计算机病毒

所谓计算机病毒实际是一段可以复制的特殊程序，主要对计算机进行破坏，病毒所造成的破坏非常巨大，可以使系统瘫痪。

2. 黑客

黑客主要以发现和攻击网络操作系统的漏洞和缺陷为目的，利用网络安全的脆弱性进行非法活动，如，修改网页、非法进入主机破坏程序，窃取网上信息。采用特洛伊木马盗取网络计算机系统的密码；窃取商业或军事机密，达到了个人目的。

3. 内部入侵者

内部入侵者往往是利用偶然发现的系统的弱点，预谋突破网络系统安全进行攻击。由于内部入侵者更了解网络结构，因此他们的非法行为将对网络系统造成更大威胁。

4. 拒绝服务

拒绝服务是指导致系统难以或不可能继续执行任务的所有问题，它具有很强的破坏性，最常见的是“电子邮件炸弹”，用户受到它的攻击时，在很短的时间内收到大量的电子邮件，从而使用户系统丧失功能，无法开展正常业务，甚至导致网络系统瘫痪。

二、网络安全的现状

网络安全就是理解、管理、控制和缓解机构的关键性资产所面临的风险。理解网络安全的含义以及当前实现网络安全所面临的问题对于正确地实现网络安全是非常重要的。管理和控制风险是保证组织的重要信息安全地核心。漏洞是入侵的必由之路，因此需要了解不断变化的威胁，以确保组织关注其在必要领域内的有限资源。

我国的网络安全产业经过十多年的探索和发展已得到长足了发展。特别是近几年来，随着我国互联网的普及以及政府和企业信息化建设步伐的加快，对网络安全的需求也以前所未有的速度迅猛增长，这也是由于网络安全问题的日益突出，促使网络安全企业不断采用最新安全技术，不断推出满足用户需求、具有时代特色的安全产品，也进一步促进了网络安全技术的发展。应当说，在这十年来，网络安全产品从简单的防火墙到目前的具备报警、预警、分析、审计、监测等全面功能的网络安全系统，在技术角度已经实现了巨大进步，也为政府和企业在构建网络安全体系方面提供了更加多样化的选择，但是，网络面临的威

胁却并未随着技术的进步而有所抑制，反而使矛盾更加突出，从层出不穷的网络犯罪到日益猖獗的黑客攻击，似乎网络世界正面临着前所未有的挑战，

网络安全环境的现状。

1. 在网络和应用系统保护方面采取了安全措施，每个网络 / 应用系统分别部署了防火墙、访问控制设备等安全产品，采取了备份、负载均衡、硬件冗余等安全措施；

2. 实现了区域性的集中防病毒，实现了病毒库的升级和防病毒客户端的监控和管理；

3. 安全工作由各网络 / 应用系统具体的维护人员兼职负责，安全工作分散到各个维护人员；

4. 应用系统账号管理、防病毒等方面具有一定流程，在网络安全管理方面的流程相对比较薄弱，需要进一步进行修订；

5. 员工安全意识有待加强，日常办公中存在一定非安全操作情况，终端使用和接入情况复杂。

这可以说是现阶段具有代表性的网络安全建设和使用的现状，从另一个角度来看，单纯依靠网络安全技术的革新，不可能完全解决网络安全的隐患，如果想从根本上克服网络安全问题，我们需要首先分析距真正意义上的网络安全到底存在哪些差距。

三、网络安全的发展趋势

与其他新技术一样，Internet 技术也总存在积极方面和消极方面。积极方面是它带来了大量的商业机会，消极方面是为此许多公司面临着巨大的安全风险，更危险的是只有少数公司真正了解它所面临的潜在风险。许多公司投入数以百万美元的资金，也不能保证系统时刻安全，这使得公司处于危险之中。

公司容易受到威胁有很多原因，但其首要原因是缺乏安全意识，即人们经常没有意识到威胁的存在。打个比方，如果您是一个赤手空拳的士兵，当您被俘时就不能保护自己。相反，如果您训练有素并了解对手所用武器的局限性，就会占据上风。可见，如果 IT 从业人员拥有专门工具并了解攻击者攻破站点设备的技术，那么他们将能构建适当的防御机制。

为了树立正确的安全理念保护自己，从 Internet 安全角度审视当前发生的事件非常重要。目前人们的安全理念致使 Internet 攻击者能够频繁攻击成功。攻击者能够比较容易地攻入几乎任何系统，而且很难抓获。更糟糕的是，复杂的攻击被程序化，这导致任何人在任何时间都可以针对这些系统发动攻击。因此，现在一些缺乏经验的攻击者能够像专家一样攻破站点。

使情况更糟的另一个原因是公司构建网络的方式。以前，各个公司的网络和系统都是不同的。在 20 世纪 80 年代末，公司通过雇用程序员以定制应用程序和系统，所以如果攻击者想攻入公司网络，则需要了解该公司的网络环境。而这些信息并不能帮助攻击者攻破其他公司网络，这是因为这两个公司的网络是不同的。当前，各个公司都使用安装了相同软件的相同设备。攻击者如果熟悉 Cisco、Microsoft 和 UNIX，那么几乎可以攻入 Internet 上

的任意系统。由于网络的相似性，以及软件和硬件的标准化，这使得攻击者更容易发起攻击。

人们可以争辩：安全专家的工作也简化了，因为一旦掌握了一个系统的安全技术，就可以将其应用于其他系统。但是，该推理过程存在两大问题。首先，由于某种原因，攻击者喜欢分享，但防护者并非如此。其次，尽管操作系统和应用程序是相同的，但是其配置方法千差万别。这些差异对于攻击者是微不足道的，但对安全防护者而言却是重要的。例如，服务器 A 运行 Windows 2008 且处于安全状态，但是这并非意味着可克隆该配置到服务器 B 中，因为服务器 B 可能需要不同的配置方式。

所以，攻击者发起攻击越来越简单，而安全工作越来越困难，这是当前网络安全的总趋势。当前 Internet 上存在着大量可用的脚本病毒，任何人都可以下载并运行它们，并且不需要具备高深的专业知识。各种类型和规模的公司都曾经受到这种攻击，而且往往在几个星期后才察觉到。

第三节　网络安全风险及隐患

一、网络安全存在的风险

（一）网络黑客

网络黑客通常持有一定的目的通过将恶意的程序植入他人的计算机系统获得非法的信息为自己的非法利益服务。黑客一般都有自己的编程，通过各种渠道诱导用户点击或者通过其他软件下载的方式进入计算机用户电脑系统，通过自己的编程获得所需的数据和信息，并进行系统及程序的破坏，使得用户的计算机系统不能正常使用或遭到毁灭性破坏，产生极其恶劣的影响。其攻击性主要集中在两个方面，意识攻击重要的网站，使得网络造成瘫痪。另一方面对个人用户进行攻击，窃取非法信息和数据为其犯罪行为服务，以获取非法收益。如一些非法广告链接，当网络用户经不住诱惑进行点击后，电脑就如同种了病毒，各种非法程序在电脑中迅速蔓延，几乎无法删除，造成硬盘的损失和不可利用，甚至使得电脑上网购物或者银行支付过程中密码等信息的被窃取，造成用户的不必要的财产损失，产生极其恶劣的影响。

（二）计算机系统漏洞

如果计算机系统或者局域网系统没有很好的安全防护系统则会使得用户及网络产生极大的网络安全隐患，很多网络病毒、木马程序会很容易的侵入网络或者用户计算机系统，使得网站处于瘫痪状态，各种程序失去正常使用，用户的电脑终端也由于病毒的侵入无法或者继续正常使用下去。对网络及计算机的使用造成极大的营销。

（三）计算机网络病毒

计算机网络病毒是造成网络安全问题出现的最主要的因素，其本质就是由于系统及网络自身存在很难控制的程序编码，而使得系统处于无法正常控制的状态，这些网络病毒的传播速度很快，并通过网络进行传播，传播速度快，具有较强的毁灭性。同时带有病毒的U盘和一些网页链接也是病毒传播的主要途径，一旦用户进行点击或者是进行程序的下载，病毒就会突破杀毒软件及防火墙的限制进入网络和系统中，使得网络处于瘫痪状态，用户无法正常使用。尤其是一些病毒杀毒软件很难处理和删除掉，有着很强的粘附力，非计算机专业用户无法进行删除和还原。

二、网络安全防治对策

（一）定期对网络进行必要的维护

如今的信息技术发展日新月异，相应的各种病毒、木马程序其技术也会不断地提高，变换各种花样，因此要定期对网络进行必要的升级、维护和更新，如对杀毒软件进行定期的升级和更新，对计算机系统进行定期的查杀管理，对系统进行定期的升级管理，避免系统漏洞的出现。重视防火墙的使用，并不断对其技术进行更新和提升，从而使得防火墙技术起到良好的安全防御功能。并定期对局域网等进行电脑病毒的防治，健全和完善整个计算机网络的病毒防控体系，从而有效的保护整个网络处于安全和使用状态。

（二）加强网络监测和控制

要建立黑客及非法用户的侵入监测和记录，提高非法用户访问的检测和控制水平，对用户的网络使用定期进行检查，通过一定的安全防护软件提高对网络病毒等的事先的防控处理能力，对非法访问进行自动的禁止和过滤，当出现病毒侵入时及时的关停和自动锁定某个电脑账户，从而有效的保护整个网络的安全，提高系统的安全性能。

（三）完善网络访问和控制功能

建立有效的防控策略是保护网络安全、防止非法侵入的重要方法，能够有效确保进入计算机系统和网络系统的人员都处于可信任状态，确保网络数据不被非法用户所使用。主要需要做好三个方面的内容：第一是做好入网的防控措施。因为入网访问控制是实现网络安全的第一道门户，其功能是控制用户进入网络服务器并使用网络中的资源，控制这些用户的入网时间和位置，一般通过用户名、用户口令、检查权限等三个步骤来实现。这种方式使得网络使用的安全门槛得到提高；第二是操控权限的设置。设定一定操控权限能够有效地防止各类非法操作的出现，从而提高安全防范功能。网络管理员可以给每个用户设定一定的操作权限，这样用户只能使用和访问权限内的资源和内容，从而提高了数据及资源的安全防范能力，起到了良好的数据安全防范功能；第三，目录安全控制。目录安全是指用户在主目录下进行相关的操作，如进行文件的读写功能、文件的阅读、修改及删除功能等，通过这些目录的功能管理实现资源的有效分层控制，使得用户的使用处于一定的权限水平，从而提高了数据的安全防范功能，提高了安全性能。

总之，在计算机网络使用方面，一定要提高安全使用意识，定期对系统及网络进行维护，加强安全检测和防护，及时有效的防治各类网络病毒、木马和黑客的攻击，从而提高网络及计算机系统的安全使用性能，避免出现不必要的风险和各种损失，并通过不断地信息及技术水平的提高和创新，提高网络安全的有效防护能力。

第四节　网络安全建设方法与技术

网络具有访问方式多样、用户群庞大、网络行为突发性较高的特点。

网络安全问题要从网络规划阶段制定各种策略，并在实际运行中加强管理。为保障网络系统的正常运行和网络信息的安全，需要从多个方面采取对策。攻击随时可能发生，系统随时可能被攻破，对网络的安全采取防范措施是很有必要的。常用的防范措施有以下几种。

一、计算机病毒防治

大多数计算机都装有杀毒软件，如果该软件被及时更新并正确维护，它就可以抵御大多数病毒攻击。定期地升级软件是很重要的。在病毒入侵系统时，对于病毒库中已知的病毒或可疑程序、可疑代码，杀毒软件可以及时地发现，并向系统发出警报，准确地查找出病毒的来源。大多数病毒能够被清除或隔离。再有，对于不明来历的软件、程序及陌生邮件，不要轻易打开或执行。感染病毒后要及时修补系统漏洞，并进行病毒检测和清除。

二、防火墙技术

防火墙是控制两个网络间互相访问的一个系统。它通过软件和硬件相结合，能在内部网络与外部网络之间构造起一个保护层网络内外的所有通信都必须经过此保护层进行检查与连接，只有授权允许的通信才能获准通过保护层。防火墙可以阻止外界对内部网络资源的非法访问，也可以控制内部对外部特殊站点的访问，提供监视 Internet 安全和预警的方便端点。当然，防火墙并不是万能的，即使是经过精心配置的防火墙也抵挡不住隐藏在看似正常数据下的通道程序。根据需要合理的配置防火墙，尽量少开端口，采用过滤严格 WEB 程序以及加密 HTTP 协议，管理好内部网络用户，经常升级，这样可以更好地利用防火墙保护网络的安全。

三、入侵检测

攻击者进行网络攻击和入侵的原因，在于计算机网络中存在着可以为攻击者所利用的安全弱点、漏洞以及不安全的配置，比如操作系统、网络服务、TCP / IP 协议、应用程序、网络设备等几个方面。如果网络系统缺少预警防护机制，那么即使攻击者已经侵入到内部网络，侵入到关键的主机，并从事非法的操作，我们的网管人员也很难察觉到。这样，攻击者就有足够的时间来做他们想做的任何事情。基于网络的 IDS，即入侵检测系统，可以提供全天候的网络监控，帮助网络系统快速发现网络攻击事件，提高信息安全基础结构的完整性。IDS 可以分析网络中的分组数据流，当检测到未经授权的活动时，IDS 可以向管理控制台发送警告，其中含有详细的活动信息，还可以要求其他系统（例如路由器）中断未经授权的进程。IDS 被认为是防火墙之后的第二道安全闸门，它能在不影响网络性能的情况下对网络进行监听，从而提供对内部攻击、外部攻击和误操作的实时保护。

四、安全漏洞扫描技术

安全漏洞扫描技术可以自动检测远程或本地主机安全性上的弱点，让网络管理人员能在入侵者发现安全漏洞之前，找到并修补这些安全漏洞。安全漏洞扫描软件有主机漏洞扫描，网络漏洞扫描，以及专门针对数据库作安全漏洞检查的扫描器。各类安全漏洞扫描器都要注意安全资料库的更新，操作系统的漏洞随时都在发布，只有及时更新才能完全的扫描出系统的漏洞，阻止黑客的入侵。

五、数据加密技术

数据加密技术是最基本的网络安全技术，被誉为信息安全的核心，

最初主要用于保证数据在存储和传输过程中的保密性。它通过变换和置换等各种方法将被保护信息置换成密文，然后再进行信息的存储或传输，即使加密信息在存储或者传输过程为非授权人员所获得，也可以保证这些信息不为其认知，从而达到保护信息的目的。该方法的密性直接取决于所采用的密码算法和密钥长度。

六、安全隔离技术

面对新型网络攻击手段的不断出现和高安全网络的特殊需求，全新安全防护理念安全隔离技术应运而生。它的目标是，在确保把有害攻击隔离在可信网络之外，并保证可信网络内部信息不外泄的前提下，完成网络间信息的安全交换。隔离概念的出现是为了保护高安全度网络环境。

七、黑客诱骗技术

黑客诱骗技术是近期发展起来的一种网络安全技术，通过一个由网络安全专家精心设置的特殊系统来引诱黑客，并对黑客进行跟踪和记录。这种黑客诱骗系统通常也称为“蜜罐（Honeypot）系统”，其最重要的功能是特殊设置的对于系统中所有操作的监视和记录，网络安全专家通过精心的伪装使得黑客在进入到目标系统后，仍不知晓自己所有的行为已处于系统的监视之中。为了吸引黑客，网络安全专家通常还在蜜罐系统上故意留下一些安全后门来吸引黑客上钩，或者放置一些网络攻击者希望得到的敏感信息，当然这些信息都是虚假信息。这样，当黑客正为攻入目标系统而沾沾自喜的时候，他在目标系统中的所有行为，包括输入的字符、执行的操作都已经为蜜罐系统所记录。有些蜜罐系统甚至可以对黑客网上聊天的内容进行记录。蜜罐系统管理人员通过研究和分析这些记录，可以知道黑客采用的攻击工具、攻击手段、攻击目的和攻击水平，通过分析黑客的网上聊天内容还可以获得黑客的活动范围以及下一步的攻击目标，根据这些信息，管理人员可以提前对系统进行保护。同时在蜜罐系统中记录下的信息还可以作为对黑客进行起诉的证据。

八、网络安全管理防范措施

对于安全领域存在的问题，应采取多种技术手段和措施进行防范。在多种技术手段并用的同时，管理工作同样不容忽视。规划网络的安全策略、确定网络安全工作的目标和对象、控制用户的访问权限、制定书面或口头规定、落实网络管理人员的职责、加强网络的安全管理、制定有关规章制度等等，对于确保网络的安全、可靠运行将起到十分有效的作用。网络安全管理策略包括：确定安全管理等级和安全管理范围；指定有关网络操作使用规程和人员出入机房管理制度；制定网络系统的维护制度和应急措施等。

第十二章　网络安全管理技术基础

第一节　网络协议安全体系

一、ISO/OSI 网络安全体系

ISO 于 1989 年正式公布的国际标准 ISO 7498-2 是阐述 OSI 参考模型安全体系结构的权威性文献，对研究计算机网络安全性有重要参考价值。

ISO 7498 描述了开放系统互连得基本参考模型，为协调系统互联标准的开发建立框架。OSI 参考模型的目的在于允许异构计算机系统互连，使之便于实现应用进程之间的通信。而在很多时候，必须建立安全控制以保护应用进程之间的信息交换。这些控制将使窃取数据所付出的代价大于所得的结果，或者使获取数据时间很长以致该数据已经失效。ISO 7498-2 确立了与安全体系结构有关的通用体系结构元素，它们能适用于开放系统之间需要通信保护的各种场合。ISO 7498-2 为安全通信完善了与开放互连相关的现有标准或开发了新标准，在参考模型的框架内建立起一些指导原则与制约条件，从而提供了解决 OSI 中安全问题的一致性方法。

（一）ISO/OSI 参考模型

ISO/OSI 参考模型主要从安全策略、安全服务、安全机制和安全管理等方面描述网络安全体系结构。

1. 安全策略

安全策略指在一定的环境内，为保证网络提供一定级别的安全保护能力所提出的、系统应该遵守的一系列规则。可以将网络安全策略分为物理安全策略、访问控制策略、信息加密策略以及网络安全管理策略等。

（1）物理安全策略

物理安全策略的目的是保护计算机系统、网络服务器、打印机等硬件实体和通信链路免受自然灾害、人为破坏和搭线攻击；验证用户的身份和使用权限、防止用户越权操作；确保计算机系统有一个良好的电磁兼容工作环境；建立完备的安全管理制度，防止非法进

入计算机控制室和各种偷窃、破坏活动的发生。

抑制和防止电磁泄漏是物理安全策略的一个重要问题。目前主要防护措施有两类：一类是对传导发射的防护，主要采取对电源线和信号线加装性能良好的滤波器，减小传输阻抗和导线间的交叉耦合等方法；另一类是对辐射的防护，这类防护措施又可分为采用各种电磁屏蔽和干扰等。

（2）访问控制策略

访问控制是网络安全防范和保护的重要策略，它的主要任务是保证网络资源不被非法使用和非法访问。它也是维护网络系统安全、保护网络资源的重要手段，可以说是保证网络安全最重要的核心策略之一。

（3）信息加密策略

信息加密的目的是保护计算机网络的数据、文件、密码和控制信息，保护网络上传输的数据。网络加密常用的方法有链路加密、端到端（端点）加密和节点加密等。链路加密的目的是保护网络节点之间的链路信息安全；端到端加密的目的是对源端用户到目的端用户的数据提供保护；节点加密的目的是对源节点到目的节点之间的传输链路提供保护。用户可根据网络系统的安全性需求选择上述加密方式。信息加密过程由加密算法来实施，可以将加密算法分为常规密码算法（对称密码）和公钥密码算法（非对称密码）。在实际应用中，人们通常将常规密码和公钥密码结合在一起使用。

（4）网络安全管理策略

在网络安全中，除了采用上述技术措施之外，加强网络的安全管理，制定有关规章制度，对于确保网络安全、可靠地运行，将起到十分有效的作用。安全管理策略从管理角度保障网络安全性，包括：指定信息安全政策、进行安全风险评估、安全控制目标与方式选择、制定安全规范、进行职工安全意识培训等多种措施和方法。BS7799（ISO/IEC 17799），即《信息安全管理体系标准》和 ISMS（information security management system）针对安全管理进行了详细描述。

（5）安全策略的实施

安全策略是设计一个安全的网络和应用系统的基础，网络和应用系统的建设应该围绕安全策略的制定和实施同时进行，以满足系统的安全性需求

2. 安全服务

安全服务主要涉及如下内容。

（1）身份认证（或鉴别，authentication）：确认用户、主机及数据源的身份

身份认证包括对等实体认证和数据源认证。对等实体认证由 n 层协议提供，n+1 层实体可确信其对等实体是其所信赖之实体。对等实体认证应该保证某实体没有企图冒充别的实体，且没有非法重放以前的某个连接。

数据源认证在通信的某个环节，确认数据是由某个特定发送者发送的。它对数据的来

源提供认证，但不提供防止数据单元被复制或篡改的安全服务。数据源认证包括两方认证（通信双方进行单向或双向认证）和基于第三方的认证（通信双方利用第三方进行身份鉴别）两种方式。

（2）访问控制（access control）：防止未经授权的数据存取行为，以身份认证为基础

访问控制采用管理或技术手段保证网络资源不被未授权使用，以实现访问控制策略。访问控制中主要包括三个实体：访问方，即主体（subject）；被访问方，即客体（object），以及访问权限（access right）。系统根据主体对客体的访问权限决定是否允许执行该访问。

（3）数据机密性（data confidentiality）：防止信息泄露至未授权实体

数据机密性包括连接机密性、无连接机密性、选择字段保密性（向指定数据单元的某些字段提供机密性服务）以及业务流保密性（防止通过分析业务流得到机密信息）。其所涉及的加密技术有对称密钥算法、非对称密钥算法或公钥算法、哈希函数（hash function）和数字签名等。

（4）不可否认性（抗抵赖性，non-repudiation）：一旦事务结束，有关各方都不能否认自己参与过该事务。

不可否认性涉及如下两个方面：

数据源的抗抵赖性，是指向数据接收者提供数据来源的证据，以防止发送者否认曾发送该数据及其内容。

传递过程的抗抵赖性，是指向数据发送者提供数据已到达目的地的证据，以防止信息接收者否认曾接收该数据及其内容。

（5）数据完整性（data integrity）：保护数据以防止其内容遭篡改。

数据完整性是数据本身的真实性证明。数据完整性服务对传输中的数据流进行验证，保证发送信息和接受信息的一致性。在使用密码技术进行验证时，一般使用非线性单向函数求出鉴别码，即 MAC（message authentication code）。使用单向散列函数（哈希函数）进行验证时，将输出的定长字符串作为对数据完整性的鉴别码。

（6）可用性（availability）：系统具有向其合法用户提供资源或服务的能力。

3. 安全机制

安全机制主要包括：加密机制、数字签名机制、访问控制机制、数据完整性机制、交换鉴别机制、业务流量填充机制、路由控制机制以及公证机制。以下分别说明：

（1）加密机制

加密是提供数据机密性服务最常用的方法。如前所述，按密钥类型划分，加密算法可分为对称密钥和非对称密钥加密算法两种；按密码体制分，可分为序列密码和分组密码算法两种。用加密的方法与其他技术相结合，可以提供数据的机密性和完整性服务。

（2）数字签名机制

数字签名机制可以解决通信双方发生争执时可能产生的如下安全问题。

1）否认：发送者事后不承认自己发送过某份文件。

2）伪造：接收者伪造一份文件，声称它发自发送者。

3）假冒：网络上的某个用户冒充另一个用户接收或发送信息。

4）篡改：接收者对收到的信息进行部分篡改。

（3）访问控制

访问控制是按事先确定的规则决定主体对客体的访问是否合法的安全机制。当一个主体试图非法访问一个未经授权的客体时，该机制将拒绝这一请求，并向审计跟踪系统报告该事件。

（4）数据完整性机制

数据完整性机制提供数据完整性服务，包括两种形式：一种是数据单元的完整性；另一种是数据单元序列的完整性。数据单元完整性包括两个过程，一个过程发生在发送实体，另一个过程发生在接收实体。

保证数据完整性的一般方法是发送实体在一个数据单元上加一个标记，这个标记就是MAC鉴别码或哈希值，它本身可以是经过加密的。接收实体计算对应的标记，并将所产生的标记与接收的标记相比较，以确定在传输过程中数据没有被修改过。

数据单元序列的完整性要求数据编号的连续性和时间标记的正确性，以防止假冒、丢失、重发、插入或修改数据。

（5）交换鉴别机制

交换鉴别是以交换信息的方式来确认实体身份的机制。用于交换鉴别的基本技术有密码和密码技术两种。其中密码由发送方实体提供，接收方实体进行验证。密码鉴别技术是将交换的数据加密，只有合法用户才能解密，得出有意义的明文。

在许多情况下，这种密码和密码技术与许多其他技术一起使用，包括时间标记和同步时钟；双方或三方“握手”；数字签名和公证机构以及利用实体的特征或所有权进行鉴别，例如使用指纹和身份卡等。

（6）业务流量填充机制

这种机制主要是对抗非法入侵者在线路上监听数据并对其进行流量和流向分析。采用的方法一般由保密装置在无信息传输时，连续发出伪随机序列，使得侦听者不知哪些是有用信息、哪些是无用信息。

（7）路由控制机制

在一个大型网络中，从源节点到目的节点可能有多条路径，有些路径可能是安全的，而另一些路径是不安全的。路由控制机制可使信息发送者选择特殊的路由，以保证数据安全。

（8）公证机制

网络中的用户并不都是可信的，同时也可能由于系统故障等原因使信息丢失、延迟，这很可能引起责任问题，为了解决这个问题，就需要有一个各方都信任的实体——公证机构提供公证服务，仲裁出现的问题。

一旦引入公证机制，通信双方进行数据通信时必须经过这个机构来转换，以确保公证机构能得到必要的信息，供以后仲裁时使用。

4. 安全管理

安全管理是指通过实施一系列安全政策，对系统和网络上的操作进行必要的控制和管理，包括系统安全管理、安全服务管理和安全机制管理等。

（1）系统安全管理涉及 OSI 整体安全环境的管理，包括总体安全策略管理、OSI 安全环境之间的安全信息交换、安全服务管理、安全机制管理、安全事件管理、安全审计管理以及安全恢复管理等。

（2）安全服务管理涉及特定安全服务的管理，包括对某种安全服务定义其安全目标、指定安全服务可使用的安全机制、管理及调用适当的安全机制。

（3）安全机制管理涉及特定安全机制的管理，包括密钥管理、加密管理、数字签名管理、访问控制管理、数据完整性管理、认证（鉴别）管理、业务流量填充管理以及公证管理。

每种安全机制和安全服务可以抵御一种或几种攻击，下表说明了安全攻击、安全机制和安全服务之间的关系。

表 12-1-1　安全攻击、安全机制和安全服务之间的关系

释放消息内容	流量分析	伪装	重放	更改消息	拒绝服务	安全攻击 安全服务 安全机制	加密	数字签名	访问控制	数据完整性	认证交换	流量填充	路由控制	公证
		√				对等实体认证	√	√			√			
		√				数据源认证	√	√						
		√				访问控制			√					
√						机密性	√						√	
	√					流量机密性	√					√	√	
			√	√		数据完整性	√	√		√				
						非否认服务		√		√				√
					√	可用性				√	√			

二、ISO/OSI 参考模型分层的安全

（一）安全分层的原则

在 ISO 7489-2 标准中，为了决定安全服务对层的分配以及安全机制在这些层上的配置，确定了安全分层的原则，如下：

1. 达到一种服务的可供选择方法应最少化；
2. 可在多个层上提供安全服务来构建安全系统；
3. 为安全性所需的附加功能不是现有 OSI 功能的重复；
4. 保证各层的独立性；
5. 可信功能的数量应最小化；
6. 只要一个实体依赖于较低层实体提供的安全机制，那么任何中间层应该按不违反安全性的方法构造；
7. 一个层的附加安全功能应该以自含模块的方式定义；
8. ISO 7489-2 标准被假定应用于包含所有七层的端系统组成的开放系统和中间系统。

各层上的服务定义可能需要修改以便满足安全服务的请求，而不论所要求的安全服务是由该层或下层提供。

（二）分层的安全服务

在 OSI 基本参考模型的框架内提供了一系列的安全服务，任何一个安全服务都是按要求来选择提供的。在识别某一具体的安全服务时是由一个特定层提供选择的，除非特别说明，这种安全服务就由运行在该层的安全机制来提供。多个层能提供特定的安全服务，这样的层不总是从它们本身提供这些安全服务，也可以使用在较低层中提供的适当的安全服务。即使在一个层内没有提供安全服务，该层的服务定义也可能需要修改，以便容许安全服务的请求传递到较低层。下表描述了安全服务与层次的关系。

表 12-1-2　安全服务与层次的关系

服务 层次	1	2	3	4	5	6	7
对等实体鉴别	·	·	Y	Y	·	·	Y
数据源鉴别	·	·	Y	Y	·	·	Y
访问控制服务	·	·	Y	Y	·	·	Y
连接保密性	Y	Y	Y	Y	·	·	Y
无连接保密性	·	Y	Y	Y	·	·	Y

续表

服务 层次	1	2	3	4	5	6	7
选择字段保密性	·	·	·	·	·	·	Y
信息流保密性	Y	·	Y	·	·	·	Y
带恢复的连接完整性	·	·	·	Y	·	·	Y
不带恢复的连接完整性	·	·	Y	Y	·	·	Y
选择字段的连接完整性	·	·	·	·	·	·	Y
无连接完整性	·	·	Y	Y	·	·	Y
选择字段无连接完整性	·	·	·	·	·	·	Y
抗抵赖，源点证明的不可否认	·	·	·	·	·	·	Y
抗抵赖，交付证明的不可否认	·	·	·	·	·	·	Y

说明：Y 表示服务应包含在该层的标准之中以供选择。

·表示不提供这种服务。

（三）分层的安全机制

对于各层提供的安全服务，有对等的实现机制，下面简要说明。

1. 物理层

数据流的总加密是物理层上主要的安全机制。物理层保护是借助一个操作透明的加密设备来提供的。物理层保护的目标是保护整个物理服务数据比特流，以及提供通信业务流的机密性。

2. 数据链路层

加密机制用来提供数据链路层中的安全服务，在数据链路层上的加密机制对链路层协议是敏感的。链路层的这些附加安全保护功能是在为传输而运行的正常层功能之前和为接收而运行的正常层功能之后执行，即是说，安全机制基于并使用了所有这些正常的层功能。

3. 网络层

执行与 OSI 网络服务相关联的子网访问协议和从端系统到端系统的中继与路由选择协议使用相同的安全机制。路由选择在这一层上执行，所以路由选择控制也在这一层执行。上面列举的那些安全服务以如下机制予以提供：

a. 对等实体鉴别服务由密码导出的或受保护的鉴别交换、受保护口令交换与签名机制的适当配合来提供；

b. 数据源鉴别服务能够由加密或签名机制提供；

c. 访问控制服务通过恰当使用特定的访问控制机制来提供；

d. 连接保密性服务由加密机制和路由选择控制提供；

e. 无连接保密性服务由加密机制与路由选择控制提供；

f. 信息流保密性服务由通信业务填充机制，并配以网络层或在网络层以下的一种机密性服务或路由选择控制来获得；

g. 不带恢复的连接完整性服务通过使用数据完整性机制，有时结合加密机制来提供；

h. 无连接完整性服务通过使用数据完整性机制，有时配合上加密机制来提供。

4. 传输层

上面列举的那些安全服务以如下机制予以提供：

a. 对等实体鉴别服务是由密码导出的或受保护的鉴别交换、受保护口令交换与签名机制的适当配合来提供的；

b. 数据源鉴别服务由加密或签名机制提供；

c. 访问控制服务通过适当使用特定的访问控制机制来提供；

d. 连接保密性服务由加密机制提供；

e. 无连接保密性服务由加密机制提供；

f. 带恢复的连接完整性服务的提供是使用数据完整性机制，有时由加密机制与之配合；

g. 不带恢复的连接完整性服务的提供是使用数据完整性机制， 有时由加密机制与之配合；

h. 无连接完整性服务是使用数据完整性机制，有时配合上加密机制来提供的。

这些保护机制将按使得安全服务可以为单个传输连接所调用的方式运行。保护的结果将是此连接个体能被隔离于所有其他传输连接之外。

5. 会话层及表示层

对于所列的安全服务，支持机制可以设置在表示层上，如果这样，就可以用来与应用层安全机制相配合以提供应用层安全服务。

a. 对等实体鉴别服务能够由语法变换机制（例如加密）支持；

b. 数据源鉴别服务能够由加密或签名机制支持；

c. 连接保密性服务能够由加密机制支持；

d. 无连接保密性服务能够由加密机制支持；

e. 选择字段机密性服务能够由加密机制支持；

F. 信息流保密性服务能够由加密机制支持；

g. 带恢复的连接完整性能够由数据完整性机制支持，有时由加密机制与之配合；

h. 不带恢复的连接完整性服务能够由数据完整性机制支持，有时由加密机制与之配合；

i 选择字段的连接完整性服务能够由数据完整性机制支持，有时由加密机制与之配合；

j. 无连接完整性服务能够由数据完整性机制支持，有时由加密机制与之配合；

k. 选择字段无连接完整性服务能够由数据完整性机制支持，有时由加密机制与之配合；

l. 数据原发证明的抗抵赖服务能够由数据完整性、签名与公证机制的适当结合来支持；

m. 交付证明的抗抵赖服务能够由数据完整性，签名与公证机制的适当结合来支持。

应用于数据传送的加密机制设置在较高层时，将包含在表示层中。只有那些机密性安全服务能够由包含在表示层的安全机制完全提供。在表示层中的安全机制发送时运行于传送语法变换的最后阶段，接收时运行于该变换过程的初始阶段。

上面所列的某些安全服务也能由完全包含在应用层中的安全机制来选择提供。

6. 应用层

在应用层中的安全服务借助下列机制予以提供：

a. 对等实体鉴别服务能够通过在应用实体之间传送的鉴别信息来提供，这些信息受到表示层或较低层的加密机制的保护；

b. 数据源鉴别服务能够通过使用签名机制或较低层的加密机制予以支持；

c. 对一个开放系统与 OSI 有关的那些方面（例如与特定系统或远程应用实体通信的能力）的访问控制服务，可由在应用层中的访问控制机制与在较低层的访问控制机制联合起来提供；

d. 连接保密性服务能够通过使用一个较低层的加密机制予以支持；

e. 无连接保密性服务能够通过使用一个较低层的加密机制予以支持；

f. 选择字段保密性服务能够通过使用在表示层上的加密机制予以支持；

g. 一种有限的信息流保密性服务能够通过使用在应用层上的信息填充机制并配合一个较低层上的保密性服务予以支持；

h. 带恢复的连接完整性服务能够通过使用一个较低层的数据完整性机制予以支持（有时要加密机制与之配合）；

i. 不带恢复的连接完整性服务能够通过使用一个较低层的数据完整性机制予以支持（有时要加密机制相配合）；

j. 选择字段连接完整性服务能够通过使用表示层上的数据完整性机制（有时配合上加密机制）予以支持；

k. 无连接完整性服务能够通过使用一个较低层的数据完整性机制予以支持（有时要加密机制相配合）；

l. 选择字段无连接完整性服务能够通过使用表示层上的数据完整性机制（有时配合上加密机制）予以支持；

m. 数据源点证明的抗抵赖服务能够通过签名机制与较低层的数据完整性机制的适当结合予以支持，并与第三方公证相配合；

n. 交付证明的抗抵赖服务能够通过签名机制与较低层数据完整性机制的适当结合予以支持，并与第三方公证相配合。

如果一种公证机制被用来提供抗抵赖服务，它将作为可信任的第三方起作用。为了解决纠纷，它可以传送一个数据单元作为记录，也可以使用较低层提供的保护服务。

（四）应用加密的位置选择

多数应用只需在某一层进行加密处理，ISO 7498-2 在附录中对网络系统应用加密的层次选择做了部分推荐。

1. 如果要完全的信息流保密服务，可选择物理层或传输层安全措施。足够的物理安全措施，可信的路由选择和中继站，能够满足所有的保密性要求。

2. 如果要求高粒度保护（即对每个应用连接可能提供不同的密钥）和不可否认性服务或选择字段保护，可选择表示层加密。由于加密算法耗费大量的处理能力，所以选择字段保护是重要的。在表示层中的加密能提供不带恢复的完整性、不可否认性服务以及全部数据保密性服务。如前所述，表示层安全机制与应用层安全机制一起提供应用层安全服务。

3. 如果想要对所有端—端系统通信进行简单的保护，或希望有一个外部的加密设备（例如为了给算法和密钥以物理保护，或防止软件错误），那么可选择网络层加密。这能够提供机密性与不带恢复的完整性。

注：虽然在网络层不提供恢复服务，但当网络层检测到攻击时，传输层的正常恢复机制能够用来恢复。

4. 如果要求带恢复的完整性服务，同时又要求高粒度保护，那么将选取传输层加密。这能提供保密性、带恢复的完整性或不带恢复的完整性。

5. 为了便于今后的实现，不推荐在数据链路层上加密。

当对以上两个或多个问题感兴趣时，则需要在多个层上提供保密性。

（五）分层的网络安全解决方案

网络协议是分层的，因此对于网络安全问题，也可以从分层的角度出发，使用分层的安全协议解决网络安全问题。

根据 TCP/IP 参考模型，网络协议分为应用层、传输层、网络层和接口层。ISO/OSI 模型则将网络协议划分为应用层、表示层、会话层、传输层、网络层、链路层和物理层。结合 TCP/IP 和 OSI 参考模型，可以按照应用层、传输层、网络层、链路层和物理层进行网络安全防护体系的设计。

每层可以采用独立的安全协议和技术，也可以联合使用其他层的安全技术。例如，对于数据链路层安全，可以采用链路加密方式，确保机密性。网络物理安全的目的是保护计算机设备、网络设施以及传输介质和媒体免遭地震、水灾、火灾、有害气体和其他环境事故（如电磁污染，电源故障，设备被盗、被毁等）的破坏。例如，可以对传输介质进行保护，防止物理搭线和窃听；设备上可采用高可用性的硬件、双机多冗余组件；环境上应考虑机房环境及报警系统；操作上应考虑异地备份系统等。

下面介绍应用层、传输层和网络层安全协议和技术。

1. 应用层安全协议

如图 12-1-1 所示，针对每种应用层协议，可采用相应的安全协议进行安全保护。如针对 SMTP 的 S/MIME、PGP（pretty good privacy）和 PEM（privacy enhanced mail）协议；针对 HTTP 协议的 SHTTP（secure hyper text transfer protocol）协议；针对 DNS 的 DNSSec、TSIG 和 SKEY 协议；针对 SNMP 的安全协议 SNMPv3 等。这些协议在各自的应用层协议之上进行安全加密、身份鉴别和数据完整性保护。另外，可以使用 Kerberos 协议提供身份鉴别，它不依赖具体的应用层协议，运行在 UDP 之上。

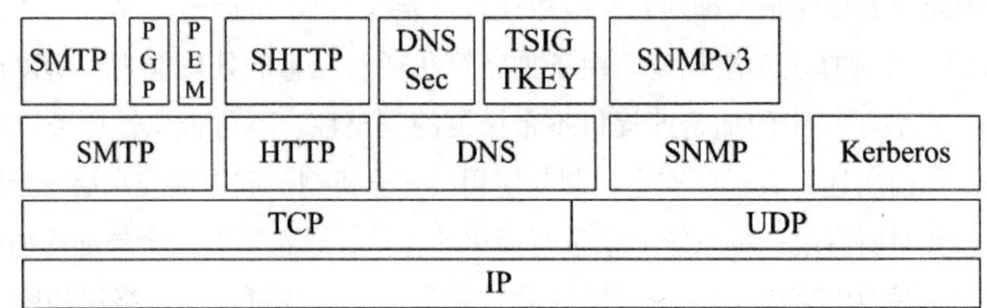

图12-1-1　应用层安全协议

2. 传输层安全协议

在传输层和应用层之间，可以采用如下安全协议。

SSL/TLS：安全套接层协议（secure socket layer/transport layer security，SSL/TLS）提供传输协议之上的可靠的端到端安全服务，为两个通信对等实体之间提供保密性、完整性以及鉴别服务。常用于 HTTP 协议，即 HTTPS，也可用于其他应用层协议。

SSH：SSH（secure shell）是 Internet 工程任务组 IETF（Internet engineering task force）制定的一族协议，目的是在非安全网络上提供安全的远程登录和其他安全服务。SSH 主要解决的是密码在网上明文传输的问题，因此通常用来替代 TELNET、FTP 等协议。SSH 可提供基于主机的认证、机密性和数据完整性服务。

SOCKS：套接字安全（socket security，SOCKS）是一种网络代理协议。该协议允许使用私有 IP 地址的内部主机通过 SOCKS 服务器访问 Internet，并且连接过程是经过认证的。可提供认证机制、地址解析代理、数据完整性和机密性等服务。

3. 网络层安全协议

IPSec 针对 IP 协议进行数据源鉴别、完整性保护和数据加密。IPSec 包括验证头（authentication header, AH）和封装安全载荷（encapsulation security payload, ESP）两个子协议。其中 AH 对 IP 报文进行认证，同时可保证 IP 数据部分的完整性，但不提供数据加密服务。ESP 主要提供 IP 报文的加密服务，同时提供认证支持，加密过程与具体加密算法相独立。

除了分层的安全协议，还可以采用相应的安全技术来保护网络体系的安全，例如，在网络层安全协议条件下讨论的应用层安全技术如下。

（1）系统扫描：采用系统扫描技术，对系统内部安全弱点进行全面分析，以协助进行安全风险管理。区别于静态的安全策略，系统扫描工具对主机进行预防潜在安全风险的设置。其中包括易猜出的密码、用户权限、文件系统访问权限、服务器设置以及其他含有攻击隐患的可疑点。

（2）系统实时入侵检测：为了加强主机的安全，还应采用基于操作系统的入侵检测技术。系统入侵检测技术监控主机的系统事件，实时检查系统的审计记录，从中检测出攻击的可疑特征，并给予响应和处理，如停止入侵进程、切断可疑的通信连接、恢复受损数据等。

（3）防病毒：防病毒更广泛的定义应该是防范恶意代码，恶意代码不限于病毒，还包括蠕虫、特洛伊木马、逻辑炸弹，以及其他未经同意的软件。防病毒系统应对网关、邮件系统、群件系统、文件服务器和工作站进行全方位的保护，阻断恶意代码传播的所有渠道。这要求防病毒系统对病毒特征码进行及时更新。

（4）日志和审计：主机的日志和审计记录能够提供有效的入侵检测和事后追查机制。

当前应用中的主要网络操作系统（主要包括路由器、交换机、Unix 类和 Windows NT 操作系统等）都能够提供基本的日志记录功能，用于记录用户和进程对于重要文件的更改和对网络资源的访问等。

（5）用户识别和认证：身份认证技术是实现资源访问控制的重要手段。在应用层或应用系统中可以使用密码、认证令牌（例如智能卡、密码计算器）、基于生物特征的验证等多种手段和方法进行身份鉴别，以防止未授权访问和使用网络资源。

（6）应用服务器的安全设置：应用层协议在各种应用服务器中实现，为了更好地保护应用系统，必须对应用服务器进行合理设置和安全防护。例如对各级目录的权限进行严格控制；对用户进行授权和管理，对应用服务器软件及时升级和更新等。

网络层可采用如下安全技术进行防护。

（1）安全的网络拓扑结构：保证网络安全的首要问题就是要合理规划网络拓扑结构，利用网络中间设备的安全机制控制各网络间的访问。

（2）传输加密：由于入侵者可能窃听机密信息、篡改数据，为了防范这类安全风险，传输系统必须保证数据的机密性与完整性，并且提供抗流量分析的能力。可以选用 IPSec 加密等来满足数据机密性要求。

（3）网络层漏洞扫描：解决网络层安全问题，首先要清楚网络中存在哪些安全隐患、脆弱点。面对大型网络的复杂性和不断变化的情况，依靠网络管理员的技术和经验寻找安全漏洞并做出风险评估显然是不现实的。解决的方案是，寻找一种能寻找网络安全漏洞、评估并提出修改建议的网络安全扫描工具。

网络漏洞扫描与安全评估系统通过对附属在网络中的设备进行网络安全弱点检测与分析，能够发现并试图修复安全漏洞。

（4）防火墙：可以采用防火墙进行包过滤，防止非法数据的进入。防火墙是解决子网的边界安全问题、实现网络访问控制的有效方法。防火墙的目的是在内部、外部两个网络之间建立一个安全控制点，通过允许、拒绝或重新定向经过防火墙的数据流，实现对进、出内部网络的服务、访问的审计和控制。

第二节　网络层安全协议

一、IPSec 协议概述

Internet 的网络层采用 IP 协议，但是传统 IPv4 没有提供安全服务：缺乏对通信双方身份真实性的鉴别能力，而且没有提供传输数据的完整性和机密性保护。因此，Internet 的网络层面临业务流监听、IP 地址欺骗、信息泄露和数据项篡改等多种安全威胁。

IPSec（Internet protocol security）即 Internet 安全协议，是 Internet 工作组 IETF 提出的保护 IP 报文安全通信的一系列规范，它提供私有信息通过公用网的安全保障。IPSec 是一簇协议，用于在 IP 层提供机密性、数据源鉴别和完整性保护。IPSec 本身并不规定协议使用的加密、鉴别和完整性保护算法，也不限制用户使用以上提供的哪一种或几种服务，这些依赖具体 IPSec 的协议实现以及用户对安全服务及其参数进行协商的结果，因此，可以认为 IPSec 是一个协议框架。

二、IPSec 体系结构

如下图所示，IPSec 协议框架主要包括验证头（AH）、封装安全载荷（encapsulating security payload，ESP）、密钥管理、安全策略等。其中 AH 和 ESP 是 IPSec 的安全通信子协议，安全通信使用的密钥可以通过密钥交换协议得到。

（一）验证头协议

AH 提供无连接的完整性、数据源认证和抗重放保护服务，但 AH 不提供消息的机密性服务。AH 的主要作用是为 IP 报文提供密码认证，以确保数据完整、来源可靠，并且没有被重放。其中，数据完整性保护通过 HMAC 实现，抗重放攻击通过 AH 报文的序列号实现。数据完整性算法、数据源认证算法取决于 IPSec 协议的具体实现，并且可以由通信双方协商后确定。

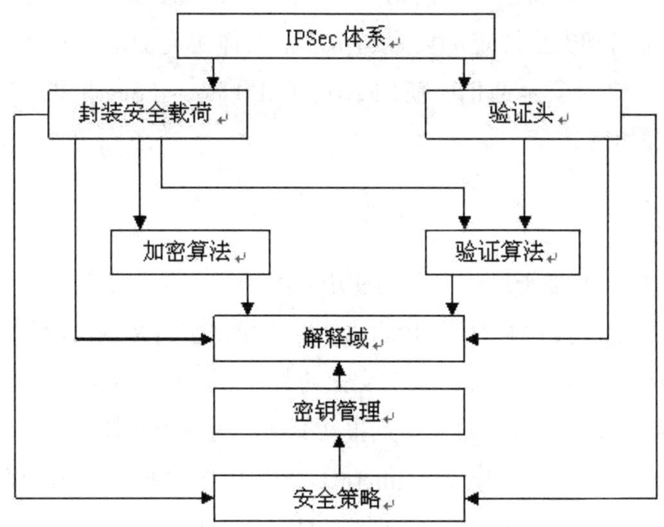

图12-2-1　IPSec框架的体系结构

（二）封装安全载荷协议

ESP 为 IP 提供机密性、数据源验证、抗重放保护以及数据完整性保护等安全服务。其中，数据机密性是 ESP 的基本功能，而数据源身份认证、数据完整性检验以及抗重放保护等功能是可选的，这由通信双方协商决定。因此，ESP 可以同时使用加密算法和验证算法，也可以单独使用加密算法或验证算法。ESP 使用对称加密算法提供机密性服务，使用的密码算法取决于 IPSec 的实现，并且可以由通信双方协商后确定。

ESP 可以和 AH 联合使用，也可以单独使用。

（三）安全策略

IPSec 允许用户控制安全服务的粒度，这通过安全策略（security policy，SP）实现。简言之，IPSec 安全策略规定了一个通信实体使用 IPSec 进行安全通信中的目标网络或地址、使用的安全参数等一系列要素。安全策略保存在通信实体的本地安全策略数据库（security policy database，SPD）中。

（四）安全协定（security association，SA）

SA 是保证 IPSec 通信双方协调工作的基础，是两个使用 IPSec 进行安全通信的通信实体经协商建立的一种协定，它决定了用来保护 IP 报文安全的一系列要素，如使用的安全通信协议（AH 或 ESP 协议）、转码方式、密钥、密钥算法及密钥的有效时间等。SA 中的这些要素由通信双方协商产生，并保存在安全协定数据库（security association database，SAD）中。SA 可以手工创建，也可以动态生成，动态建立 SA 使用密钥管理协议实现。

安全策略包括一个指向安全协定的指针。因此，可以认为安全协定是和安全策略相关联的一部分。安全策略和安全协定的内容均由通信实体协商确定，并保存在各自的数据库中（SPD 和 SAD），进行安全通信（使用 AH、ESP）时，IPSec 根据 SPD 和 SAD 中对应的参数值完成鉴别和加密过程。

（五）密钥管理

IPSec 在数据包验证和加密过程中需要使用各种密钥，这些密钥可以由密钥管理组件进行分发和管理，通过密钥管理协议来实现。密钥管理协议进行密钥协商的结果（例如密钥及其长度等）被保存在 SA 中。Internet 密钥交换协议（internet key exchange，IKE）是 IPSec 默认的安全密钥协商方法。IKE 通过一系列报文交换，为两个实体（如网络终端或网关）进行安全通信生成会话密钥。IKE 建立在 Internet 安全协定和密钥管理协议（internet security association and key management protocol，ISAKMP）定义的一个框架之上，是 IPSec 目前正式确定的密钥交换协议。IKE 为 IPSec 的 AH 和 ESP 协议提供密钥交换管理和安全协定管理，同时也为 ISAKMP 提供密钥管理和安全管理。IKE 具有两种密钥管理协议，即 Oakley 和安全密钥交换机制（secure key exchange mechanism，SKEME）的一部分功能，并综合了 Oakley 和 SKEME 的密钥交换方案，形成了独有的加密密钥生成方法。

（六）解释域（domain of interpret，DOI）

给出各个组件彼此相关部分的标识符及操作参数。

三、IPSec 的操作模式

IPSec 有两种操作模式（operation mode），即隧道模式和传输模式。IPSec 隧道模式的特点是数据包目的地不是 IPSec 的安全终点。通常情况下，只要 IPSec 通信双方有一方是安全网关或路由器，就必须使用隧道模式。传输模式下，IP 报文的源和目标地址是 IPSec 的安全终点。通常情况下，传输模式用于两台主机之间的端到端安全通信。

两种操作模式的示意图分别如图 12-2-2、12-2-3 所示。

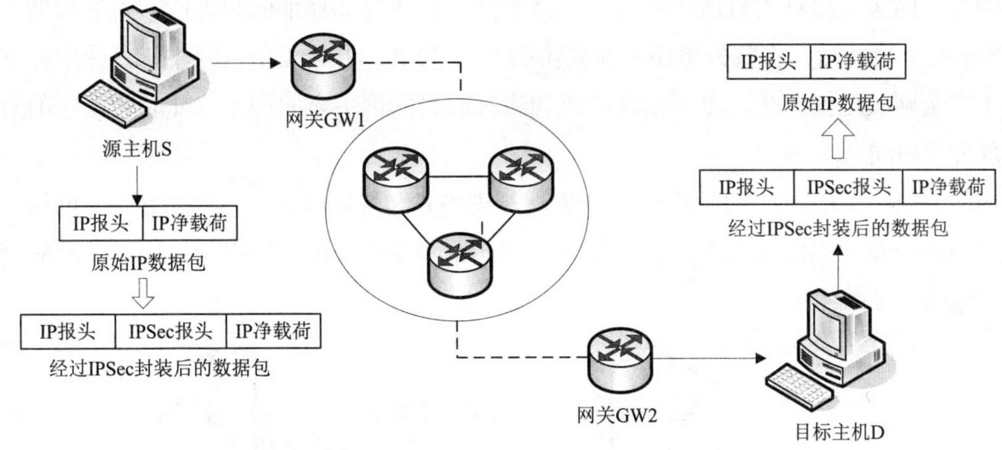

图12-2-2　IPSec传输模式

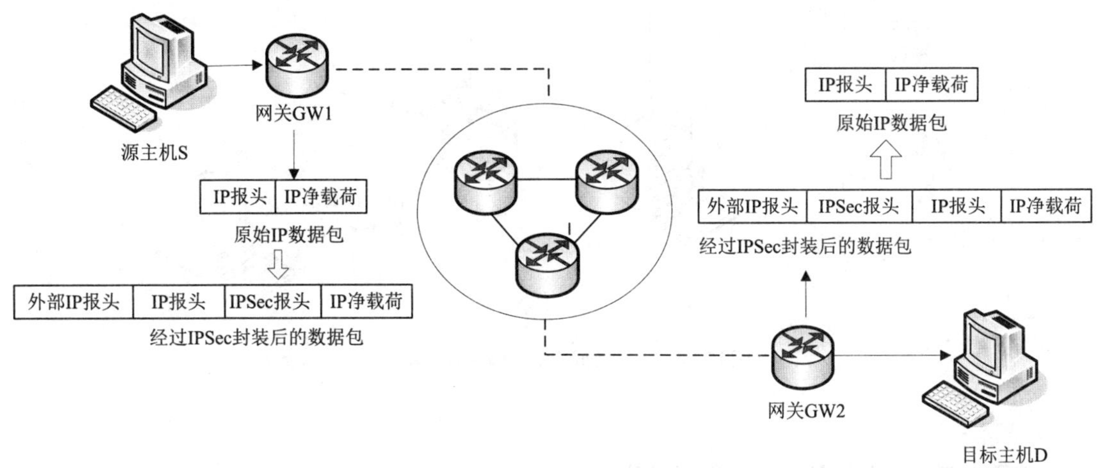

图12-2-3　IPSec隧道模式

传输模式中，IPSec 对等实体位于两台主机上：一台主机向另一台主机发送 IP 报文，两台主机上均启动 IPSec 协议，并按照事先协商的安全策略和安全协定对 IP 报文进行安全通信保护。在源主机上，IPSec 安全通信协议 AH 和 / 或 ESP- 的头部被插入到原 IP 报文的头部和其净载荷（上层协议）之间，该数据包到达目标主机后，目标主机的 IPSec 协议栈进行相应的安全操作（如进行数据源鉴别、完整性验证和解密等）后，将数据包交由上层协议处理。

隧道模式中，IPSec 对等实体位于两个安全网关之间（或位于主机与安全网关之间）：一台主机向另一台主机发送一个明文 IP 报文，通信目标端不是 IPSec 的协议终点（目标主机不启动 IPSec），该数据包到达本地网关后，由本地网关和目标地址的网关之间建立 IPSec 隧道。本地网关的 IPSec 协议栈对该 IP 报文进行重新封装，原始 IP 报文经过 AH 和 / 或 ESP 封装保护后，IPSec 产生一个新的 IP 报头，报头的源地址为本地网关，目标地址为远程的对端网关（目标主机所在网关）。该数据包到达目标地址的网关后，由远程网关进行 IPSec 安全检查后，将数据包还原为原始明文 IP 报文，并转发给目标主机。图中的隧道在两个安全网关之间产生，也可以在主机和目标网络的网关之间产生，此时数据包的封装及处理方式相同。

如图 12-2-4 所示，在实际部署时，IPSec 隧道模式和传输模式可以共同存在，网络上的主机和网络设备根据需要配置为不同的工作模式，两种模式也可以嵌套使用，共同对网络上的 IP 通信进行保护。

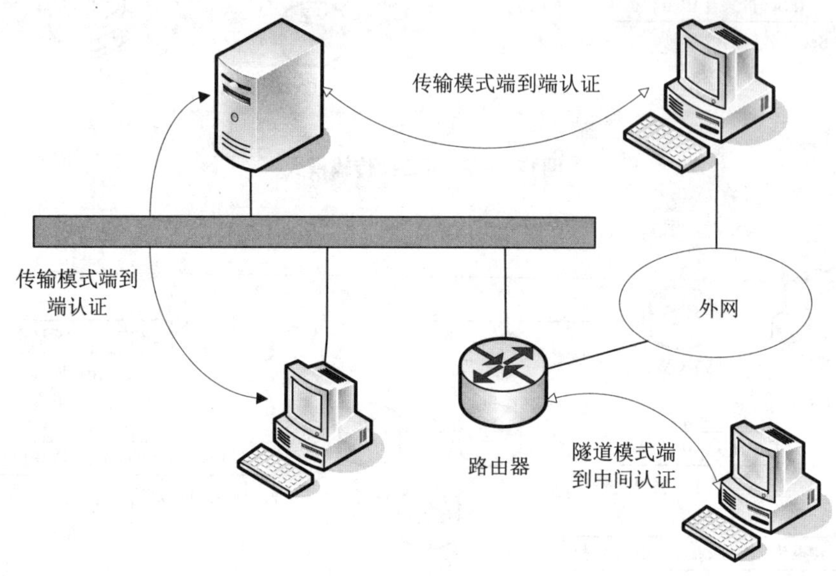

图12-2-4　两种模式在网络中的部署

四、安全策略与安全协议

对于 IPSec 数据流处理而言，有两个必要的数据库：安全策略数据库（SPD）和安全协定数据库（SAD）。SPD 指定了用于到达或者源自特定主机或网络的数据流的策略。SAD 则包含安全通信协议需要的各种参数。

（一）安全策略和安全策略数据库

如图 12-2-5 所示，IPSec 安全策略包括需要保护的通信双方的一系列参数。IPSec 协议要求在所有通信流处理的过程中都必须查询 SPD。SPD 中包含一个策略条目的有序列表，通过使用一个或者多个选择符来确定每个条目，这些选择符是从网络层和传输层的数据包头里提取出来的。SPD 中的 SA 指针用来确定该策略对应的安全协定。当有数据包外出时，根据这些选择符对 SPD 进行索引，从而决定采用何种安全策略和安全协定。IPSec 当前允许的选择符包括如下几个部分：源 IP 地址、目的 IP 地址、系统名、协议、上层端口。

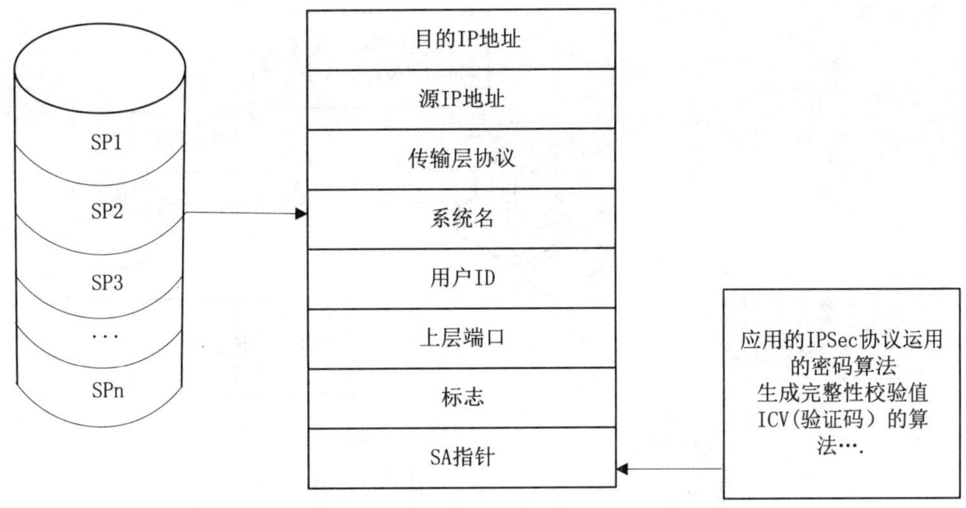

图12-2-5　IPSec安全策略SP

（二）安全协议和安全协定数据库

SAD 中包含现行的 SA 条目，每个 SA 又包含一个安全参数索引（security parameters index，SPI），一个源或目的 IP 地址和一个 IPSec 安全通信协议（AH/ESP）组成的三元组索引，即 <SPI，dst/src，protocol>。该索引唯一标识一个 SA，并且作为 AH 和 ESP 协议报文头部的一个字段存在。此外，一个 SAD 条目还包含下面的域：

序列号（sequence number）。

序列号溢出。

抗重放窗口。

AH 认证密码算法和所需要的密钥。

ESP 认证密码算法和所需要的密钥。

ESP 加密算法，密钥，初始化向量（initialization vector，IV）和 IV 模式。

IPSec 操作模式。

SA 生存期。

隧道目的地。

路径最大传输单元参数。

首先在主机上手工指定 IPSec 通信的安全策略，例如对某个目标地址的 IP 报文使用 ESP 进行加密，不使用 AH 鉴别协议。该安全策略对应的安全协定（如密钥及其参数）可以手工指定，也可以由 IKE 协商产生。如图 12-2-6 所示，当一个 SA 协商完成后，这些参数被存放在 SPD 和 SAD 中。

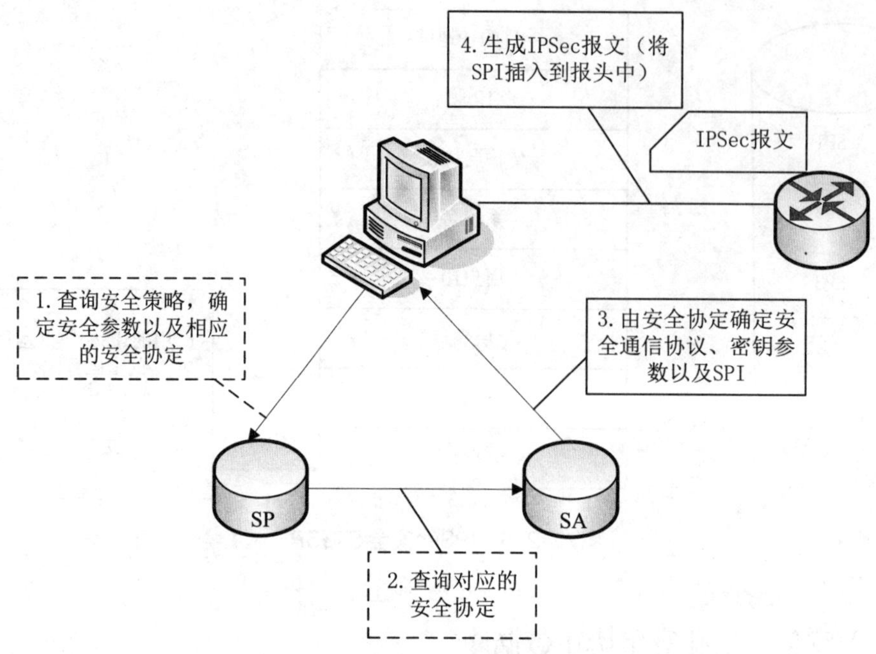

图12-2-6 1PSec输出数据包处理

数据包外出时，IPSec 协议栈根据数据包头部的目标地址、端口确定该数据包对应的 SP，并通过与其关联的 SA 指针找到对应的 SA，然后将 SPI 插入到 ESP 或 AH 的头部字段中。最后，按照相应的工作模式（隧道模式或传输模式）进行 ESP 安装，并将数据包发往目标地址。对于进入的数据包，IPSec 协议栈根据 <SPI，dst/src，protocol> 三元组确定该 ESP 对应的 SA，从中获取各种参数后，进行相应的验证和解密工作。

五、密钥交换协议

Internet 密钥交换协议 IKE 是一个以受保护方式为 SA 协商并提供经过认证的密钥管理协议。使用 IPSec 保护 IP 报文之前，必须先建立一个安全协定 SA。如前所述，SA 可以手工创建或动态建立，IKE 协议用于动态建立 SA。IKE 代表 IPSec 对 SA 进行协商，并对安全协定数据库 SAD 进行填充。IKE 实际上是一种混合型协议。它建立在由 Internet 安全协定和密钥管理协议 ISAKMP 定义的一个框架上。同时，IKE 还实现了两种密钥管理协议的一部分：Oakley 和 SKEME。IKE 是建立在 ISAKMP 基础上的，但两者是不同的：ISAKMP 提供了一个可以由任意密钥交换协议使用的通用密钥交换框架，而 IKE 则定义了一个实际可用的具体的密钥交换协议。

（一）ISAKMP

Internet 安全协定密钥管理协议 ISAKMP 定义协商、建立、修改和删除 SA 的过程和对应的消息格式。ISAKMP 被设计为与密钥交换协议无关的协议，即不受限于任何具体的密钥交换协议、密码算法、密钥生成技术或认证机制。同时，ISAKMP 是作为一个通用的协商协议定义的，而不是仅对 IKE、IPSec 或 IP。

通信双方通过 ISAKMP 向对方提供自己支持的安全功能从而协商共同的安全属性。ISAKMP 消息可以通过 TCP 和 UDP 传输，默认端口为 500。ISAKMP 包括两阶段

阶段 1：ISAKMP 通信双方建立一个 ISAKMP SA，它用于保护双方后面的安全协定的协商过程。

阶段 2：使用 ISAKMP SA 为 IPSec 安全通信子协议（AH 和 ESP）建立安全协定。

ISAKMP 提供了详细的协议描述和消息格式。ISAKMP 消息使用一系列不同的载荷建立，这些载荷可能在不同的组合中出现。每种载荷控制了一个在密钥协商中的特定数据类型，并且包含一个指向数据包中下一个载荷的指针。通过一系列这种载荷的排列，ISAKMP 包能够包含一个特定 IKE 消息的所有数据。

1. ISAKMP 消息格式

如图 12-2-7 所示，ISAKMP 消息由一个定长的报头和不定长的载荷组成。定长的报头简化了协议分析过程，它包括协议所需的各种信息来维持状态、处理载荷，并用来提供不可否认性服务和防御重放攻击。

<table>
<tr><td colspan="5">发起者cookie</td></tr>
<tr><td colspan="5">响应者cookie</td></tr>
<tr><td>下一个载荷</td><td>主版本</td><td>次版本</td><td>交换类型</td><td>标志</td></tr>
<tr><td colspan="5">消息ID</td></tr>
<tr><td colspan="5">长度</td></tr>
</table>

图12-2-7　ISAKMP报头格式

2. ISAKMP 载荷

在 ISAKMP 定长的报头后面是不定长的载荷。RFC 2408 共定义了 13 种载荷。表 7.1 说明了这些载荷所分配的值，这些值会出现在 ISAKMP 头的下一个载荷字段中或者是载荷头中下一个载荷字段中。

表 7.1　ISAKMP 载荷分配表

下一个载荷	分配的值	下一个载荷	分配的值
无	0	杂凑载荷	8
安全协定载荷	1	签名载荷	9
建议载荷	2	Nonce载荷	10
交换载荷	3	通知载荷	11

续表

下一个载荷	分配的值	下一个载荷	分配的值
密钥交换载荷	4	删除载荷	12
标识载荷	5	厂商载荷	13
证书载荷	6	保留	14～127
证书请求载荷	7	私有使用	128～255

（二）IKE

IKE 的密钥交换分为两个独立阶段：第一个阶段建立一个安全通道，使得第二个阶段的协商可以秘密地进行；第二个阶段为 IPSec 创建安全协定。

在第一阶段，通信双方彼此建立一个已通过身份认证和安全保护的隧道，称为 ISAKMPSA（IKE 的一种安全协定，也称为 IKESA）。一旦 ISAKMPSA 建立起来，所有发起方与应答方之间的 IKE 通信都经过加密、完整性检查和认证保护。

两台主机之间可以同时建立多个 ISAKMPSA，一个 ISAKMPSA 也可以用于创建多个 IPSec SA，ISAKMPSA 的结束不会影响其创建的 IPSec SA 发生作用。

IKE 定义了几组用于 Diffie-Hellman 交换的群参数，并提供用户创建新群的机制。

IKE 定义了主模式、野蛮模式、快速模式和新群模式 4 种交换模式。前三个用于协商 SA，第四个用于协商 Diffie-Hellman 交换的群。SA 或群提议（group offer）以变换载荷的形式封装在建议载荷中，而建议载荷又封装在安全载荷中。下面分别介绍这些交换模式。

1. 主模式

主模式用于协商 IKE 密钥交换阶段 1 的 ISAKMPSA，它包括一个经过认证的 Diffie-Hellman 密钥交换过程。主模式将密钥交换信息与用户身份、认证信息分离，这种分离保护了身份信息，因为交换的身份信息受到了前面生成的 Diffie-Hellman 共享秘密的保护。图 12-2-8 说明了主模式下的消息交互过程。

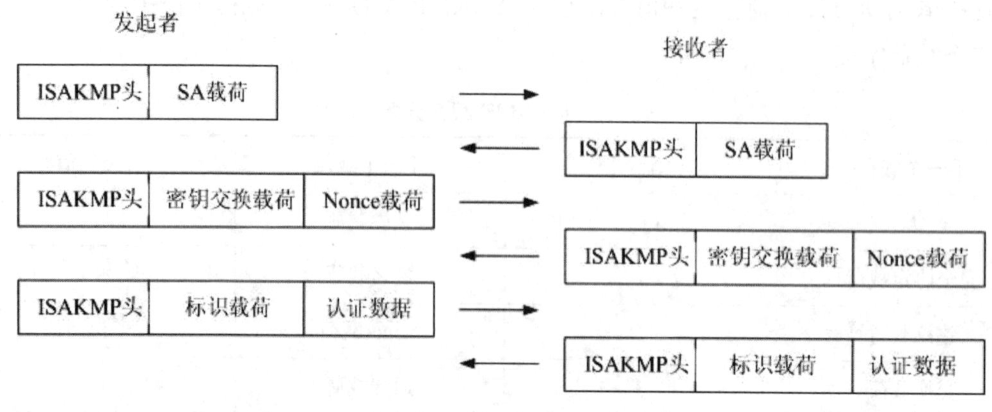

图12-2-8　IKE主模式交换

消息 1：发起者向响应者发送一个封装有建议载荷的 SA 载荷，而建议载荷中又封装有变换载荷。

消息 2：响应者发送一个 SA 载荷，该载荷表明它所能够接受的正在协商的 SA 的建议。

消息 3 和消息 4：发起者和响应者交换 Diffie—Hellman 公开值和辅助数据。这是计算共享秘密（用来生成加密密钥和认证密钥）所必需的。

消息 5 和消息 6：发起者和响应者交换标识数据并认证 Diffie—Hellman 交换。这两个消息中传递的信息是加密的，用于加密的密钥使用消息 3 和消息 4 中交换的密钥信息生成，因此用户身份信息受到了保护。

2. 野蛮模式

在不需要保护身份信息时，IKE 使用野蛮模式来协商阶段 1 的 SA。野蛮模式允许同时传送与 SA、密钥交换和认证相关的载荷。将这些载荷组合到一条消息中减少了消息的往返次数，但是这样无法提供身份保护。图 12-2-9 显示了野蛮模式下的消息交互过程。

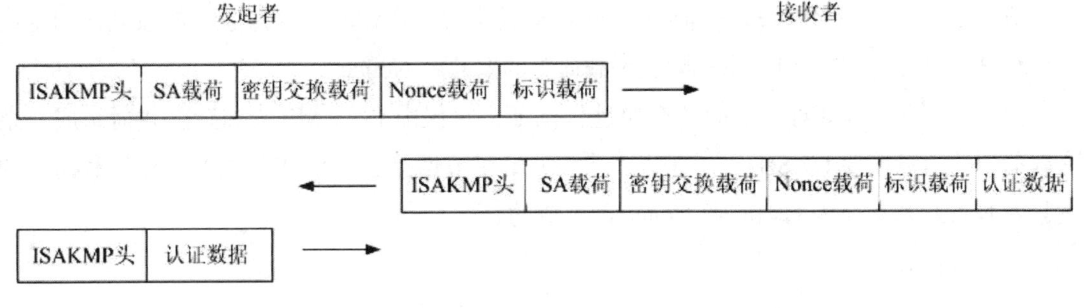

图12-2-9　IKE野蛮模式交换

消息 1：与主模式类似，发起者向响应者发送一个封装有单个建议载荷的 SA 载荷，而建议载荷中又封装有一个变换载荷。但在野蛮模式中，只提供带有一个变换的建议载荷；响应者可以选择接收或拒绝该建议。Diffie-Hellman 公开值、需要的随机数和身份信息也在第一条消息中传送。

消息 2：如果响应者接收发起者的建议，它发送一个 SA 载荷，其中封装有发起者建议的变换的建议载荷。它将 Diffie—Hellman 公开值、需要的随机数和身份信息作为消息的一部分同时传送。这个消息受到协商一致的认证函数保护。

消息 3：发起者发送经过双方一致同意的哈希函数生成的散列值。这个消息可以认证发起者的身份并且证明其为交换的参与者。这个消息使用前两个消息交换的密钥信息生成的密钥进行加密。需要注意的是，包含身份信息的消息未被加密，所以和主模式不同，野蛮模式不提供身份保护。

3. 快速模式

快速模式用于协商阶段 2 的 SA，协商受到在阶段 1 协商好的 ISAKMPSA 的保护。快速模式下交换的载荷都是加密的。快速模式下的消息交互过程如图 12-2-10 所示。

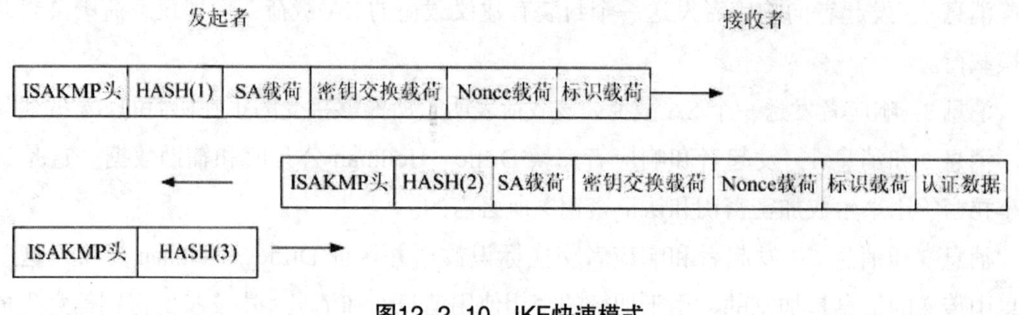

图12-2-10 IKE快速模式

消息 1：发起者向接收者发送一个杂凑载荷、一个 SA 载荷（其中封装了一个或多个建议载荷，而每个建议载荷中又封装一个或多个变换载荷）、一个 Nonce 载荷，可选的密钥交换信息和标识信息。杂凑载荷中包含消息摘要 HASH（1），它是使用前面协商好的伪随机函数对消息头中的消息 ID（MSgID）连同杂凑载荷（哈希值）的全部消息部分（包括所有的载荷头）进行计算的结果。

消息 2：这个消息中的载荷和消息 1 中的载荷类似。HASH（2）中包含的散列值的生成方法和 HASH（1）中类似，只是除去了载荷头的发起者 Nonce。

消息 3：这个消息对于前面的交换进行认证，它仅由 ISAKMP 头和杂凑载荷组成。杂凑载荷中的消息摘要 HASH（3）是以一个为 0 的字节连接着 MSgID，以及去掉了载荷头的发起者 Nonce 和载荷头的响应者 Nonce 而生成的。

4. 新群模式

新群模式用于为 Diffie-Hellman 密钥交换协商一个新的群。新群模式是在 ISAKMP 阶段 1 中交换的 SA 的保护之下进行的。图 2-2-11 是这种模式下的消息交换过程。

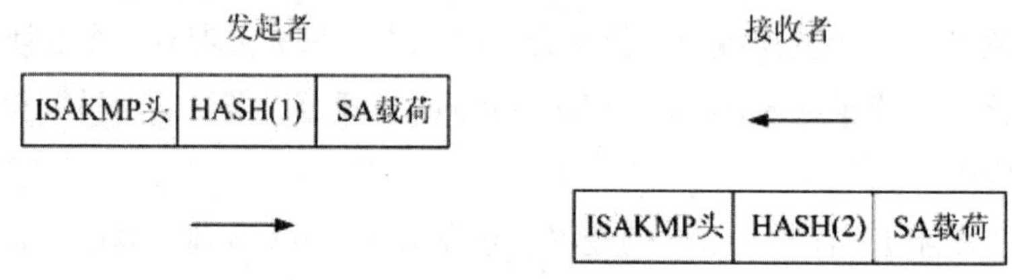

图7.14 IKE新群模式

在第一条消息中，发起方发送一个 SA 载荷，其中包含了新群的特征（例如模指数运算的质数），如果响应者能够接受这个群，便在第二条消息中使用完全一样的信息做出应答，否则拒绝该提议。

六、验证头 AH

AH 协议可以提供无连接的数据完整性、数据源认证和抗重放保护等安全服务。AH 使用消息验证码 HMAC 对 IP 报文进行认证。AH 协议定义保护方法、AH 报头的位置、身份鉴别的覆盖范围以及输入和输出处理规则，但不对所用身份验证算法和验证方法进行定义，这取决于 IPSec 的协议实现。例如 Windows 系统中，IPSec 可提供三种形式的报文源鉴别：基于对称密钥（共享密钥）的、基于非对称密钥（使用数字证书）的以及 Kerberos 认证。AH 没有硬性规定必须使用抗重放保护，是否使用该服务由接收端自行处理。

（一）AH 报文格式

如图 12-2-12 所示，AH 报头由 5 个固定长度域和一个变长的认证数据域组成。下面分别描述各个域的功能。

下一个头next header	载荷长度payload length	保留reserved
安全参数索引SPI		
序列号sequence number		
认证数据authentication data		

图12-2-12　认证头格式

1. 下一个头（next header）：这个 8 比特的域指出 AH 后的下一个载荷的类型。在传输模式下，“下一个头”是被保护的上层协议，如 UDP 或 TCP 协议。在隧道模式下，AH 的上层协议则是原始 IP 报文，例如其值为 4 表示 IP：IP（IPv4）封装。如果后面是另一个 AH 载荷（用于嵌套使用的 IPSec），则这个域值为 51。该域的取值如表 12-2-2 所示。

表 12-2-2　AH 报文中的 Next　Header 的取值

取 值	关键字	协 议
0		Reserved
1	ICMP	Internet Control Message
2	IGMP	Internet Group Management
4	IP	IP in IP（encasulation）
6	TCP	Transmission Control
17	UDP	User Datagram
50	SIPP-ESP	SIPP Encap Security Payload
51	SIPP-AH	SIPP Authentication Header

2. 载荷长度（payload length）：这个 8 比特的域包含以 2 比特为单位的 AH 的长度减 2。因为 AH 头是一个 IPv6 扩展头，按照 RFC 2460，它的长度是从 64 比特表示的头长度中减去一个 64 比特得到的。但 AH 采用 32 比特来计算，因此，计算时应该减去两个 32 比特（或一个 64 比特）。

3. 保留（reserved）：这个 16 比特的保留域供将来使用。AH 规定这个域应被置为 0。

4. 安全参数索引（SPI）：SPI 是一个 32 比特的证书，用于和 IP 报文的源地址或目的地址以及 IPSec 协议（AH 或 ESP）共同唯一标识一个数据包所属的数据流的安全协定 SA。SPI 域的取值中，1 ~ 255 被留作将来使用，0 被保留。

5. 序列号（sequence number）：这个域包含一个作为单调增加的计数器的 32 位无符号整数。AH 使用序列号和滑动窗口来提供抗重放安全服务。SA 建立时，发送方和接收方序列号初始化为 0；通信双方每用一个特定的 SA 发送一个数据包则将其值加 1，用于抵抗重放攻击；AH 规范强制发送者必须发送序列号给接收者，而接收者可以选择不使用抗重放特性，这时它不理会该序列号即可；若接收者启用抗重放特性，则使用滑动窗口机制检测重放包。具体采用的滑动窗口协议因 IPSec 的实现而异。

6. 认证数据（authentication data）：这个变长域包含数据包的认证数据，该认证数据被称为数据包的完整性校验值（integrity check value，ICV）。用来生成 ICV 的算法由 SA 指定，用来计算 ICV 的可用的算法因 IPSec 的实现不同而不同。为了保证互操作性，AH 强制所有的 IPSec 实现必须包含两个 MAC，即 HMAC-MD5 和 HMAC-SHA-l。ICV 的长度依赖于所使用的 MAC 算法，例如 HMAC-MD5 可以为 128 位，HMAC-SHA-1 可以为 160 位。对于 IPv4 报文，这个域的长度必须是 32 的整数倍；对于 IPv6 报文，这个域的长度必须是 64 的整数倍。如果一个 IPv4 报文的 ICV 域的长度不是 32 的整数倍，或者一个 IPv6 报文的 ICV 域的长度不是 64 的整数倍，必须添加填充位使 ICV 域的长度达到所需长度。

（二）AH 操作模式

在进行安全通信保护时，AH 头的位置依赖于 AH 的操作模式。AH 有两种操作模式，即传输模式和隧道模式。

1. AH 传输模式

在传输模式中，AH 报头被插入在 IP 报文中，紧跟在 IP 头之后和需要保护的上层协议或其他 IPSec 协议头之前（用于 IPSec 的嵌套）。因此，在传输模式中，对 IPv4 而言，AH 被插在 IP 变长可选域之后。图 12-2-13 说明了 IPv4 的传输模式下 AH 相对于其他头部域的位置。

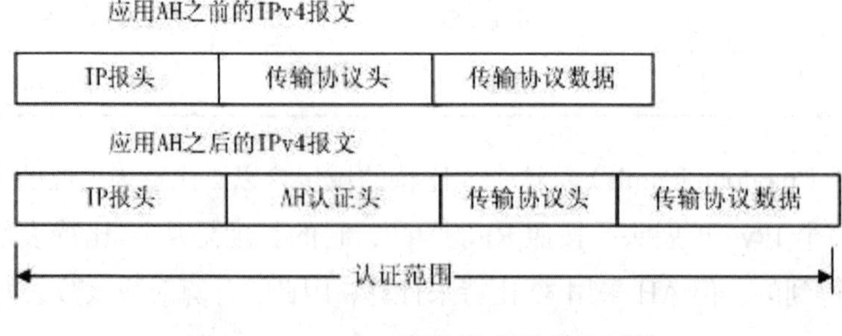

图12-2-13　IPv4传输模式下AH的封装

IPv6 中不再有以往的 IP 报头中的可选域。IPv6 中，选项被处理为单独的头，称作扩展头。扩展头插入在 IP 报头的后面，这个特征提高了 IP 报文的处理速度：除了包含路由器需要检查的路由信息的逐跳（hop by hop）扩展头外，其他头部字段不会被从源到目的的沿途中间节点处理，而是仅被目标主机处理。

在 IPv6 的传输模式中，AH 被插入在逐跳、路由和分段扩展头的后面；目的选项扩展头可以被置于 AH 头的前面或后面。如果目的选项头被出现在 IPv6 目的地址域的第一个目标主机以及其后的路由头中列出的目标主机列表处理，那么它仅被目标主机处理，则应该放在 AH 之后。图 12-2-14 说明了 IPv6 中，AH 传输模式下，AH 报头相对于其他 IPv6 扩展头的位置。

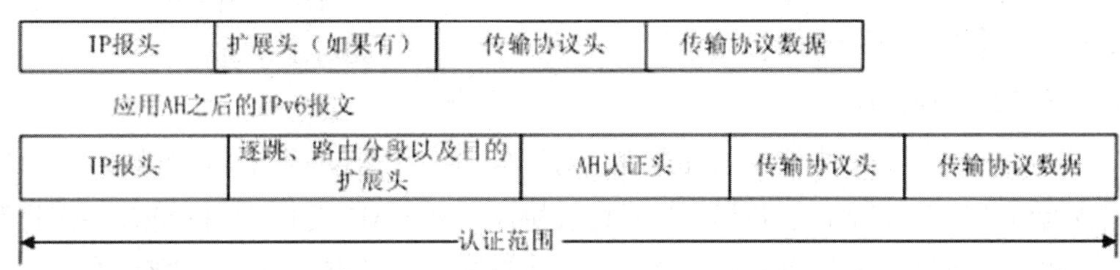

图12-2-14 IPv6传输模式下AH的封装

无论在 IPv4 下还是在 IPv6 下，AH 验证的都是整个 IP 报文（包括报头）。

2. AH 隧道模式

如图 12-2-15 所示，在隧道模式中，AH 将自己保护的数据包（通常是 IPv4 或 IPv6 报文）封装起来，然后在 AH 头之前添一个新的 IP 报头。“里面的”IP 报文中包含了通信的原始地址，“外面的” IP 报文则包含了 IPSec 端点的地址。

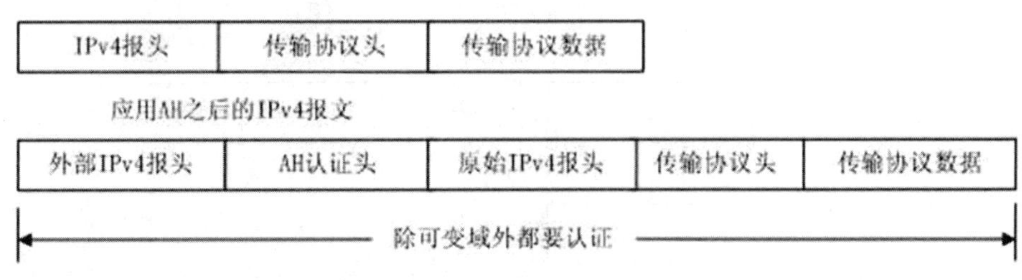

图12-2-15 IPv4隧道模式下AH的封装

如图 12-2-16 所示，在 IPv6 报文中，除了新的 IP 报头外，原始数据包的扩展头也被插入在 AH 报头前面。

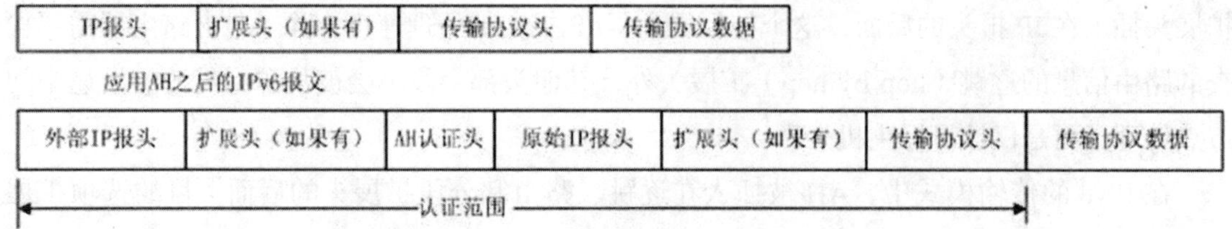

图12-2-16　IPv6隧道模式下AH的封装

和传输模式类似，隧道模式下 AH 验证整个 IP 数据包，包括新的 IP 报头。AH 隧道模式可用来替换端到端安全服务的传输模式，但由于 AH 协议没有提供机密性保护，因此 AH 只能保证收到的数据包在传输过程中没有被篡改，并且数据包来源于一个可信的实体，同时它不是一个被重放的数据包。

3. AH 协议处理过程

图 12-2-17 给出了 AH 协议的处理过程。对于外出的数据包（图的左侧部分），AH 协议根据数据包的目标 IP 地址、目标端口号以及协议类型（AH 或 ESP）在 SPD 中查找对应的安全策略，如果没有该数据包对应的策略则将该数据包丢弃，否则，按照 SP 中对应的 SA 指针查找 SAD，确定该数据包对应的 SA。

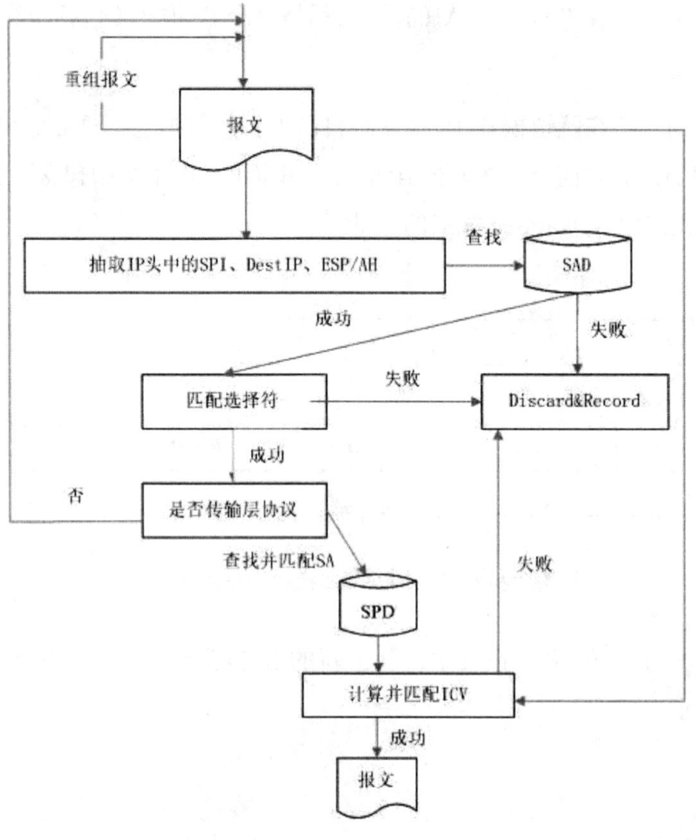

图12-2-17　AH输出—输入处理流程

如果 SA 已建立，则选取 SA 参数后，进入 AH 协议处理过程，对该数据包实施 AH 封装和处理：首先，为了提供抗重放功能，将 AH 报头的序列号值加 1（对于第一个数据包则将其初始化为 0），其后，根据 SA 中指定的完整性算法和密钥计算 ICV 作为 AH 报文中的验证数据字段，同时将 SPI 的值插入到安全协议的头部；最后，根据 SA 中确定的协议操作模式，将 AH 报头的其他字段按照操作模式对应的顺序进行协议封装后，将数据包交由链路层协议处理。

如果该数据包对应的 SA 未建立，则调用 IKE 生成 AH 所需的安全参数（如密钥等），然后选取对应的 SA 后，进入 AH 协议处理过程。对于进入的数据包（图的右侧部分），考虑到 IP 报文可能会被分片，IPSec 首先按照 IP 协议的规定对数据包进行重组，还原为经过鉴别保护的 IP 报文后，进行 AH 协议处理：从 AH 数据包的头部提取 SPI、目标 IP 地址以及协议（AH）等字段，将该三元组作为索引值查找 SAD 数据库，以确定该数据包对应的安全参数；如果成功找到该数据包对应的 SA，并进行 IP 报文重组后，按照 SA 中的参数计算 ICV，将之和 AH 数据包中的认证数据比较，匹配成功后将该报文还原为 IP 报文，交由上层协议处理；如果没有对应的 SA，或 ICV 校验不成功，则将该数据包丢弃。

七、封装安全载荷 ESP

ESP 可以提供和 AH 类似的服务，但增加了两个额外的服务：数据机密性和有限的数据流保密服务。其中，数据机密性服务通过使用对称密码加密 IP 报文的相关部分实现，数据流保密服务由隧道模式下的机密性服务提供。ESP 加密数据包的密码算法取决于 IPSec 实现以及用户的安全协定。例如，加密算法可以是 3DES、DES 等。和 AH 类似，ESP 使用消息验证码 MAC 提供认证服务，并且产生消息鉴别码时需要一个密钥，即使用 HMAC。ESP 提供的机密性和数据源鉴别（包括完整性保护）功能是可选的，例如用户可以选择只加密不鉴别，也可以同时使用加密和鉴别服务。ESP 既可以单独使用，也可以以嵌套的方式使用或者和 AH 结合使用。

（一）ESP 报文格式

如图 12-2-18 所示，ESP 报文由 4 个固定长度的域和三个变长域组成。以下分别描述各个域的功能。

1. 安全参数索引（security parameters index，SPI）：同 AH 的 SPI 一样，ESP 的 SPI 也是一个 32 比特的索引值，用于和源地址或目的地址以及 IPSec 安全通信协议（AH 或 ESP）共同唯一标识一个数据包所属的安全协定。SPI 本身需要经过验证，但不进行加密。如果 SPI 本身被加密，则无法得到解密 ESP 数据包的各种参数（如解密算法和密钥等），因为它们保存在 SA 中。

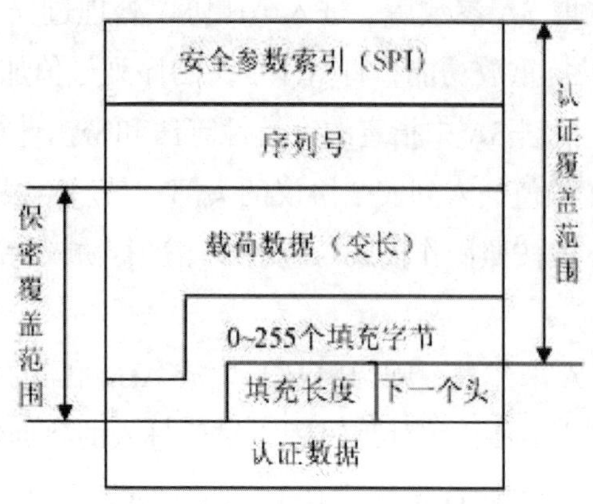

图12-2-18　ESP报头格式

2. 序列号（sequencenumber）：同 AH 一样，这个域是一个作为单调增加的计数器的 32 位无符号整数。ESP 使用序列号和滑动窗口来提供抗重放的安全服务。同 SPI 一样，序列号需要经过验证（在选择了带验证功能的 ESP 的情况下），但不进行加密。这是由于 ESP 将根据它判断一个包是否重复，对于重复的包无须解密即可简单丢弃，因此序列号没有必要保密，只要可以证明它没有被篡改就可以了。

3. 载荷数据（payload data）：这是一个变长域。这个字段包含了 ESP 保护的实际数据。因此，这个字段的长度由 IPSec 净载荷的数据长度决定。它的长度以比特为单位并且必须是 8 的整数倍。也可在保护数据字段中包含一个加密算法可能需要用到的初始化向量 IV，但初始化向量不加密。

4. 填充（padding）：该字段用于在 ESP 中保证边界的正确。长度是 0 ~ 255 字节。某些加密算法模式要求密码的输入是其块大小的整数倍，填充项就是用来完成这一任务的。同时，假如 SA 没有要求机密性保证，仍需通过填充项把 ESP 头的“填充长度”和“下一个头”这两个字段靠右排列。此外，这项技术还可用来隐藏载荷数据的真正长度。至于具体填充内容，与提供机密性的加密算法有关。

5. 填充长度（pad length）：填充长度是一个 8 比特的域，表明填充域中填充比特的长度。接收端可以根据填充长度恢复载荷数据的真实长度。这个域的有效值是 0 ~ 255 字节。填充项长度字段是硬性规定的，因此，即使没有填充，填充长度字段仍会将它表示出来。

6. 下一个头（next header）：和 AH 类似，这个 8 比特的域表明了载荷中封装的数据包类型。如果是传输模式，“下一个头”可能是一个传输层协议的值（如 TCP 对应的值是 6）；如果是隧道模式，则是原始 IP 报头的协议值（如 IPv4 对应的值是 4）；如果是嵌套方式，则可能是 50 或 51，表示后面是另一个 IPSec 报文（ESP 或 AH）。

7. 认证数据（authenticationdata）：这个变长域中存放 ICV，用于提供数据源鉴别和完整性保护服务。它是对除认证数据域以外的 ESP 报文进行计算获得的。但认证的对象不包括原始 IP 报头，这一点和 AH 不同。ICV 的长度由 SA 所用的认证算法决定。如果对 ESP

报文进行处理的 SA 中没有指定身份验证器，就不会有验证数据字段（即双方协商只使用 ESP 进行加密保护而不进行数据源鉴别）。

（二）ESP 操作模式

和 AH 一样，ESP 在 IP 报文中的位置取决于 ESP 的操作模式，即传输模式和隧道模式。

（1）ESP 传输模式

在传输模式下，ESP 被插入到 IP 报头和所有的选项之后、传输层协议之前，或者在已应用的任意 IPSec 协议（如另一个 ESP）之前。在 IPv4 传输模式下，ESP 被插入在 IPv4 的变长选项域之后。图 12-2-19 显示了 IPv4 中，ESP 在传输模式下相对于其他头部域的位置。

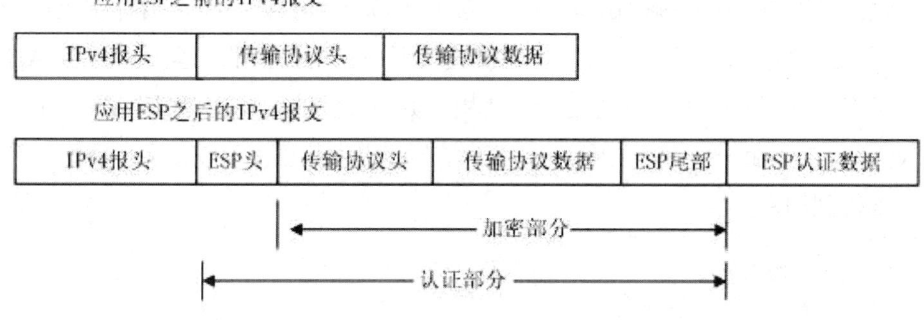

图7.23　传输模式下ESP想对于其他IPv4报头的位置

图中的 ESP 头部域由 SPI 和序列号域组成，ESP 尾部由填充域、填充长度域和“下一个头”域组成如图 12-2-19 所示。图中 ESP 同时提供机密性保护和数据认证服务。如前所述，即使需要机密性服务，SPI 和序列号域也不被加密，因为接收节点需要这些域来标志处理数据包的 SA；此外，如果启动了抗重放服务，序列号域还要被用来检验重放数据包。同样，认证数据域也不被加密，因为目标主机在处理这个数据包之前需要使用认证域（ESP 认证数据）来验证数据包的完整性以及消息的来源。

对于 IPv6 报文，ESP 被插入在逐跳、路由和分段扩展头之后；目的选项扩展头可以放在 ESP 报头的前边或后边。如果目标选项头仅被目的节点处理，那么它可以置于 ESP 之后；否则，目标选项头将放在 ESP 之前。图 12-2-20 说明了 IPv6 传输操作模式下，ESP 相对于其他 IPv6 扩展头的位置。

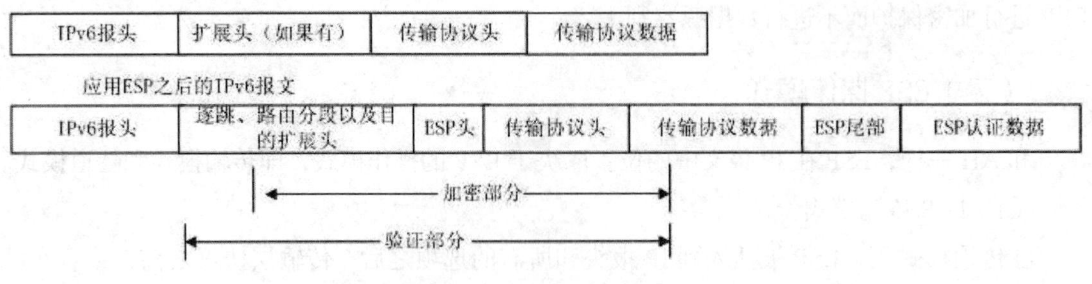

图12-2-20 传输模式下ESP相对于其他IPv6扩展头的位置

从图 12-2-19 和图 12-2-20 中可以看出，传输模式下，ESP 不对 IP 报文头部进行验证，该部分的验证可以由 AH 实施。由于 ESP 不对 IP 报头进行验证，所以目标主机可能无法检测到 IP 报头发生的修改。这样，ESP 传输模式认证服务所提供的安全性就不如 AH 传输模式。因此，需要更高安全级并且通信双方使用公开 IP 地址时，应该采用 AH 认证服务或联合使用 AH 和 ESP。此外，ESP 在传输模式下是不能提供数据流保密服务的，因为源和目的 IP 地址均未得到加密。

（三）ESP 隧道模式

隧道模式下，ESP 头部被插入在原始 IP 报头之前，并且生成一个新的 IP 报头置于 ESP 报头之前。其中，内部 IP 报头的源地址和目的地址是实际的源和目标主机的地址，而外部 IP 地址是 ESP 端点的地址（例如源节点和目的节点的安全网关的地址）。因此，内、外部的 IP 报头的源地址和目的地址可能不同。图 12-2-21 和图 12-2-22 中分别给出了 ESP 隧道模式在 IPv4 和 IPv6 中的报文封装顺序。

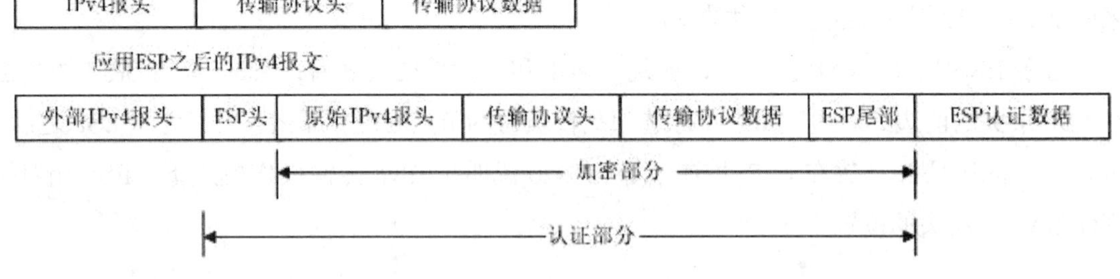

图12-2-21 隧道模式下ESP相对于IPv4报头的位置

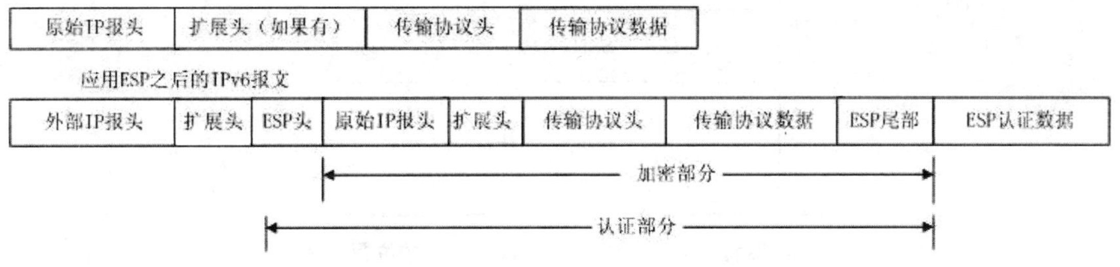

图12-2-22　隧道模式下ESP相对于IPv6及其扩展头的位置

和传输模式类似，ESP 头部域由 SPI 和序列号组成，尾部由填充域、填充长度域和“下一个头”组成。

ESP 隧道模式认证和加密服务所提供的安全性要强于 ESP 传输模式，因为在隧道模式下，ESP 对原始 IP 报文头部进行了加密和认证，而传输模式则没有。同时，由于 ESP 隧道模式对内部 IP 报头进行了加密，所以，当它运行在安全网关上时，它可以提供数据流保密服务。当然，由于加入了额外的 IP 报头，会产生额外的开销。

第三节　传输层安全协议

一、SSL 协议概述

安全套接层协议（Security Socket Layer，SSL）是由网景（Netscape）公司提出的网络安全协议，提供传输协议上的可靠的端到端安全服务，为两个通信对等实体之间提供机密性、完整性、鉴别以及密钥交换服务。其常用于 HTTP 协议，在浏览器软件（例如 IE、Netscape Navigator）和 Web 服务器之间建立一条安全通道，实现网络信息的安全传输，但也可用于其他应用层协议如 FTP、SMTP、Telnet 等。它包括服务器认证、用户认证（可选）、SSL 链路上的数据完整性和保密性。目前广泛采用的是 SSLv3。

二、协议工作层次

SSL 协议在网络协议簇中处于 HTTP、FTP、TELNET 等应用层协议和 TCP、UDP 等传输层协议之间。

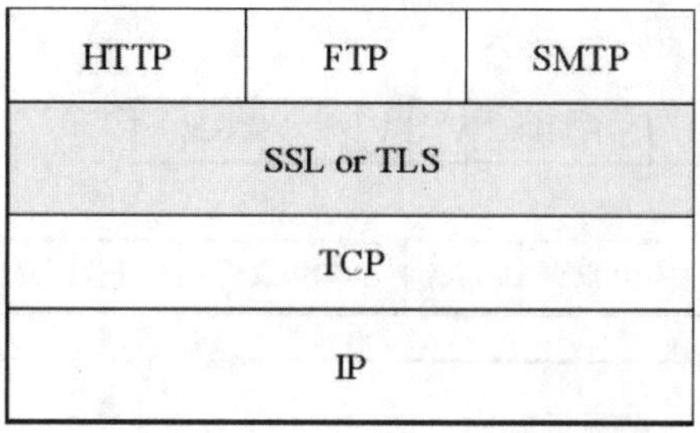

HTTP	FTP	SMTP
SSL or TLS		
TCP		
IP		

图12-3-1 SSL协议在TCP/IP中的位置

主要包括记录协议以及建立在记录协议之上的握手协议、警报协议、更改加密说明协议和应用数据协议等对会话和管理提供支持的子协议，如图 12-3-2：

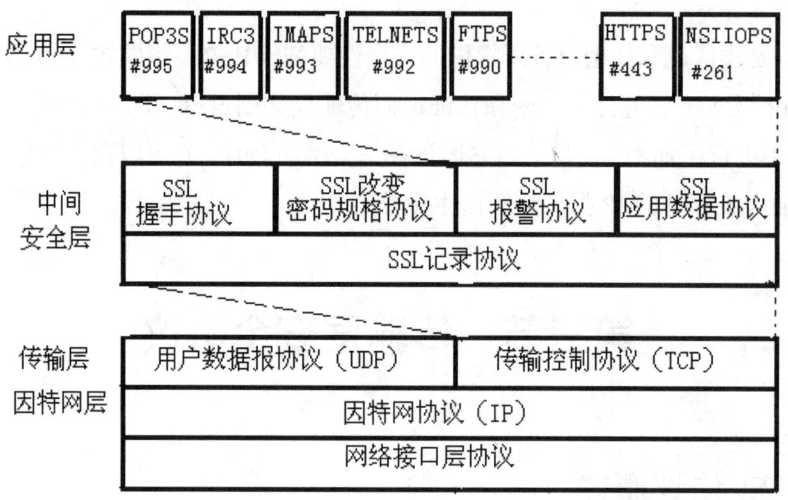

图12-3-2 SSL协议结构

1. 记录协议：对所有发送和接收的数据进行分段、压缩、认证、加密和完整性服务。

2. 握手协议：在客户端和服务器之间建立并保持安全通信状态。

3. 警报协议：通过记录协议传送警告信息。

4. 更改加密说明协议：在两个加密说明之间进行转换。

5. 应用数据协议：把应用数据直接传递给记录协议，其设计使其对应用层透明。

在应用层协议通信之前，SSL 握手协议必须完成加密算法和通信密钥的协商以及通信双方的认证工作。在通信握手协议建立之后，应用层传送的数据首先会由 SSL 协议进行加密，然后再进行传输。

（一）SSL 协议的主要特性

SSL 协议的主要特性如下：

1. 客户端和服务器的身份认证

SSL 协议支持客户端和服务器端的双向认证，使得它们能够确信数据将被发送到正确的客户机和服务器上。客户机和服务器都有各自的识别号，这些识别号由公开密钥进行编号，为了验证用户是否合法，SSL 协议要求在“握手”时交换证书，进行数字认证，以此来确保用户和服务器的合法性。

2. 保护数据的保密性

SSL 协议所采用的加密技术既有对称密钥技术，也有公开密钥技术。在客户端与服务器进行数据交换之前，交换 SSL 初始握手信息，在握手协议定义会话密钥后，所有发送端向接收端传输的数据都是加密的，数据加密的类型和程度在建立连接的过程中确定。由于每次连接都使用不同的密钥，所以具有很好的传输保密性。

3. 保护数据的完整性

SSL 协议采用哈希函数和机密共享的方法来提供信息的完整性服务，建立客户端与服务器之间的安全通道，使所有经过 SSL 协议处理的信息在传输过程中能全部完整准确无误地到达目的地。

4. 密钥的安全性

使用两种类型的密钥。私有密钥被发给各实体并且永远不向外透露，公共密钥可以任意分发，这两种密钥对于认证过程是必不可少的。使用公钥加密的数据不能再使用这个公钥进行解密，必须使用私有密钥进行解密。

（二）握手协议的执行过程

握手协议是建立在 SSL 记录协议之上的重要子协议，其执行过程主要分为六个阶段。

1、接通阶段：由客户端向服务器发送 Client-Hello 消息，将本机可处理的加密类型等信息传送给服务器；服务器向客户机发送 Server-Hello 消息，将服务器证书传送至客户机。

2、密钥交换阶段：客户端产生主密钥后，用服务器公钥加密传送至服务器，SSL 协议支持 RSA、Diffie-Hellman 等密钥交换算法。

3、会话密钥生成：客户端发送 Client-Session-Key 消息给服务器，并从主密钥中获得用于加密和消息认证的会话密钥。

4、服务器证实：证实主密钥和会话密钥。

5、客户机认证：当要求认证客户端时，服务器向客户端提出要求，认证客户端证书。

6、结束阶段：客户端传送会话 ID 给服务器表示认证完成，服务器发送 Server-Finished 消息给客户端，其中包括以主密钥加密的会话 ID。

完整握手的消息交换过程如图 12-3-3 所示：

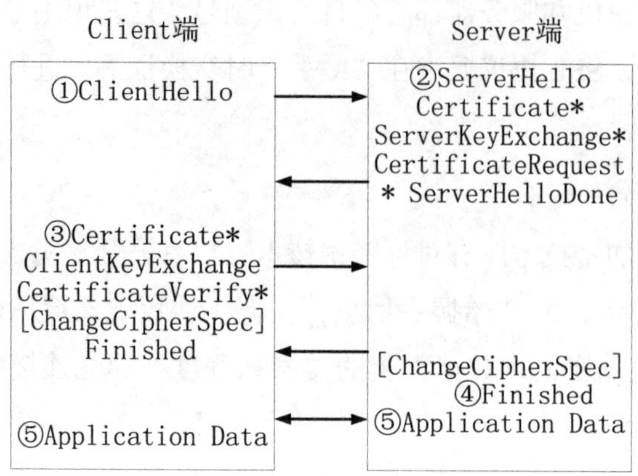

图12-3-3 SSL完整的握手协议流程

说明：

1. 带 * 号的命令是可选的，或依据状态而发的消息。

2. 改换加密算法协议（Change Cipher Spec）并不是实际的握手协议中，它的作用是Client 和 Server 协商新的加密 SSL 数据包的算法。

握手协议结束后，客户端和服务器之间就建立了一个安全连接。两者间的信息传输就会加密，另外一方收到信息后，再将编码信息还原。即使盗窃者在网络上取得编码后的信息，也不能获得可读的有用信息。需要说明的是，SSL 协议是对通信对话过程进行安全保护。直到对话结束，SSL 协议都会对整个通信过程加密，并且检查其完整性。这样一个对话时段算一次握手。而 HTTP 协议中的每一次连接就是一次握手，因此，与 HTTP 相比，SSL 协议的通信效率会高一些。

如果客户端和服务器决定恢复前一个会话或者重复一个已经存在的会话，则可省略不必要的握手消息，采取如图 12-3-4 所示的握手过程：

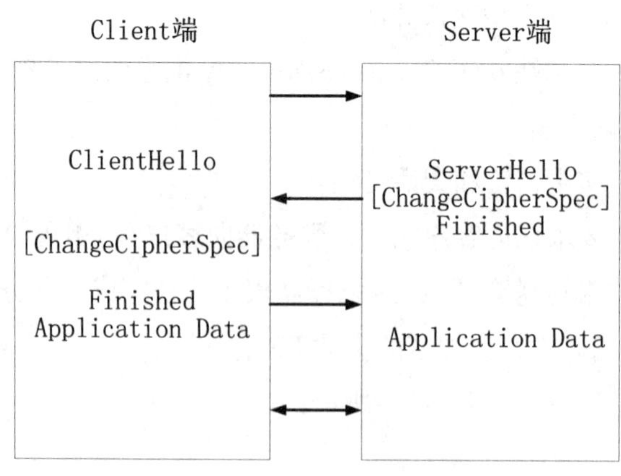

图12-3-4 SSL不完整的握手协议流程

（三）SSL 记录集协议

SSL 记录集协议提供的服务包括消息的机密性和完整性等。首先，由于握手协议定义了共享的可用于对 SSL 有效载荷进行常规加密的密钥及初始 / 后续的 IV，对压缩的数据和数据摘要进行了加密，客户端和服务器在通信过程中的数据都是密文，这就保证了数据的机密性；另外，通过握手协议定义了共享的、可用于生成报文（migration authorisation code，MAC）的密钥，对压缩数据计算了消息摘要。接收方在收到数据后，使用共享密钥进行密文解密后，使用它的 MAC 密钥计算压缩数据的消息摘要 MAC 值，将其和附加在 SSL 记录集中的 MAC 值进行比对，如果相同，则说明压缩数据在传输过程中没有被修改过，这就保证了数据的完整性。

在 SSL 协议中，所有的传输数据都被封装在记录集协议中。记录集报文由记录头和长度不为零的记录集数据组成。SSL 记录集协议包括对记录头和记录数据格式的规定。

通过 SSL 握手协议获得的会话密钥将用于加密服务器和客户端在记录集中交互的数据。

记录集协议对原始数据的加密过程如下。

1. 把来自上层协议的数据进行分组。
2. 对每个分组进行压缩，形成压缩数据。
3. 发送端根据压缩数据和其 MAC secret 密钥计算压缩数据的消息摘要。
4. 发送端把发送的压缩数据和消息摘要一起使用其 Write secret 加密。
5. 在密文上增加 SSL 记录头。

通过以上步骤即把原始数据加密为 SSL 协议的记录集，其中可选择的加密算法分块密码算法和流密码算法两类。块密码算法有：IDEA、RC2-40、DES-40、DES、DES3、Fortezza；流密码算法有：RC-40、RC4-128。

如果采用 CBC（cipher block chaining）模式加密，那么加密算法由会话状态中的 Cipher spec 参数决定。CBC 模式是指一个明文分组在被加密之前要与前一个的密文分组进行异或运算。当加密算法用于此模式的时候除密钥外，还需要协商一个初始化向量（initialization vector，IV），这个 IV 在第一次计算的时候需要用到。

（四）SSL 协议基本应用模式

由于 SSL 协议简洁、透明、易于实现等一些特点，使得它有着广泛的应用。根据应用场合不同，SSL 协议有多种应用模式，这里仅给出两种常见的基本应用模式。

1. HTTPS

（1）匿名 SSL 连接

这种模式是 SSL 安全连接的最基本模式，如图 12-3-5 所示，它便于使用，主要的浏览器都支持这种方式，很适合单向的安全数据传输应用。这种模式下，客户端没有数字证书，用户以匿名方式访问服务器，服务器不能确定用户的身份；而服务器具有数字证书，用户知道服务器的身份，能确认该服务器是自己要访问的站点。典型的应用是当用户进行网站注册时，为防止私人信息（如信用卡号、口令、电话）泄露，就采用匿名 SSL 连接该网站。

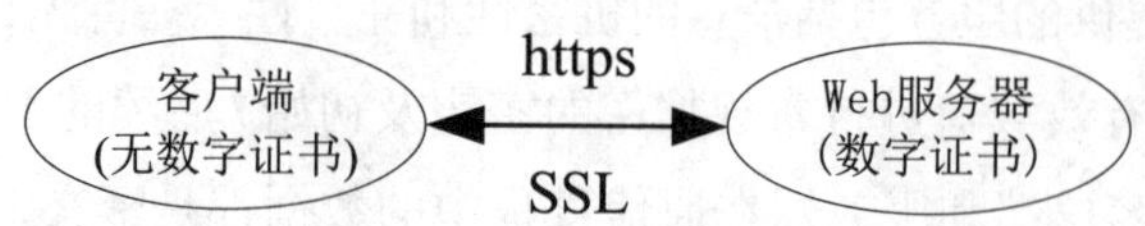

图12-3-5　匿名SSL连接

（2）对等 SSL 连接

对等 SSL 安全连接也是 SSL 应用的一种基本模式，如图 12-3-6 所示适合双向的安全数据传输应用。这种模式下客户端和服务器端都具有数字证书，可进行双方的身份认证，并且可保证双方通信的安全。

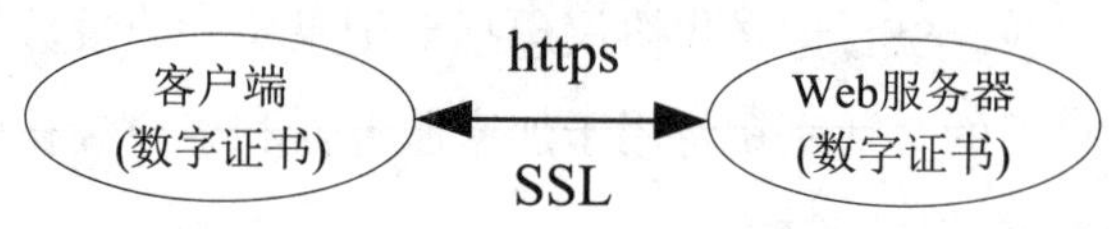

图12-3-6　对等SSL连接

2. SSL VPN

随着 Web 应用的增多以及远程接入需求的增长，SSL VPN 被广泛使用。虚拟专用网 VPN 主要应用于虚拟连接网络，它可以确保数据的机密性并且具有一定的访问控制功能。VPN 主要应用于虚拟连接网络，它可以确保数据的机密性并且具有一定的访问控制功能。VPN 可以扩展企业的内部网络，允许员工、客户以及合作伙伴利用 Internet 访问企业网，而成本远远低于传统的专线接入。过去，VPN 总是和 IPSec 联系在一起，因为它是 VPN 加密信息实际用到的协议。IPSec 运行于网络层，IPSec VPN 多用于连接两个网络或点到点之间的连接。

SSL VPN 指的是使用者利用浏览器内建的 SSL 包处理功能，用浏览器连接公司内部 SSL VPN 服务器，让使用者可以在远程计算机执行应用程序，读取公司内部服务器的数据。它采用标准的安全套接字层 SSL 对传输中的数据包进行加密和鉴别，从而在应用层保护了数据的安全性。

SSL VPN 一般的实现方式是在企业的防火墙后放置一个 SSL 代理服务器。如果用户希望安全地连接到公司网络上，那么当用户在浏览器上输入一个 URL 后，连接首先被 SSL 代理服务器处理，验证用户的身份，然后 SSL 代理服务器将提供远程用户与各种不同应用服务器之间的连接。

高质量的 SSL VPN 解决方案可保证企业进行安全的全局访问。在不断扩展的互联网 Web 站点之间、远程办公室、传统交易大厅和客户端之间，SSL VPN 克服了 IPSec VPN 的不足，进一步保障访问安全，使得用户可以轻松实现安全易用、无须客户端安装且配置简单的远

程访问。

三、SSH 协议

SSH 的英文全称为 Secure Shell，是 IETF（Internet Engineering Task Force）的 Network Working Group 所制定的一族协议，其目的是要在非安全网络上提供安全的远程登录和其他安全网络服务。

（一）基本框架

SSH 协议框架中最主要的部分是三个协议：传输层协议、用户认证协议和连接协议。同时 SSH 协议框架中还为许多高层的网络安全应用协议提供扩展的支持。它们之间的层次关系可以用如图 12-3-7 来表示：

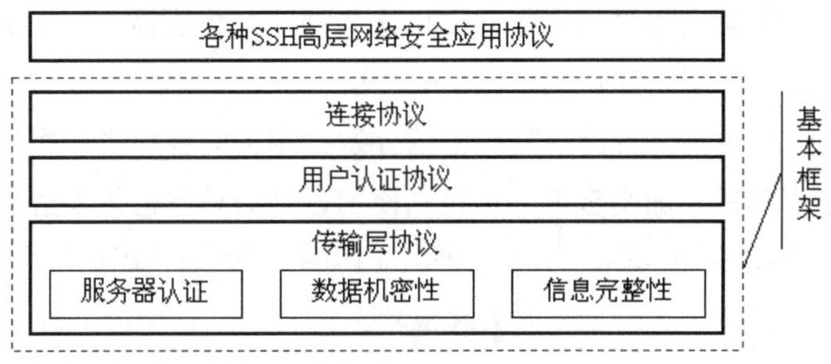

图12-3-7　SSH协议的层次结构示意图

在 SSH 的协议框架中，传输层协议（The Transport Layer Protocol）提供服务器认证，数据机密性，信息完整性等的支持；用户认证协议（The User Authentication Protocol）则为服务器提供客户端的身份鉴别；连接协议（The Connection Protocol）将加密的信息隧道复用成若干个逻辑通道，提供给更高层的应用协议使用；各种高层应用协议可以相对地独立于 SSH 基本体系之外，并依靠这个基本框架，通过连接协议使用 SSH 的安全机制。

（二）主机密钥机制

对于 SSH 这样以提供安全通讯为目标的协议，其中必不可少的就是一套完备的密钥机制。由于 SSH 协议是面向互联网网络中主机之间的互访与信息交换，所以主机密钥成为基本的密钥机制。也就是说，SSH 协议要求每一个使用本协议的主机都必须至少有一个自己的主机密钥对，服务方通过对客户方主机密钥的认证之后，才能允许其连接请求。一个主机可以使用多个密钥，针对不同的密钥算法而拥有不同的密钥，但是至少有一种是必备的，即通过 DSS 算法产生的密钥。

SSH 协议关于主机密钥认证的管理方案有两种，如图 12-3-8 所示：

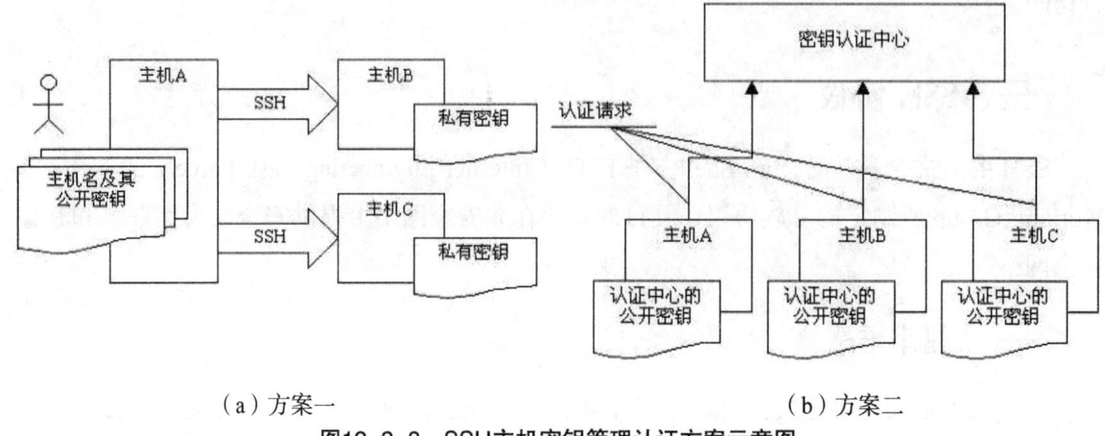

（a）方案一　　（b）方案二

图12-3-8　SSH主机密钥管理认证方案示意图

每一个主机都必须有自己的主机密钥，密钥可以有多对，每一对主机密钥对包括公开密钥和私有密钥。在实际应用过程中怎样使用这些密钥，并依赖它们来实现安全特性呢？如图 12-3-8 所示，SSH 协议框架中提出了两种方案。

在第一种方案中，主机将自己的公用密钥分发给相关的客户机，客户机在访问主机时则使用该主机的公开密钥来加密数据，主机则使用自己的私有密钥来解密数据，从而实现主机密钥认证，确定客户机的可靠身份。在图（a）中可以看到，用户从主机 A 上发起操作，去访问，主机 B 和主机 C，此时，A 成为客户机，它必须事先配置主机 B 和主机 C 的公开密钥，在访问的时候根据主机名来查找相应的公开密钥。对于被访问主机（也就是服务器端）来说则只要保证安全地存储自己的私有密钥就可以了。

在第二种方案中，存在一个密钥认证中心，所有系统中提供服务的主机都将自己的公开密钥提交给认证中心，而任何作为客户机的主机则只要保存一份认证中心的公开密钥就可以了。在这种模式下，客户机在访问服务器主机之前，还必须向密钥认证中心请求认证，认证之后才能够正确地连接到目的主机上。

很显然，第一种方式比较容易实现，但是客户机关于密钥的维护却是个麻烦事，因为每次变更都必须在客户机上有所体现；第二种方式比较完美地解决管理维护问题，然而这样的模式对认证中心的要求很高，在互联网络上要实现这样的集中认证，单单是权威机构的确定就是个大麻烦，有谁能够什么都能说了算呢？但是从长远的发展来看，在企业应用和商业应用领域，采用中心认证的方案是必要的。

另外，SSH 协议框架中还允许对主机密钥的一个折中处理，那就是首次访问免认证。首次访问免认证是指，在某客户机第一次访问主机时，主机不检查主机密钥，而向该客户都发放一个公开密钥的拷贝，这样在以后的访问中则必须使用该密钥，否则会被认为非法而拒绝其访问。

（三）字符集和数据类型

SSH 协议为了很好地支持全世界范围的扩展应用，在字符集和信息本地化方面作了灵活的处理。首先，SSH 协议规定，其内部算法标识、协议名字等必须采用 US- ASCII 字符集，因为这些信息将被协议本身直接处理，而且不会用来作为用户的显示信息。其次，SSH 协议指定了通常情况下的统一字符集为 ISO 10646 标准下的 UTF-8 格式。另外，对于信息本地化的应用，协议规定了必须使用一个专门的域来记录语言标记（Language Tag）。对于大多数用来显示给用户的信息，使用什么样的字符集主要取决于用户的终端系统，也就是终端程序及其操作系统环境，因而对此 SSH 协议框架中没有作硬性规定，而由具体实现协议的程序来自由掌握。

除了在字符、编码方面的灵活操作外，SSH 协议框架中还对数据类型作了规定，提供了七种方便实用的种类，包括字节类型、布尔类型、无符号的 32 位整数类型、无符号的 64 位整数类型、字符串类型、多精度整数类型以及名字表类型。下面分别解释说明之：

1. 字节类型（byte）

一个字节（byte）代表一个任意的 8 字位值（octet）[RFC-1700]。有时候固定长度的数据就用一个字节数组来表示，写成 byte[n] 的形式，其中 n 是数组中的字节数量。

2. 布尔类型（boolean）

一个布尔值（boolean）占用一个字节的存储空间。数值 0 表示“假”（FALSE），数值 1 表示“真”（TRUE）。所有非零的数值必须被解释成“真”，但在实际应用程序中是不能给布尔值存储 0 和 1 意外的数值。

3. 无符号的 32 位整数类型（unit32）

一个 32 字位的无符号整型数值，由按照降序存储的四个字节构成（降序即网络字节序，高位在前，低位在后）。例如，有一个数值为 63828921，它的十六进制表示为 0x03CDF3B9，在实际存储时就是 03 CD F3 B9，具体存储结构的地址分配如图 12-3-9。

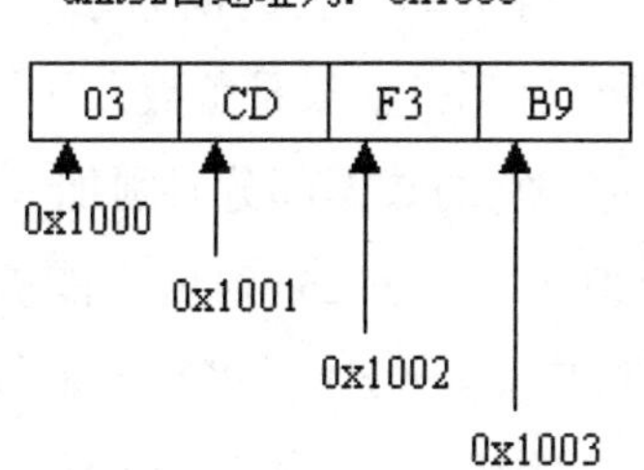

图12-3-9　无符号32位整数类型的典型存储格式

4. 无符号的 64 位整数类型（unit64）

一个 64 字位的无符号整型数值，由按照降序存储的八个字节构成，其具体存储结构与

32 位整数类似，可以比照图 12-3-9。

5. 字符串类型（string）

字符串类型就是任意长度的二进制序列。字符串中可以包含任意的二进制数据，包括空字符（null）和 8 位字符。字符串的前四个字节是一个 unit32 数值，表示该字符串的长度（也就是随后有多少个字节），unit32 之后的零个或者多个字节的数据就是字符串的值。字符串类型不需要用空字符来表示结束。

字符串也被用来存储文本数据。这种情况下，内部名字使用 US-ASCII 字符，可能对用户显示的文本信息则使用 ISO-10646 UTF-8 编码。一般情况字符串中不应当存储表示结束的空字符（null）。

在图 12-3-10 中举例说明字符串“My ABC”的存储结构：

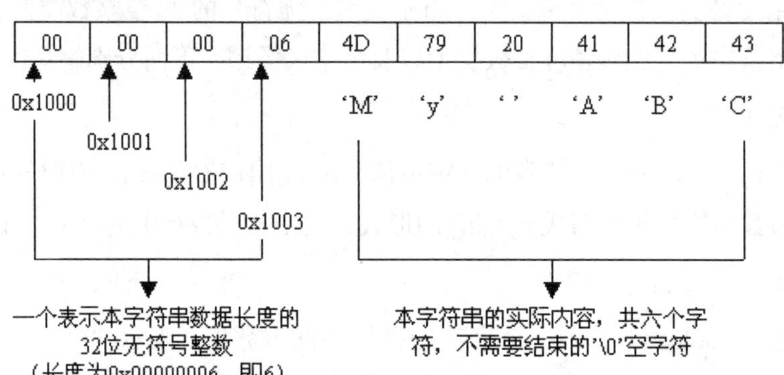

图12-3-10　字符串类型的典型存储格式

从图 12-3-10 中可以很明显地看出，字符串类型所占用的长度为 4 个字节加上实际的字符个数（字节数），即使没有任何字符的字符串也要占用四个字节。这种结构与 Pascal 语言中的字符串存储方式类似。

6. 多精度整数类型（mpint）

多精度的整数类型实际上是一个字符串，其数据部分采用二进制补码格式的整数，数据部分每个字节 8 位，高位在前，低位在后。如果是负数，其数据部分的第一字节最高位为 1。如果恰巧一个正数的最高位是 1 时，它的数据部分必须加一个字节 0x00 作为前导。需要注意的是，额外的前导字节如果数值为 0 或者 255 时就不能被包括在整数数值内。数值 0 则必须被存储成一个长度为零的字符串（string）。多精度整数在具体运算时还是要遵循正常的整数运算法则的。其存储格式通过图 12-3-11 的若干示例来说明：

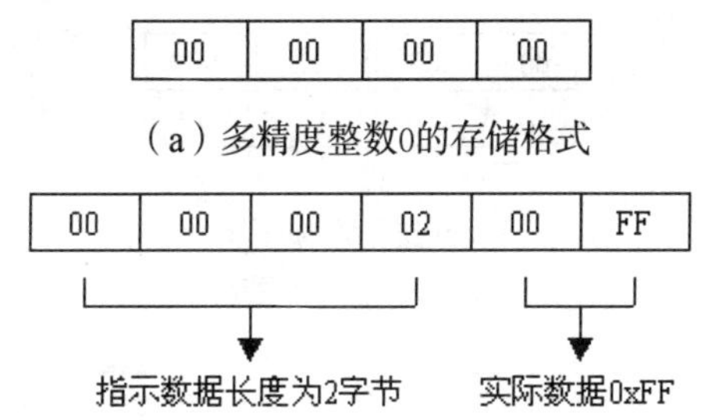

（a）多精度整数0的存储格式

（b）多精度整数0xff，最高位是1则加前导字节0x00

（c）七个字节的多精度整数，正数数据部分无须前导字节

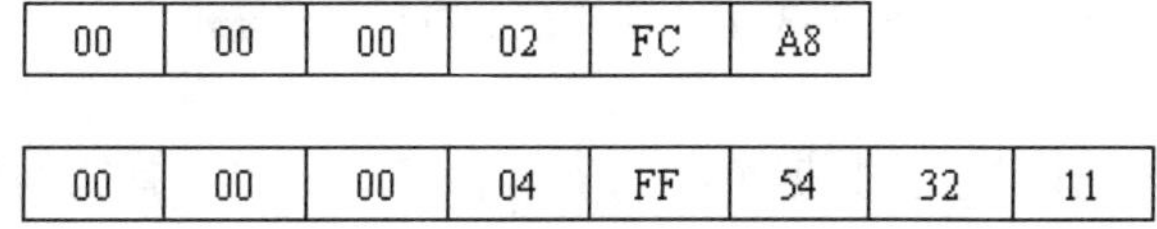

（d）多精度整数的负数表示，上面为-0x0358，补码为0xFCA8最高位已经是1（0xFC），不要前导空格；下面为-0xABCDEF，补码为0x54321，由于其最高位不是1（0x54），所以加前导字节0xFF

图12-3-11　多精度整数类型的典型存储格式

7. 名字表类型（name-list）

名字表（name-list）是一个由一系列以逗号分隔的名字组成的字符串（string）。在存储方式上与字符串一样，名字表前四个字节是一个 unit32 型整数以表示其长度（随后的字节数目，类似于字符串类型），其后跟随着由逗号分隔开的一系列名字，可以是 0 个或者多个。一个名字则必须具有非零长度，而且不能包含逗号，因为逗号是名字之间的分隔符。在使用时，上下文关系可以对名字表中的名字产生额外的限制，比如，一个名字表中的名字都必须是有效的算法标识，或者都是语言标记等。名字表中名字是否与顺序相关，也要取决于该名字表所在的上下文关系。与字符串类型一样，无论是单个的名字，还是整个名字表，都不需要使用空字符作为结束。如图 12-3-12：

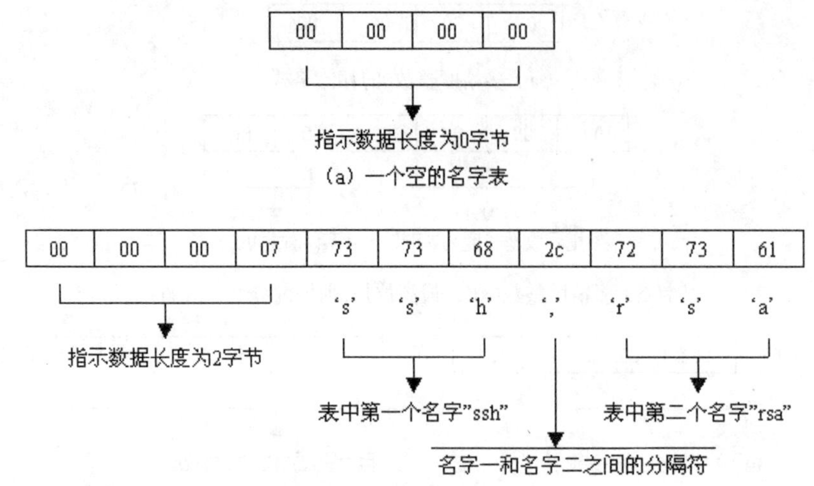

图12-3-12　名字表的典型存储格式

SSH 协议框架中拥有对这些数据类型的支持，将对协议、算法的处理带来极大的便利。

（四）命名规则及消息编码

SSH 协议在使用到特定的哈希算法，加密算法，完整性算法，压缩算法，以及密钥交换算法和其他协议时都利用名字来区分，所以 SSH 协议框架中很重要的一个部分就是命名规则的限定。无论是 SSH 协议框架中所必备的算法或者协议，还是今后具体应用实现 SSH 协议时增加的算法或者协议，都必须遵循一个统一的命名规则。

SSH 协议框架对命名规则有一个基本原则：所有算法标识符必须是不超过 64 个字符的非空、可打印 US-ASCII 字符串；名字必须是大小写敏感的。

具体的算法命名有两种格式：

1. 不包含 @ 符号的名字都是为 IETF 标准（RFC 文档）保留的。

比如，“3des-cbc”“sha-1”“hmac-sha1”“zlib”（注意：引号不是名字的一部分）。在没有事先注册之前，这种格式的名字是不能使用的。当然 IETF 的所有注册的名字中也不能包含 @ 符号或者逗号。

2. 任何人都可以使用“name@domainname”的格式命名自定义的算法，比如“mycipher-cbc@ssh.com”。在 @ 符号之前部分的具体格式没有限定，不过这部分中必须使用除 @ 符号和逗号之外的 US-ASCII 字符。在 @ 符号之后的部分则必须是一个完全合法的 Internet 域名（参考 [RFC-1034]），个人域名和组织域名均可。至于局部名字空间的管理则是由各个域自行负责的。

四、SOCKS 协议

（一）SOCKS 协议概述

套接字安全性（socket security，SOCKS）是一种网络代理协议。该协议所描述的是一种内部主机（使用私有 IP 地址）通过 SOCKS 服务器获得完全的 Internet 访问的方法。具体说来是这样一个环境：用一台运行 SOCKS 的服务器（双宿主主机）连接内部网和 Internet，内部网主机使用的都是私有的 IP 地址，内部网主机请求访问 Internet 时，首先和 SOCKS 服务器建立一个 SOCKS 通道，然后再将请求通过这个通道发送给 SOCKS 服务器，SOCKS 服务器在收到客户请求后，向客户请求的 Internet 主机发出请求，得到响应后 SOCKS 服务器再通过原先建立的 SOCKS 通道将数据返回给客户。在建立 SOCKS 通道的过程中可能有一个用户认证的过程。SOCKS 位于传输层与应用层之间，使用 SOCKS 进行通信的连接建立过程如图 12-3-13 所示。

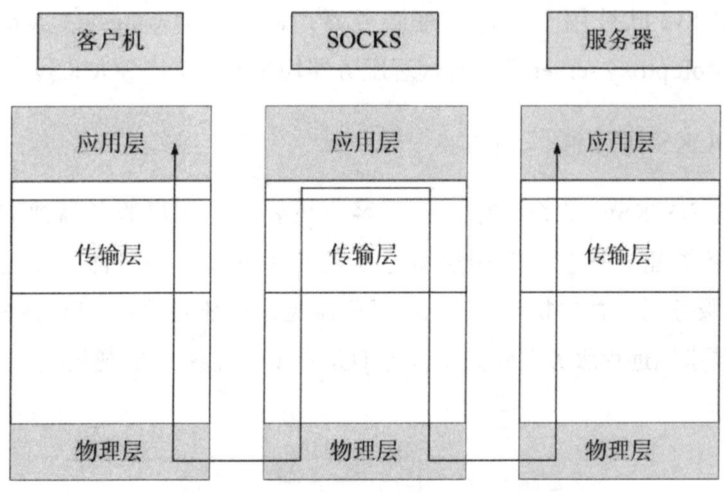

图12-3-13　SOCKS连接建立示意图

SOCKS 和通常的应用层代理服务器不同，应用层代理服务器工作在应用层，并且针对不同的网络应用提供不同的处理方法，比如 HTTP、FTP 和 SMTP 等，这样，一旦有新的网络应用出现时，应用层代理服务器就不能提供对该应用的代理，因此应用层代理服务器的可扩展性不好；SOCKS 独立于应用层协议，能用于多种不同的服务，它不必知道应用层协议的具体实现，一旦为双方建立相应连接，作为对等层的应用层直接实现相应的服务与数据传输。

SOCKS 可用于防火墙系统中，在该系统中，SOCKS 为客户机 /B 匠务器的 TCP 与 UDP 相关服务提供透明、安全的实现模式。一个遵循 SOCKS 协议的防火墙系统主要由 SOCKS 客户机和 SOCKS 服务器组成，如图 12-3-14 所示。

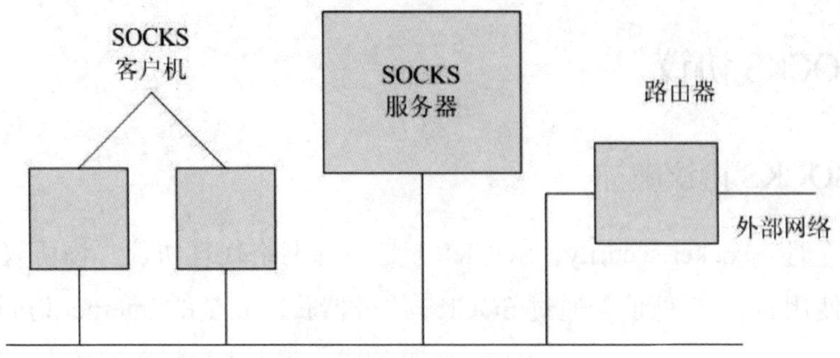

图12-3-14 SOCKS防火墙系统示意图

1. 认证机制。

2. 认证方法的选择与协商。

3. 地址解析代理，支持 Ipv6 和 IP 地址与域名转换

4. 支持 UDP 应用程序。

5. 可实现数据完整性和机密性服务。

目前，SOCKSv5 已被用于多种代理服务器产品中，如 wingate、sygate、winproxy、ccproxy 和 Microsoft proxy server 等多种代理服务器均实现并支持 SOCKSv5 协议。

（二）SOCKS 协议通信过程

在一个实现 SOCKSv5 的系统中，如果客户机要同应用层服务器建立连接，首先同 SOCKS 代理服务器建立连接，应用层服务器的有关地址、端口都将在这一过程中传递给 SOCKS 代理服务器，客户机与 SOCKS 服务器经过认证协商后，SOCKS 服务器会根据 SOCKS 客户机请求同远程服务器建立相应的 TCP 或 UCP 连接，实现相应的应用程序协议，如图 12-3-15 所示。

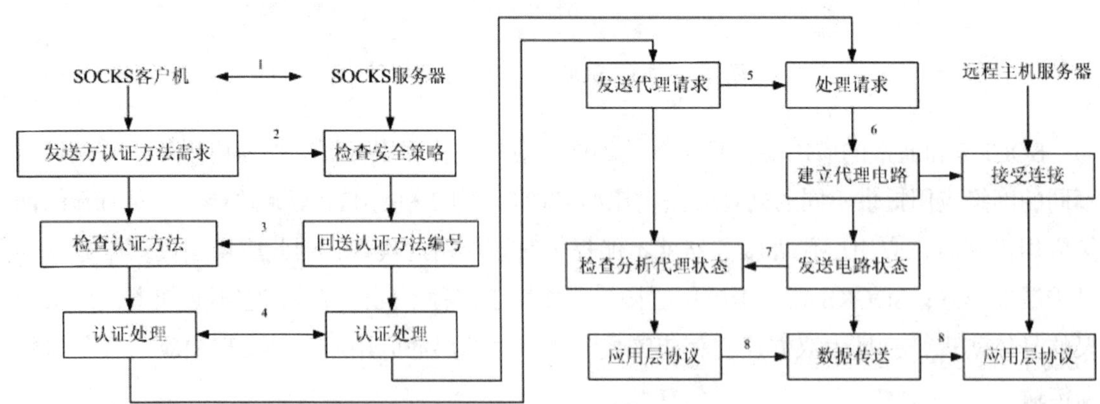

图12-3-15 SOCKS客户机服务器工作原理

下面所列请求与应答格式中的十进制数代表该选项 8 位元长度，x'hh' 代表该选项的值。SOCKS 协议的通信过程描述如下。

1. 首先，客户机与 SOCKS 服务器进行 TCP 连接。在通常情况下，SOCKS 服务器位于 TePl080 端口，如果连接成功，则进入下一步。

2. 客户机向服务器发送认证请求，双方进入认证方法协商。请求消息的格式如表 12-3-1 所示。

表 12-3-1　认证请求格式

版本号	选择认证方法号	认证方法号
1	1	1 ~ 255

其中，版本号为 x'05'，表示采用 SOCKSv5 协议，选择认证方法号是系统支持的认证方法编号。

3. SOCKS 服务器收到这个请求，经系统核实后，向客户方发送一个应答消息，消息格式如表 12-3-2 所示。

表 12-3-2　应答格式

版本号	确认方法号
1	

其中，版本号为 x'05'，方法号可以取值：x'00'，表示无认证请求；x’01’表示采用通用安全服务应用程序接口；x'02'，表示采用用户名 / 密码认证；x'03' 表示采用握手认证协议（CHAP）。

4. 客户机 / 服务器双方在约定的认证方法后进入相应的认证处理，实现相应的认证协议。

5. 一旦认证成功，由 SOCKS 客户机向 SOCKS 服务器发送一个代理请求；如果认证失败，系统关闭连接，将错误写入日志。请求格式如表 12-3-3 所示。

表 12-3-3　代理请求格式

版本	请求类型	保留	地址类型	目的地址	目的端口
1	1	x'00'	1	变量	2

在随后的⑥⑦⑧步中建立代理电路，并检查分析代理状态后，最后将连接交由服务器处理。

第四节　应用层安全协议

Internet 的应用层处在 OSI 参考模型的最高层，因此任何底层协议的不安全因素都会对其安全性产生影响。应用层的目的是为网络用户提供特定的服务，如邮件传输、文件传输、WWW 服务、远程登录、域名服务和网络管理等。这些服务通过应用层协议实现，保证应用层的可用性是 Internet 的基本设计目标，然而由于 Internet 的开放性和设计上的缺陷，各种应用层协议面临严重的安全威胁。本节主要从协议级描述应用层的安全技术，重点讲述 WWW 安全技术、电子邮件安全协议和 DNS 安全协议等。

一、WWW 安全

（一）WWW 安全保障体系

WWW 服务的安全是一个十分复杂的问题。由于 WWW 服务是目前 Internet 上应用最广泛的服务之一，针对它的攻击也最普遍，网络协议、操作系统以及安全管理上的任何漏洞都可能对 WWW 服务产生危害。因此，要保障 WWW 服务的安全，应该根据实际的安全需求，从不同的层面展开。

总的来说，可以把 WWW 服务的安全防护分为增强 WWW 安全机制以及保护 Web 站点的安全两个方面进行。这两个方面的安全保障又包括许多具体的安全技术、协议和措施，

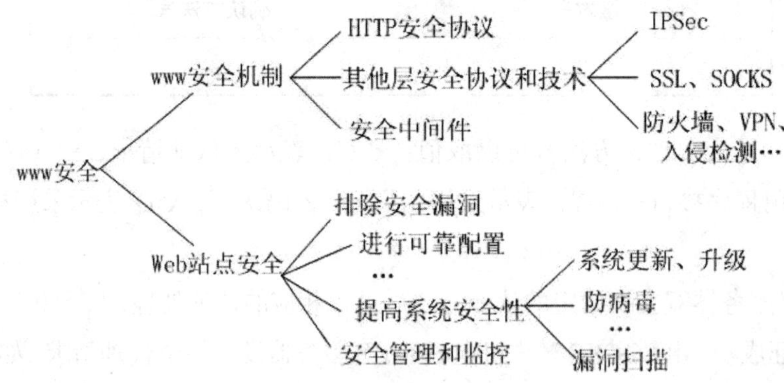

图12-4-1　www服务安全保障体系

图中，WWW 安全机制主要从 Internet 安全协议的层面提高 WWW 服务的安全能力，可以采用如下技术：HTTP 安全协议、其他层安全协议和技术、安全中间件、排除站点安全漏洞、进行可靠配置、提高系统安全性、安全管理和监控等。

（二）HTTP 安全协议

HTTP 安全协议包括 HTTP 协议自身的安全机制以及 SHTTP 协议两部分内容，前者涉及目前使用的 HTTP 协议提供的安全机制，主要是身份认证机制；后者通过对现有 HTTP 协议进行扩展，形成 SHTTP 协议，以提高 HTTP 协议的安全性。

1. HTTP 自身的协议安全

不同版本的 HTTP 协议（包括 HTTP0.9、HTTP1.0 和 HTTP1.1）提供的安全服务能力是逐步提高的：相对于 HTTP0.9，HTTP1.0 增加了基于简单密码的基本身份认证方法；HTTP1.1 则新增了额外的报头域，对 HTTP1.0 中没有严格定义的部分做了进一步的说明。

HTTP1.0 中提供了一种基于密码的认证办法，使得 WWW 服务器可以通过“基本身份认证”支持访问控制。例如，管理员可以指定标准的 UNIX 密码文件或自己创建用户密码文件来管理用户，并形成相应的访问控制文件。当用户请求访问某个页面或运行某个 CGI 程序时，WWW 服务器读取访问控制文件，从中获得访问控制信息，并要求客户端提交用户名和密码。浏览器将用户输入的用户名和密码经过一定的编码（一般是 base64 方式）后传给服务器。在检验了用户身份和密码之后，服务器发送回所请求的页面或执行相应的 CGI 程序。用户也可以选择使用 SSL 建立加密信道后再进行身份认证，即将用户密码和密码经过编码后从 SSL 加密信道传输，这要求 WWW 服务器必须支持 SSL。

HTTP1.1 针对“基本身份认证”方法中以明文传输密码这一弱点，补充了“摘要认证方法（digest authentication scheme）”：HTTP1.1 不再传输密码明文，而是将密码经过散列函数变换以后传递其消息摘要（即密码的散列值）。使用摘要认证，攻击者不能截获密码，只能在有限的时间内进行重放攻击，这就增加了攻击的难度。为避免重放攻击，可以使用一次性的应答摘要等手段，这要求服务器记住一段时间内所有收到过的摘要值。然而，摘要认证和基本认证一样，容易受到“中间人攻击”，例如一个恶意的或被破坏的代理可能将服务器的摘要认证应答转换成基本认证应答，从而窃取用户密码。摘要认证还要求服务器存储一些用户认证信息（如用户身份等），一旦这些信息被嗅探和窃取，攻击者可以得到这个密码保护下的所有信息。因此，摘要认证仍然不够安全。

分析可知，HTTP 协议中的“基本身份认证”和“摘要认证方法”存在潜在的安全问题：浏览器以明文的方式传递用户名和密码，或者以接近明文（编码或散列值）的方式进行密码传输，这使得 HTTP 协议仍然面临“窃听”“假冒”等安全威胁。

2. SHTTP

安全超文本传输协议（secure hyper text transfer protocol，SHTTP）最早由 EIT 公司提出，由 RFC 2660 进行规约。SHTTP 是专门针对 HTTP 协议进行的安全扩展，可以和现有 HTTP 协议共存。它对原 HTTP 协议报头进行了扩展，形成所谓的“安全 HTTP 报头”（secure HTTP header），内含加密、鉴别和消息完整性等信息。SHTTP 使用 HTTP 的 MIME 进行签名、验证和加密，数据加密可采用对称或非对称算法。使用 SHTTP 协议的客户端在 HTTP 请求报文中，将 HTTP 头部的版本信息设置为 secure-http/1.4，支持 SHTTP 的服务器以加密和签名的消息对客户端的请求进行应答。在应答消息中，服务器可以把自己的证书及其签名信息一并发送给客户端，使客户端对服务器进行身份鉴别，服务器端可以以同样的方式鉴别客户端的身份。

SHTTP 在 HTTP1.1 的基础上提供数据机密性、身份认证、数据完整性保护和不可否认性等安全服务。SHTTP 强调的是协议的灵活性：服务器和客户端之间通过协商可以选择不同的密钥管理方法、安全策略以及加密算法等；SHTTP 支持数种消息格式标准；它不要求客户端使用公钥证书进行身份认证，相对于 SSL 而言，降低了对公钥体系的要求。

HTTPS 和 SHTTP 都是对原有通信协议作了一定修改而加入安全机制的，但由于SHTTP协议的复杂性，以及SSL协议的广泛应用，SHTTP协议目前尚未得到广泛支持和使用。

二、电子邮件安全协议

（一）电子邮件及其安全性概述

如图 12-4-2 所示，电子邮件系统通常由两个子系统组成：用户代理（user agent，UA）和邮件传输代理（message transfer agent，MTA）。用户代理是本地程序，让用户能阅读和发送电子邮件；报文传输代理将电子邮件消息（例如 SMTP 或 POP3）从源端传输到目标端。

电子邮件是 Internet 上应用最广泛的服务之一。近年来，随着 Internet 的发展，电子邮件也以惊人的速度发展，成为一种新的交流工具。人们开始使用电子邮件开展各种工作和业务。邮件应用的不断发展直接导致了邮件自身价值的不断增加。然而电子邮件系统是一个分散的系统，每封邮件都是根据一定的路由从一个 MTA 转发到另一个 MTA，几经周折后才送到用户的邮箱中，又因为传统的邮件没有加密，所以在这个过程中，邮件可能受到信息泄露、内容篡改和身份假冒等威胁。

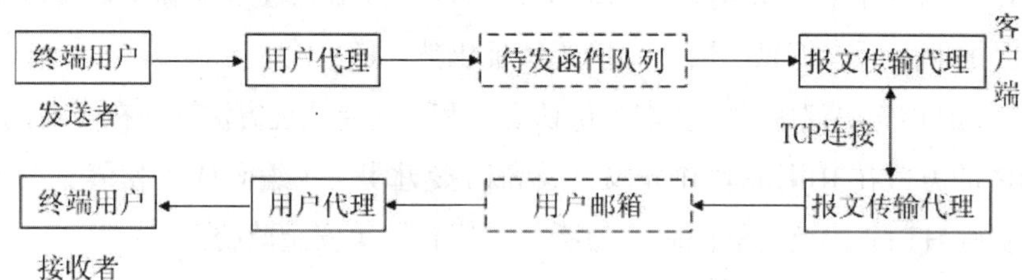

图12-4-2 电子邮件在Internet上的传输

电子邮件的安全问题已经得到了人们的关注，各种各样的方案也在特定领域中发挥作用。如 PEM、MOSS、PGP 和 S/MIME 等，这些为人们提供了多种选择，但是同时也使不同方案的邮件缺乏互操作性。这些问题的产生主要是由于目前还没有确定一个实用的安全电子邮件标准造成的。

保密增强邮件（privacye nhanced mail，PEM）是由美国 RSA 实验室基于 RSA 和 DES 算法开发的安全电子邮件的早期标准，主要描述了信息格式和层次结构。PEM 只支持安全的文本信息，它的实现要求有完善的基础设施的支持，即在 PEM 的上层设施（例如认证机构 CA）没有建立起来之前，PEM 的认证框架是不具有可用性的。另外，PEM 指定了一个单一、呆板的证书层次结构，所有的 CA 都要信任同一个根 CA，但是很多组织并不想都信任同一个实体，所有这些大大限制了 PEM 的发展。

MIME 对象安全服务（MIME object security services，MOSS）针对 PEM 的不足做了一些改进，它改变了 PEM 只支持文本信息的局面，可以支持 MIME，在层次的要求方面采用了更为自由的方式。但 MOSS 有很多的执行选项，这有可能导致两个不同的开发人员提出的两个 MOSS 邮件无法沟通。可以说，MOSS 往往被认为是一种框架而不是一个规范。在实现时还要考虑许多实际的问题。

PGP 是一个软件加密程序，它既是一种规范也是一种应用，对信息的加密使用对称密码，相应的加密密钥的管理和发布则由 RSA 算法实现，同时 PGP 使用哈希算法、非对称密码实现密钥交换、信息完整性检查和数字签名。PGP 在信息加密之前进行数据压缩，可以大大减少数据的冗余度和加解密花费的时间。PGP 不是去推广一个全局的 PKI，而是让用户自己建立自己的信任网，即在 PGP 系统中，信任是双方直接的关系，或者是通过第三者、第四者的间接关系，但任意两方之间是对等的，整个信任关系构成网状结构。这样的结构既利于系统的扩展，又利于其他系统安全模式的兼容并存。但在这种信任模型中，没有建立完备的信任体系，不存在完全意义上的信任权威，缺乏有效的信任表达方式，所以它只适合小规模的用户群体，当用户数量逐渐增多时，管理将变得非常困难，用户也会发现其不易使用的一面。而且 PGP 也有其固有的缺点，从保密强度来看，PGP 的安全薄弱环节在于对加密算法（如 IDEA）的会话密钥的保护，对会话密钥采用邮件接收方的公钥加密、私钥解密。所以，整个邮件内容的保密完全依赖于邮件接收方私钥的安全，而非发送方所能控制。另外，已经有人发现一种欺诈手段，即截获邮件后，只要对邮件重新包装并发给收件人，收件人得到的是一堆乱码，当收件人携带原件回信询问时，就可以破译加密的电子邮件。应对的这种攻击的方法是避免在回信询问时包含完整的原邮件。

S/MIME 是通过在 RFC l847 中定义的多部件媒体类型在 MIME 中打包安全服务的一种技术，可以提供验证、消息完整性、数字签名和加密。S/MIME 是在 PEM 的基础上建立起来的，它选择了 RSA 实验室开发的公共密钥加密标准（public-key cryptography standard，PKCS）作为它的数据加密和签名的基础，它使用 PKCS#？数据格式作为数据报文，并使用 X.509v3 的数字证书。S/MIME 格式是建立在 RFC 822 中定义的双钥密码数据安全性机制之上的，其公钥管理方案是介于严格的 X.509 证书层次和 PGP 信任 Web 之间的混合方法。S/MIME 必须对每个客户机配置可信任密钥表和证书撤销表，且证书由证书权威机构签发。在 S/MIME 中，认证中心具有很高的权限，能“偷窥”用户的邮件，这就要求所有的用户都必须绝对相信认证中心，同时也给电子邮件的安全带来隐患。从这一点来看，由于 PGP 更具保密性，所以在企业内部安全邮件的使用中，PGP 的实用性更强。

PGP 和 S/MIME 是目前电子邮件加密的两大主流技术，都是沿用 IETF 的标准，但两者不兼容。PGP 采用了分布式的认证模式，使用比较方便，适合于公众领域和内部网络用户之间的安全信息交流；而 S/MIME 则采用基于 CA 的集中式认证模式，更适合于电子商务、政府机关和公司企业之间等对身份认证要求比较高的领域。PGP 保留了用户的个人电子邮件安全服务的选择。国际电子邮件标准管理组织 IMC 希望形成安全邮件的统一标准。但 IMC 的成员意见已经并不一致。IMC 只好同时发展这两种标准，直到大家有了统一的迫切要求时，再考虑统一标准之事。但从实际应用情况来看，S/MIME 几乎是电子邮件厂商的首选协议，许多产品支持 S/MIME，它能让用户很容易地发送和接收安全电子邮件。

由于是针对企业级用户设计的，S/MIME 现在已经得到了许多机构的支持，并且被认为是商业环境下首选的安全电子邮件协议。目前市场上已经有多种支持 S/MIME 协议的产品。但是由于认证机制依赖于层次结构的证书认证机构，仍然不适合国内普通用户的使用。因此 S/MIME 协议可能作为商业和组织使用的工业标准而出现；相对来说，支持 PGP 的电子邮件厂商少一些。但 PGP 被广大的个人用户所支持和信赖，尤其是它的网状信任模型，具有很大的灵活性和适应性，大大简化了部署操作，因此对许多个人用户来说仍然具有很大的吸引力。

（二）S/MIME

S/MIME（secure multi purpose internet mail extensions）协议是专门用于针对电子邮件消息进行鉴别和加密保护的应用层安全协议。S/MIME 是基于 RSA 的 MIME 电子邮件格式的安全扩展，是一种用于发送和接收安全 MIME 数据的协议。S/MIME 是从 PEM（privacy enhanced mail）和 MIME（Internet 邮件的附件标准）发展而来的是一套协议框架，它描述客户端如何创建、操作、接收和读取经过数字签名、信息加密的邮件。S/MIME 被广泛地应用于各种客户端和电子邮件平台。

针对电子邮件协议，S/MIME 提供如下安全能力。

（1）对邮件内容进行加密（enveloped data）。

（2）对邮件内容进行数字签名（signed data）：采用 base64 编码，这个签名的消息只有具备 S/MIME 能力的接收者才能查看。

（3）对邮件进行明文签名（clear signed data）：采用 base64 编码，没有 S/MIME 能力的接收者也可看到消息内容，但不能鉴别它。

（4）同时进行鉴别和加密（signed and enveloped data）。

S/MIME 采用单向散列算法（如 SHA-1、MD5 等）和公钥机制的加密体系，S/MIME 的证书格式采用 X.509 标准格式。S/MIME 认证机制依赖于层次结构的证书认证机构，所有下一级的组织和个人的证书均由上一级的组织负责认证，而最上一级的组织（根证书）之间相互认证，整个信任关系是树状结构的。此外，S/MIME 可完成密钥生成、证书注册、证书存储和查询等密钥管理功能。

1. MIME

早期的 Internet 电子邮件有两个核心协议：由 RFC 821 定义的 SMTP（simple mail transport protocol）协议和由 RFC 822 定义的邮件格式文件。SMTP 规定了在 Internet 节点间传送或接力传送电子邮件的协议，默认使用 TCP 的 25 端口。RFC 822 定义了一种十分简单的邮件格式，这种格式的邮件只能包含纯文本信息，而且只能是 ASCII 字符，这限制了电子邮件的使用。

RFC 822 明确地把电子邮件消息分为两部分：第一部分为邮件头，其作用是标识邮件；第二部分是邮件体。邮件头中包含若干数据字段，可以在任何需要附加信息时使用。MIME 是对 RFC 822 框架的扩充，目的是解决 SMTP 只能传输 ASCII 文本信息的局限，并约定对二进制数据进行编码的方法。MIME 协议定义了 5 个新的、可以包含在 RFC 822 报文首部的字段，分别是 MIME-Version、Content Type、Content-Transfer-Encoding、Content-ID 和 Content-Description。

图 12-4-3 显示了 MIME 中的新增字段同标准邮件中 RFC822 字段是如何结合在一起的。其中：

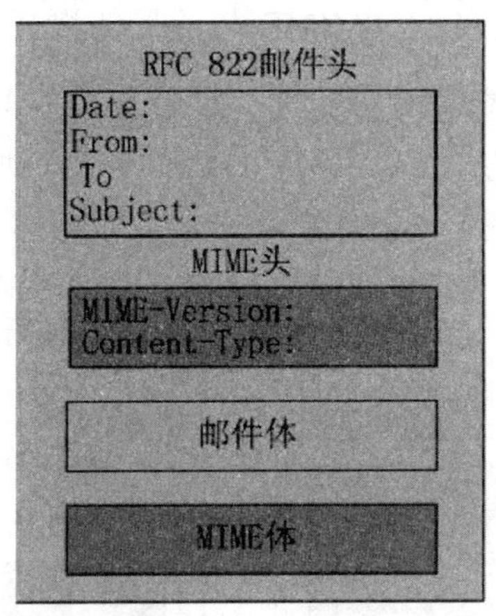

图12-4-3　MIME新增字段与RFC　822的结合

MIME-Version 参数的值必须为 1.0，指示报文符合 RFC 2045 和 RFC 2046 的要求。

Content-Type（内容类型）字段是必需的，该字段描述了包含在报文主体中的数据，使得接收报文的用户代理可以选择合适的代理或机制将数据向用户显示，或以一种合适的方式来处理数据。Content-Type 字段定义了 7 种基本内容类型，分别是：text、message、image、video、audio、application 和 multipart。

Content-Transfer-Encoding 定义了两种数据编码方式，其中 base64 是一种比较常用的编码方法，它将任意二进制数据转换成一种不会被邮件传输系统破坏的格式。

Content-ID（内容 ID）字段存在多个上下文中，是用来唯一标识 MIME 实体的标识符。

Content-Type 是 MIME 中最重要的字段，MIME 规约的大量工作集中在定义不同的内容类型上，这反映了在多媒体环境中需要提供标准化方法来处理大量不同信息类型的需求。MIME 的 Content-Type 包括内容类型和子类型，其格式为 Content-Type：type/subtype。内容类型说明了数据的一般类型，而子类型说明了该数据类型的特定形式。

2. S/MIME 对 MIME 类型的扩充

MIME 允许对基本电子邮件协议的 Content-Type 进行扩充，而 S/MIME 又在其基础上增加了几种新的 MIME 子类型，包括 maltipart/signed、application/x-pkcs7-signature 和

Application/x-pkcs7-mime。

Multipart 子类型。在 Multipart 混合类型中加入一个子类型。Signed 签名子类型标识一封经过签名的邮件，这种邮件由标准邮件部分和邮件的数字签名两部分组成。这种方法并不对邮件进行加密，因此不具备 S/MIME 功能的邮件代理也可以阅读。此时整体的内容类型字段 Content-Type 定义为 multipart/signed 类型。

Application 子类型。S/MIME 创建了 pkcs7-mime 应用子类型来提供一些邮件安全功能，每种功能使用 pkcs7-mime 子类型中的一个单独的参数，通过 smime-type 标志来确定，smime-type 参数值有 signedData、envelopedData 等。

图 12-4-4 显示了加密和签名的 S/MIME 电子邮件格式，当 MIME 类型为 application/x-pkcs7-mime，smime-type=enveloped-data 时，表示加密邮件，当 MIME 类型为 multipart/signed 时，表示签名邮件。当然，也可以对邮件进行复合，形成既加密又签名的邮件。

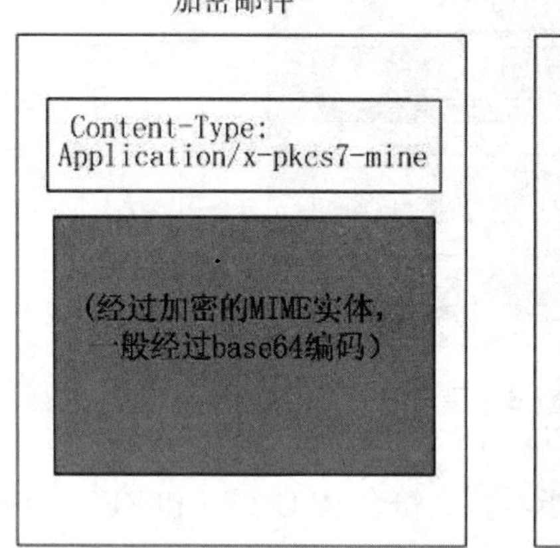

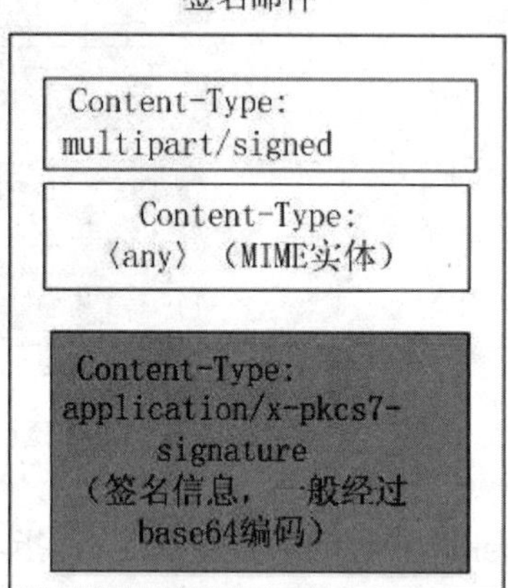

图12-4-4　S/MIME加密和签名后的邮件格式

3. S/MIME 中密码算法的应用

表 12-4-1 总结了 S/MIME 中使用的加密算法。

表 12-4-1　S/MIME 使用的加密算法

功　能	需　求
创建用于形成数字签名的报文摘要算法	支持SHA-1和MD5
加密报文摘要以形成数字签名	发送和接收代理必须支持DSS 发送和接收代理应该支持RSA 接收代理应该支持使用长度为512～1024位的密钥来验证RSA签名
加密会话密钥和报文一起传送	发送和接收代理必须支持Diffe-Hellman 发送代理应该支持使用长度为512～1024位的RSA加密 接收代理应该支持RSA解密

使用一次性会话密钥加密传输的报文	发送代理应支持3DES和RC2/40加密算法 接收代理应该支持3DES解密，必须支持RC2/40解密

从表中可知，S/MIME 合并了如下三个公开密钥算法。

数字签名标准（DSS）是用于数字签名的推荐算法。

Diffie-Hellman 是用于加密会话密钥的推荐算法。实际上 S/MIME 使用的是提供了加密 / 解密的 Diffie-Hellman 变体。

作为候选，RSA 可以既用于签名又用于会话密钥的加密。

对于用于数字签名的散列函数，S/MIME 建议使用 160bit SHA—1，但需要支持 128 位的 MD5。对于报文的加密，推荐使用 3DES，但是符合标准的实现必须支持 40 位的 RC2。

S/MIME 规约包括了决定使用哪种内容加密算法的过程讨论。本质上，发送代理需要做两个决定：第一，发送代理必须决定接收代理是否能够对给定的加密算法进行解密；第二，如果接收方只能够接收弱的加密内容，发送代理必须决定使用弱加密算法是否可接收。为了支持这个决策过程，发送代理可以在它发送出去的 S/MIME 报文中按照优先选择的次序声明其解密的能力。接收代理可以存储这个信息以备将来使用。然而收发双方并不总是处在同一水平线上。例如，发送方代理可能试图使用 RC2/128 来加密 MIME 消息，而接收方可能只具有 RC2/40 解密的能力。因此 S/MIME 协议定义了一个过程，当要发送 S/MIME 消息时，该过程可以定义一个最好的算法。下面是发送方代理做决策时应该使用的一些指定的规则。

①已知能力。如果发送代理在此前接收到了接收方一个密码（包括密码算法等）功能的列表，则发送方应该选择列出的第一个功能来加密要发送的数据。

②未知能力但已知使用了加密。如果发送方代理对接收方代理的解密能力不清楚，但至少从接收方接收过一条曾经加了密的消息，则此时发送代理应该使用以前的那种算法来加密要发送的消息。

③未知能力且未知 S/MIME 版本。当发送方以前没有与接收方联系过，也不知道接收方的安全能力时，如果发送方愿意冒着接收者可能不能解密报文的危险，则应该使用 3DES 算法；如果不愿冒这个险，那么发送方使用 RC2/40。

4. S/MIME 报文处理过程

如前所述，S/MIME 使用签名、加密来保证 MIME 实体的安全。一个 MIME 实体可能是一个完整的报文（除了 RFC 822 首部），或者 MIME 实体是报文的一个或多个子部分。

MIME 实体按照 MIME 报文准备的一般规则来准备。然后，该 MIME 实体加上一些与安全有关的数据（如算法标识符和证书）后，被 S/MIME 处理以生成 pkcs 的对象。然后 pkcs 对象作为报文内容被封装成 MIME。

S/MIME 的内容类型有封装数据（envelopedData）、签名数据（signedData）、清澈签名（clearSigning）和加密且签名的数据（enveloped-and-signedData）。对不同的数据类型，其封装过程也不一样。

（1）封装数据

准备一个封装数据的 MIME 实体的步骤描述如下。

①为特定的对称加密算法（RC2/40 或 3DES 算法）生成伪随机会话密钥。

②对每个接收者，使用接收者的 RSA 公开密钥对会话密钥进行加密。

③对每个接收者准备“接收者信息（RecipientInfo）”数据块，该块中包含发送者的公开密钥证书、用来加密会话密钥算法的标识符及加密的会话密钥。

④使用会话密钥加密报文的内容。

Recipientlnfo 数据后面跟着加密的内容，共同组成封装数据，然后使用 radix-64 对这个信息进行编码。

为了恢复加密的报文，接收者首先去掉 base64 编码，然后使用私钥来恢复会话密钥。最后使用会话密钥解密 S/MIME 报文的内容。

（2）签名数据

对于签名数据，准备一个 MIME 实体的过程如下。

①选择签名算法（如 SHA 或 MD5）。

②计算待签名内容的消息摘要。

③使用发送者的私钥加密报文的消息摘要。

④形成“签名者信息（SignerInfo）”数据块，该数据块中包含签名者的公钥证书、报文消息摘要算法标识符、用来加密消息摘要的算法标识符及加密的消息摘要等。

签名数据实体包括报文摘要算法标识符、被签名的报文和 SignerInfo。然后使用 base64 进行编码。

为了恢复签名的报文和验证签名，接收者首先要去除 base64 编码，然后使用签名者的公开密钥来解密报文摘要。接收者单独计算报文的摘要并且将它与解密后的报文摘要相比较来验证签名。

（3）清澈签名

发送方已经签名的数据可能会被一个与 S/MIME 不兼容的接收者收到，这样会导致初始的内容不可用。为解决这个问题，S/MIME 使用一个可供选择的结构，即 multipart/signed 类型。

Multipart/signed 类型的主体由两部分组成。第一部分可以是任意的 MIME 内容类型，以明文的形式保留并置于消息中。第二部分的内容是签名数据的一种特殊情况，称为独立签名，它省略了可能包含在签名数据中的明文的备份。

（4）签名并加密数据

这时准备 MIME 实体的过程可以先加密数据，然后进行签名，也可以先签名再加密数据，即嵌套使用 envelopedData 和 signedData。

（三）PGP

PGP（pretty good privacy）是由 Phillip Zimmermann 设计的，可以保护电子邮件的程序。PGP 使用公钥密码、对称密码和消息完整性算法等多种密码体制，可提供认证（数字签名）、机密性、压缩、电子邮件兼容性和分段等多种服务，如表 12-4-2 所示。

表 12-4-2　PGP 服务概述

功 能	使用的算法	描 述
数字签名	DSS/SHA或RSA/SHA	消息的散列值利用 SHA-1 产生，将此消息摘要和消息一起用发送方的私钥按 DSS 或 RSA 加密
消息加密	CAST、IDEA、3DES或RSA	将消息用发送方生成的一次性会话密钥按对称加密算法加密。使用接收方的公钥按 Diffie-Hellman 或 RSA 算法加密会话密钥，并与消息一起发送
压缩	ZIP	消息在传送或存储时可使用 ZIP 压缩
电子邮件兼容性	基数64转换	为了对电子邮件应用提供透明性，一个加密消息可以用 base64 转换为 ASCII 串
分段		为了符合最大消息尺寸限制，PGP 执行分段和重组功能

PGP 对于消息的加密，分对称加密和非对称加密两种，其中非对称加密中最常用的算法是 RSA。对称加密可使用 CAST-128、IDEA 和 3DES 等多种算法。消息完整性保护可使用 SHA-1 作为哈希算法。签名算法可使用 DSS 或 RSA。本节其余部分在描述 PGP 非对称加密及签名时均以 RSA 算法为例。

和 S/SIME 不同，PGP 独立于 SMTP 协议。因此，PGP 不仅可以被用来保护电子邮件（包括正文和附件），也可被用来签名或（和）加密其他文件。PGP 不支持 X.509 证书对公钥的封装，而是采用自定义的、简单的公钥证书。

PGP 在加密前对邮件消息内容进行压缩处理，PGP 内核可以使用 PKZIP 算法压缩加密前的明文。一方面，对电子邮件而言，压缩后再经过 radix-64（即 MIME 的 base64 格式）编码可以比明文更短，这就节省了网络传输的时间和存储空间；另一方面，明文经过压缩后，相当于经过一次变换，对明文攻击的抵御能力更强。

由于 PGP 的安全、高效、易于实现和使用，它已经成为保护电子邮件最常用的方法。

1. PGP 密钥的产生和保存

由于 PGP 提供加密、签名、密钥及密码保护等多种安全服务，系统需要产生并保存各种不同的密钥，如 RSA 公钥、RSA 私钥、随机密码（密码的散列值）和会话密钥等。这些密钥是和 PGP 对等实体相关的一组密钥，即每个对称实体之间需要保留和它们相关的各种密钥。因此，由于系统中具有多对 PGP 对等实体，需要保存多组密钥。密钥需要一种安全、系统的方法进行存储和组织，以便有效地使用。PGP 在每个节点提供一对数据结构，一个用来存储该节点与其所有对等实体之间的公钥 / 私钥对（即 RSA 私钥），称为私钥环；另一个用来存储该节点所知道的所有对等实体的公钥，称为公钥环。

图 12-4-5 说明了 PGP 中密钥对的生成过程。图的左边是用户提供的信息。

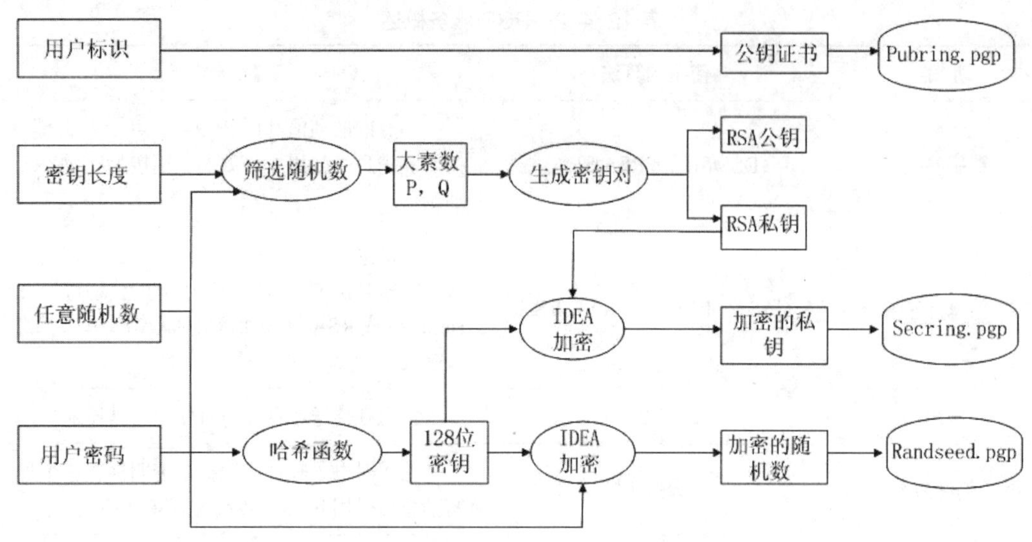

图12-4-5　PGP密钥对生成过程

（1）公钥 / 私钥对的产生和保存

PGP 中，RSA 公钥用来加密会话密钥或进行邮件的签名验证，RSA 私钥用来对邮件签名或解密由公钥加密的会话密钥。

如图 12-4-5 所示，系统产生的随机数和用户指定的密钥长度作为素数生成的输入，使 PGP 得到两个大的素数。PGP 使用这两个素数生成一个公开密钥和一个与之关联的秘密密钥。

上面产生的用户私钥（这里指 RSA 私钥）在 PGP 中是要力 b 密（对称加密）保存的，加密采用对称密码，加密密钥为用户密码的散列值。一个用户可以拥有多个公钥 / 私钥对，以便随时更换，这些私钥构成的集合被保存在私钥环文件中。

因此，PGP 按照下面的方式保存私钥：用户密码首先经过哈希函数（如图 12-4-5 中的 SHA-1）产生一个 128 位的散列值。以这个 128 位的散列值作为对称密码（如图 12-4-5 中的 IDEA 算法）的密钥，使用对称加密算法对私钥进行加密，然后将加密后的 RSA 私钥和对应的公钥（不加密）保存到一个私钥环文件中（如图 12-5-24 中的 secring.pgp）。使用私钥时，需要从私钥环中取出加密的密钥，进行解密后还原出 RSA 私钥。

（2）公钥的分发和保存

PGP 中，RSA 私钥用来对邮件签名或解密由公钥加密的会话密钥。因此，对于用户自身的公钥，除了要把它和相应的私钥（经过密码加密）共同保存到私钥环文件中之外，PGP 还需要做如下处理：把用户标识符、公钥及其他相关信息，形成自己的公钥证书（非 X.509 格式），并将其存储到一个公钥环文件中（如图 12-4-5 中的 pubring.pgp 中）。

在用户配置好密钥对的时候，如果需要接收 PGP 加密信息，就必须把自己的公钥分发给对等实体。分发公钥的途径如下。

①将自己的公钥环文件复制给别人。

②用系统提供的功能导出公开密钥，存于文件中，然后以电子邮件或者其他方式发送给别人。

③使用互联网上的公钥服务器把公钥发布出去。

对于从别的用户接收到的公钥，PGP 用户将其保存到自己的公钥环文件中，以供加密或验证签名时使用。

（3）随机数种子和会话密钥的产生与保存

PGP 中，会话密钥用来加密发送的邮件体，提供机密性服务。而会话密钥本身需要使用 RSA 公钥加密后发送给对等实体。

如图 12-4-5 所示，PGP 的会话密钥是一个随机数（称为随机数种子），它基于 ANSIX.917 格式，由系统中的随机数生成器产生。例如随机数生成器从用户按键盘的时间间隔取得随机数种子。

系统产生的随机数种子同样被加密（可以采用和加密 RSA 私钥相同的方式，使用用户密码的散列值进行对称加密），然后存入文件中（如图 12-4-5 中的 randseed.pgp）。

可以看出，PGP 每次加密都使用一个随机的会话密钥，并且进行加密保存，从而加强了 PGP 密钥系统自身的安全性，使得 PGP 可以抵抗已知明文和选择明文攻击。

2. 加密电子邮件

加密电子邮件，提供机密性服务是 PGP 的一项基本功能，需要使用非对称加密和对称加密相结合的密码体制实现。首先，密钥管理模块根据用户输入的收信人标识信息，找到收件人的公开密钥。然后，一方面，随机数发生器产生只使用一次的 128 位会话密钥，使用对称密码（如 IDEA 算法）和该会话密钥对明文邮件（一般是压缩后的）进行加密，生成密文邮件；另一方面，RSA 算法使用收件人的公钥对该会话密钥进行 RSA 加密。最后，PGP 把 RSA 加密后的会话密钥和加密后的密文邮件合并在一起，形成一个新的消息，通过 SMTP 协议发送至接收方。接收方收到邮件后首先解密出会话密钥，然后通过会话密钥解密密文邮件后还原出原始明文邮件的内容。

图 12-4-6 给出了发送方加密邮件和接收方解密邮件的过程。其中，发送方加密邮件的主要步骤描述如下。

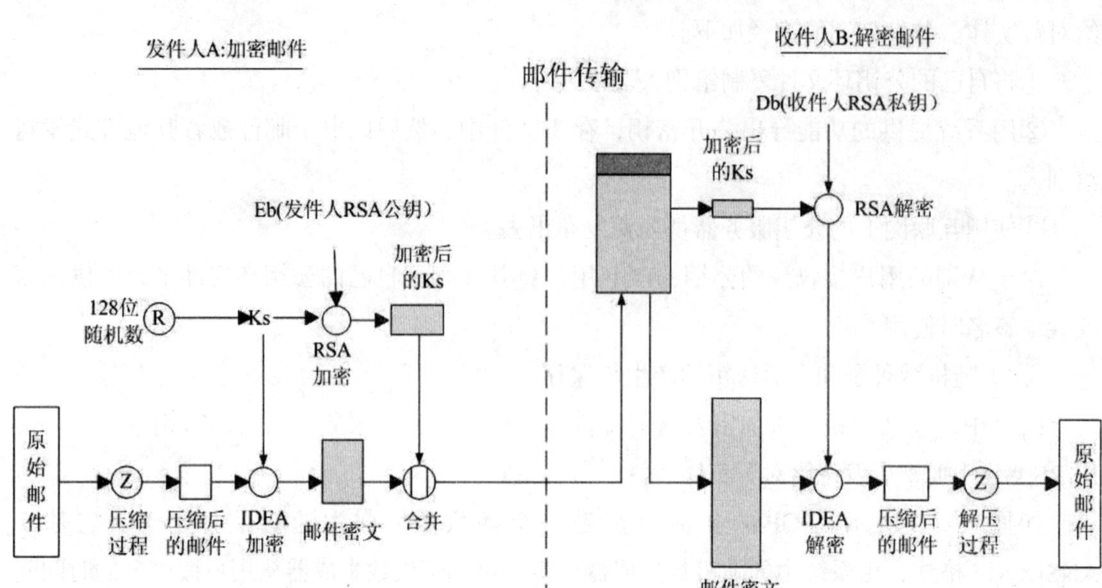

图12-4-6　使用PGP加密和解密邮件的过程

①生成明文电子邮件报文及用作加密该报文的随机会话密钥。

②采用某种对称密钥算法（如图 12-4-6 中的 IDEA），使用会话密钥对经过压缩后的邮件报文进行加密，形成邮件密文。

③采用RSA算法,使用接收者的RSA公钥对会话密钥进行加密,并附加到邮件密文前面。

收件人解密时，首先需要取得自己的 RSA 私钥：用户输入保护私钥的密码，这个密码经过散列函数（如图 12-4-6 中的 SHA-1）得到一个 128 位的字串。然后，PGP 把这个字串作为密钥，使用对称密钥算法（如图中的 IDEA）解密私钥环文件中加密的私钥，得到用户的 RSA 私钥。随后，接收者采用 RSA 算法，使用自己的私有密钥解密和恢复会话密钥，接着使用会话密钥解密电子邮件密文。

3. 签名电子邮件

发送方对邮件进行签名时，首先应该得到自己的 RSA 私钥，方法和上述解密过程相同，需要使用一个密码，PGP 系统将使用该密码解密私钥环文件中的 RSA 私钥。同时，用户将编辑好的邮件经过散列函数运算后得到邮件的散列值。随后，使用签名者的 RSA 私钥对其进行 RSA 加密，形成发送后的签名。最后，把邮件原文和签名合并后通过 SMTP 发送出去，从而完成签名邮件的全过程。

图 12-4-7 给出了发送方签名邮件和接收方验证签名的过程,图中省去了压缩邮件的过程。发送方签名邮件的主要步骤描述如下。

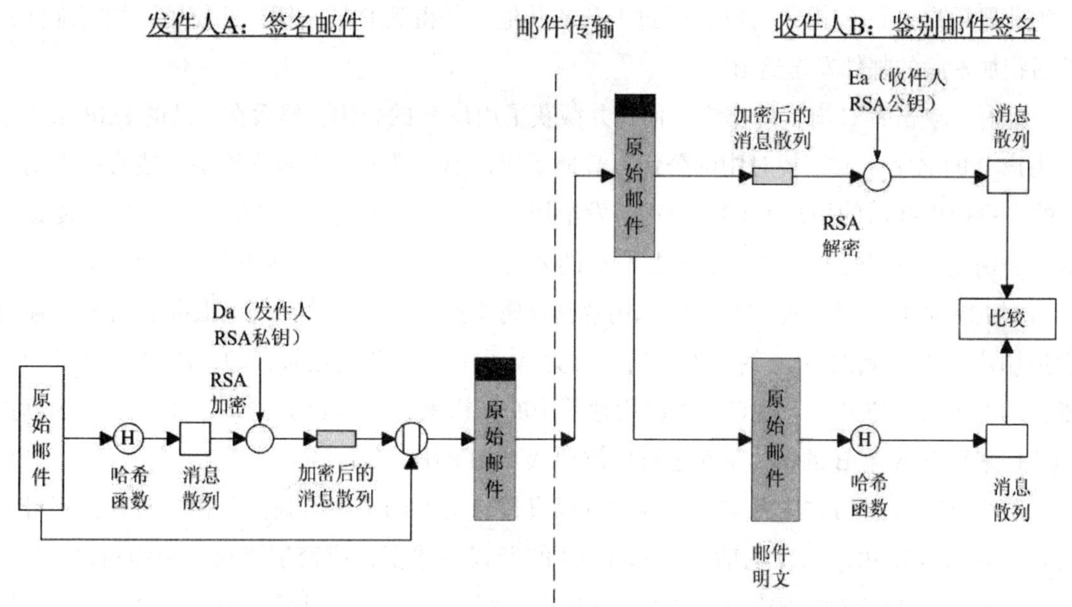

图12-4-7　使用PGP进行签名和验证签名的过程

①创建邮件报文。

②从密钥环文件中取得自己的 RSA 私钥（加密的私钥），并进行解密。

③使用散列函数（如图中的 SHA—1）生成邮件的散列值。

④使用自己的 RSA 私钥，采用 RSA 算法对散列值进行加密，附加在明文邮件的前面。

收件人得到带有数字签名的邮件后，需要对数字签名进行鉴别。PGP 密钥管理模块首先从公钥环文件中取出签名人的 RSA 公钥，利用 RSA 算法恢复出发信者加密的散列值。然后，PGP 重新计算明文邮件的散列值，与前者进行对比，并根据比对结果决定签名是否有效。

分析可知，PGP 加密的基本过程中使用了对称、非对称密码，而签名的基本过程中使用了非对称密码和哈希函数。当然，无论是加密还是签名，为了取得或加密 RSA 私钥，均使用对称密码及散列（哈希）函数。

可以将加密和签名一起使用，从而提供更完备的安全服务。首先为明文生成签名并附加到邮件首部。然后使用对称密码对明文报文和签名进行加密，再使用 RSA 对会话密钥进行加密。最后，把包含签名的密文和加密后的会话密钥一起发送给收件人。

4.PGP 信任关系

公钥可信度对系统安全性的影响

由于没有可信的第三方签名和颁发公钥证书，PGP 中公钥的发布可能存在安全性问题，例如公钥被篡改导致使用得公钥与公钥持有者的公钥不一致。这在公钥密码体系中是很严重的安全问题。因此必须帮助用户确认使用的公钥是可信的。公钥信任管理可以克服 PGP 中密钥分配不安全、不方便的缺点。

以用户 A 和用户 B 通信为例，现假设用户 A 想给用户 B 发送电子邮件。首先，用户 A

必须获取用户 B 的公钥，用户 A 通过下载或其他途径得到 B 的公钥，并使用它加密邮件，然后把加密后的邮件发送给 B。

此时，攻击者 C 潜入网络中，侦听并截获了用户 B 的公钥，然后在自己的 PGP 系统中以用户 B 的名字生成密钥对中的公钥，替换了用户 B 的公钥，并放在网络上或直接以用户 B 的身份把更换后的用户 B 的"公钥"发给用户 A。A 用来发送邮件的公钥是 C 伪装 B 生成的公钥（A 得到的 B 的公钥实际上是 C 的公钥 / 密钥对，用户名为 B）。这样一来，B 收到 A 的加密邮件后就不能用自己的私钥解密该密文邮件了，导致系统的混乱。用户 C 还可伪造用户 B 的签名给 A 或其他人发信，因为 A 手中 B 的公钥是假冒的，用户 A 会以为该邮件的确来自用户 B。于是 C 就可以用他手中的私钥来解密 A 给 B 的信，还可以用 B 真正的公钥来转发 A 给 B 的信，甚至还可以改动 A 给 B 的信。

防止篡改公钥的方法有多种，例如可以直接从对方的手中得到其公钥。此外，还可以通过电话认证密钥，如在电话上以 radix-64 的形式口述密钥或密钥指纹，密钥指纹（keys fingerprint）是 PGP 生成密钥的 160 位的 SHA-1 摘要（16 个 8 位十六进制）。这两种方法均有使用不便的局限性。此外，可以像 X.509 证书体制那样，引入由一个用户信任的机构担当第三方，即"认证机构"，然而这样的"认证机构"适合由非个人控制的组织或政府机构充当，以注册和管理用户的密钥对。对于那些非常分散的个人用户，PGP 更赞成使用私人方式的密钥转介，因此这种第三方信任的方式在 PGP 中难以得到实际应用和推广。

（2）PGP 的信任模型

虽然 PGP 没有关于建立认证权威机构或建立信任体系的说明，但它提供了一个利用信任关系的手段，将信任与公钥关联。PGP 为公开密钥附加信任和开发信任信息提供了一种方便的方法，通过附加在公钥证书或公钥环中的各个字段来实现。

如图 12-4-8 所示，公钥环的每个实体都是一个公开的密钥证书。与每个实体相联系的是密钥合法性（key legitimacy）字段，用来指示 PGP 信任"这是一个合法的用户公开密钥"的程度。信任程度越高，这个用户标识符与这个密钥的绑定就越紧密。这个字段由 PGP 计算得出。

与每个实体相联系的还有用户收集的多个签名。每个签名都带有签名信任（signature trust）字段，用来指示该 PGP 用户信任签名者对这个公开密钥证明的程度。密钥合法性字段是从这个实体的一组签名信任字节中推导出来的。最后，每个实体定义了与特定的拥有者相联系的公开密钥，包括拥有者信任（owner trust）字段，用来指示这个公开密钥对其他公开密钥证书进行签名的信任程度（这个信任程度是由该用户指定的）。可以把签名信任字段看成是来自于其他实体的拥有者信任字段的副本。

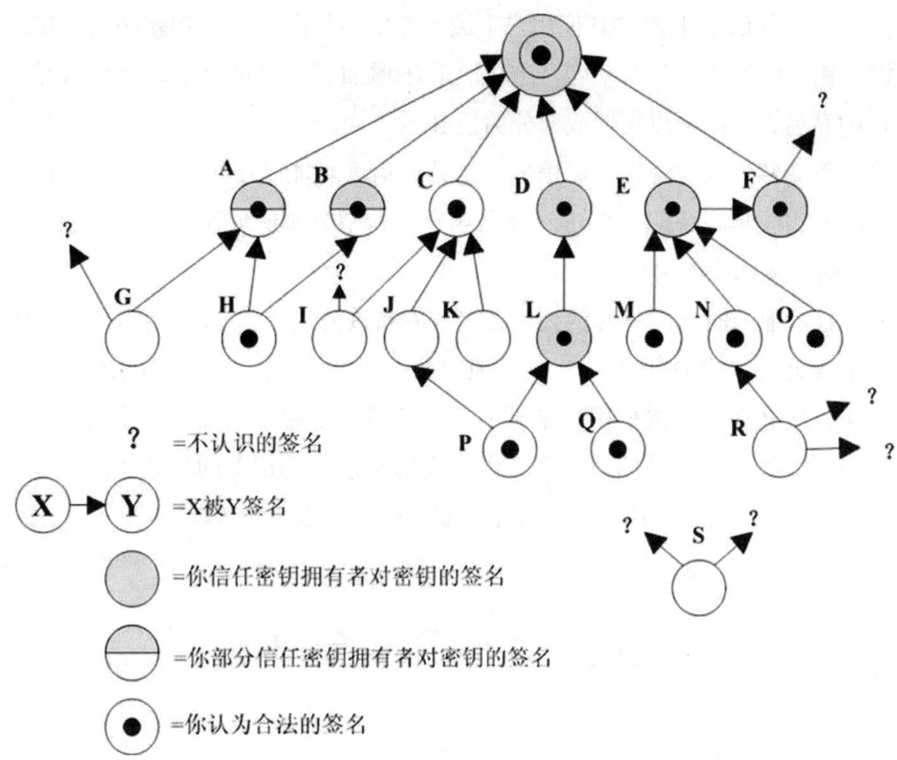

图12-4-8　PGP中的信任关系

图 12-4-8 中给出了一个正在处理的公钥环的例子，操作描述如下。

当 A 在公开密钥环中插入了新的公开密钥时，PGP 为与这个公开密钥拥有者相关联的信任标志赋值，插用户 A 的公钥，若赋值为 1 表示终极信任；否则，须说明这个拥有者是未知的、不可任信的、少量信任的和完全可信的等，赋以相应的权重值 1/x、1/y 等。当新的公开密钥输入后，可以在它上面附加一个或多个签名，以后还可以增加更多的签名。在实体中插入签名时，PGP 在公开密钥环中搜索，查看这个签名的作者是否属于已知的公开密钥拥有者。如果是，为这个签名的 Signature Trust 字段赋予该拥有者的 Owner Trust 值。否则，赋以不认识的用户值。

密钥合法性字段的值是在这个实体的签名信任字段的基础上计算的。如果至少一个签名具有终极信任的值，那么密钥合法性字段的设置为完全；否则，PGP 计算信任值的权重和。对于总是可信任的签名赋以 1/x 的权重，对于通常可信任的签名赋以权重 1/y，其中 x 和 y 是用户可配置的参数。当介绍者的密钥 /UserID 绑定的权重达到 1 时，绑定被认为是值得信任的，密钥合法性被设置为完全。因此，在没有终极信任的情况下，需要至少 x 个签名总是可信的，或者至少 y 个签名是可信的，或者是上述两种情况的某种组合。

对以上信任模型分析可知，PGP 采用通过信任签名者的签名来间接信任用户公钥的方式建立公钥的信任度。

假设 A 和 B 有一个共同的朋友 D，而 D 知道他手中 B 的公钥是正确的。于是 D 签名 B

的公钥并将其上传到BBS上提供其他用户下载。A想要获得B的公钥就必须先获取D的公钥来解密该公钥（B的公钥）的签名，这样就等于增加了一层可信度。如果A信任D，并已验证了D的签名，则他可以信任或部分信任B的公钥。

只通过一个签名就认为公钥是可信的，这种可信度可能是小了一些。于是PGP把用不同私钥签名的公钥收集在一起，发送到公共场合，希望公钥的使用者信任其中一个或多个人的签名，从而间接认证该用户的公钥。

假设用户D给他的朋友用户A的公钥签名并发布该公钥，或将签名后的公钥回传给A，这样便可以让A通过用户D被用户D的其他朋友所认可并信任（或部分信任）。与现实中人的交往一样，PGP会自动根据用户拿到的公钥分析出哪些是朋友介绍来的签名公钥，把它们赋以不同的信任级别，供用户参考，以决定对它们（公钥）的信任程度。也可指定某人具有几层转介公钥的能力，转介后的信任度随着认证的传递而递减。

第五节　DNS安全协议

一、DNS脆弱性分析

DNS为主机提供域名解析服务。DNS消息采用简单的请求/应答(或称查询/响应)机制:由DNS客户端（本章中的DNS客户端是指发起域名解析请求的一方，即DNS解析器，其本身可以是一个DNS服务器）向服务器（指对DNS请求进行应答的一方）发出DNS查询请求，服务器对其做出应答，一般是把所请求的资源信息发送给客户端。每个DNS消息包括一个与之关联的16位的ID号，服务器根据该ID号获取客户端的位置。

DNS消息结构如图12-5-1所示。

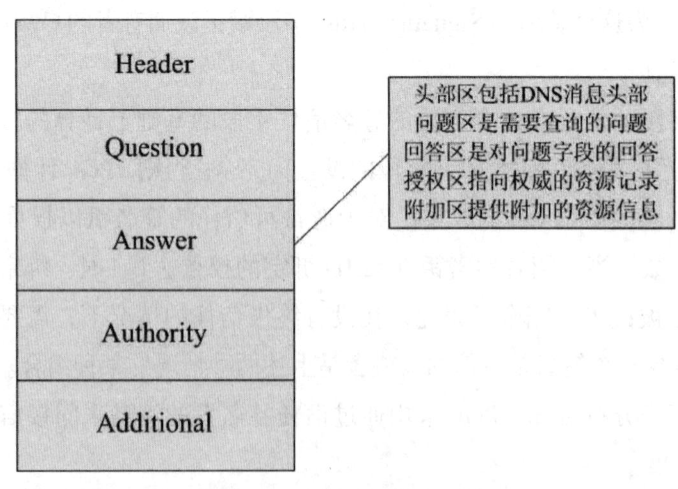

图12-5-1　DNS消息结构

一个 DNS 消息由问题区（question count）、回答区（answer count）、权威区（authority count）和附加区（additional count）构成。DNS 数据包的格式如表 12-5-2 所示。

表 12-5-2　DNS 数据包格式

16	21						28	32bit
ID	Q	Query	A	T	R	V	B	Rcode
Question count	Answer count							
Authority count	Additional count							

DNS 数据包各字段的说明如下：

ID：用于连接查询和答复的 16bit。

Q：识别查询和答复消息的 1 位字段。

Query：描述消息类型的 4 位数字。0- 标准查询（由姓名到地址）；1- 逆向查询；2- 服务状态请求。

A：命令回答。1 位字段。当设置为 1 时，识别由命令域名服务器做出的答复。

T：切断。1 位字段。当设置为 1 时，表明消息已被切断。

R：1 位字段。由域名服务器设置为 1 请求递归服务。

V：1 位字段。由域名服务器设置表示递归服务的实用性。

Rcode：响应代码，有域名服务器设置的 4 位字段用以识别查询状态。

Question count：16 位字段，用以定义问题部分的登录号。

Answer count：16 位字段，用以定义回答部分的资源记录号。

Authority count：16 位字段，用以定义部门域名服务器的资源记录号。

Additional count：16 位字段，用以定义记录部分的资源记录号。

DNS 系统以资源记录（resource record，RR）的形式保存各种资源信息，本节用到的 DNS 的基本资源记录如下。

A 记录：代表“主机名称”与 IP 地址的对应关系，DNS 使用 A 记录来回答域名查询的 DNS 请求。

CNAME 记录：代表别名与规范主机名（canonical name）之间的对应关系。

MX 记录：提供邮件路由信息；提供区域的“邮件交换器（Mail Exchanger）”的主机名及相对应的优先值。当 MTA 要将邮件发送到某个网域时，会优先将邮件交给该

网域的 MX 主机。同一个网域可能有多个邮件交换器，所以每一个 MX 记录都有一个优先值，供 MTA 作为选择 MX 主机的依据。

PTR 记录：代表 IP 地址与主机名的对应关系，作用刚好与 A 记录相反。某些网络使用

PTR 记录来检验客户端的主机名称是否可信。

NS 记录：标记哪些 DNS 服务器可以作为区域的授权服务器。

SRV 记录：即服务位置资源记录，该记录允许多个服务器提供类似的基于 TCP/IP 的服务，并使用 DNS 查询来定位该服务。

DNS 采用层次化结构，使得主机名可以唯一化。DNS 的结构为反向树结构，由叶节点走向根节点就可以形成一个全资格域名（fully qualified domain name，FQDN），每个 FQDN 是唯一的。在 DNS 树中，由根到叶给出主机名查询结果，以便于找到属于这台主机的 IP 地址。对于反向映射也有类似的树存在，在树中检索查询 IP 地址的目的是为了找到属于这个 IP 地址的主机名或者 FQDN。这种层次划分域名的方式使得每个主机都可以在其归属的域（或者子域）内有唯一的定义。这样，本地管理员就可以管理（增加、删除或者改动）DNS 主机名和地址。DNS 可以进行主机名本地管理的能力提供了巨大的灵活性和可扩展性。

DNS 的另一个特点是每个区（zone，或称区域、域区等）中包含信息的可用性。除了主服务器外，其余的都成为二级或从服务器，从服务器负责检验主服务器的数据更新，如果检查到有一个数据更新，从服务器就传送域的数据，也就是所谓的区域传输（zone transfer）。

每个域都有一个序列号，当主服务器上的域数据更新时，就要调整这个序列号。这种调整使得在服务器上检测到数据更新变得很容易。而能够同时拥有一个以上域备份的能力可以冗余分配负载，使数据非常可靠。

然而，DNS 高效灵活的设计同时也会引发安全问题。由于 DNS 被设计成一个公共的数据库，在目前的 DNS 协议中对 DNS 域名空间中的信息没有任何访问限制，用户可以随意查询 DNS 中的资源记录，同时攻击者也可能伪造各种 DNS 消息。虽然 BIND（即伯克利 Internet 域名，它是一个由加州大学伯克利分校发展和分发的域名系统执行。BIND 被用在 Internet 上绝大多数的 DNS 服务器中）在后来的版本允许进行某些访问控制，如区域传输等，但是对 DNS 资源记录的查询限制一直排除在 DNS 协议之外。正是由于 DNS 既没有在内部为数据提供安全认证和数据完整性认证，又没有在外部引入任何访问控制机制，使得它存在很多安全漏洞，非常容易遭受攻击。

针对 DNS 的威胁和网络攻击有很多，例如 DNS 欺骗（DNS spoofing）、缓存中毒（cache-poisoning）、拒绝服务（deny of service）、非授权更新（不安全的动态更新）和域名否认存在欺骗等。

二、DNS 安全防护策略

目前有一些针对 DNS 的安全防护策略在一定程度上可以缓解 DNS 安全问题。

1. 关闭域名服务器递归查询功能

这种策略关闭递归查询，使 DNS 域名服务器进入被动模式。当它向外部的 DNS 发送查询请求时，只会回答它所授权域的查询请求，而不会缓存任何外部的数据。因此，该方法可以抵御缓存中毒攻击，但同时也降低了 DNS 的域名解析速度和效率。

2. 限制区域传输

在 BIND 配置文件中通过一些设置可以限制允许区域传输的主机，这在一定程度上可以缓解信息泄露。但是，即使封锁整个区域传输也不能从根本上解决 DNS 安全问题，因为攻击者可以利用 DNS 工具自动查询域名空间中的每一个 IP 地址，从而得知哪些 IP 地址还没有分配出去。利用这些闲置的 IP 地址，攻击者可以通过 IP 地址欺骗，伪装成系统内信任网络中的一台主机来完成请求区域传输。

3. SPLIT DNS

该策略采用 SPLIT DNS 技术把 DNS 系统划分为内部和外部两部分。外部 DNS 系统位于公共服务区，负责正常对外解析工作；内部 DNS 系统则专门负责解析内部网络的主机，当内部要查询 Internet 上的域名时，就把查询任务转发到外部 DNS 服务器上，然后由外部 DNS 服务器完成查询任务。把 DNS 系统分成内外两个部分的优势在于，Internet 上其他用户只能看到外部 DNS 系统中的服务器，而看不见内部的服务器，而且只有内外 DNS 服务器之间才能完成 DNS 查询信息的交换，从而保证了系统的安全性，比较有效地防止信息泄露。

4. 及时更新 DNS 服务器软件

因特网上使用最广泛的 DNS 服务器软件是 BIND，它是一个免费软件，其版本在不断更新中，新的版本逐步克服了旧版本的某些漏洞和缺陷。因此使用 BIND 最新版本可以在一定程度上提高 DNS 和网络系统的安全性。但是随着新漏洞的发现，最新版本也同样存在安全隐患。

此外，还有一些辅助手段，例如限制 IP 地址查询、限制进行递归查询的 IP 地址范围等，这些方法和前面的几种方法类似，都是从访问控制和权限限制角度来提高 DNS 系统的安全性。然而，最初设计 DNS 的思想是为公众提供公共的服务，为各种查询提供正确一致的应答，DNS 名字空间中的任何数据都被看成是公共数据。限制这些数据的使用在一定程度上违背了 DNS 的设计初衷，给用户的使用带来不便，同时也不能解决 DNS 面临的基本安全问题，即资源和消息的可信问题。

从上述增强 DNS 安全性的方法中可以看出，这些防范策略仅仅从局部解决 DNS 的安全问题，并没有对 DNS 消息交换过程中的数据提供任何认证和数据完整性检查，攻击者仍可通过各种欺骗手段入侵 DNS 系统，因而没有从根本上解决 DNS 安全问题。有效保护 DNS 系统、提高 DNS 安全性的根本方法是从协议层重新设计域名解析，并在域名解析过程中增加对数据源的认证及完整性验证。

通过上节对 DNS 脆弱性的分析，DNS 安全协议的目标应该包括如下方面。

（1）数据源认证：提供 DNS 数据（包括资源、消息）来源的鉴别，例如客户端能够判断 DNS 应答消息是否来自一个真实的 DNS 服务器，从而避免 DNS 欺骗。某些情形下，对于客户端的身份鉴别也是必要的，服务器可以判断一个消息是否的确来源于一个可信的客户端，这样可以抵御 DoS 攻击及防止区域信息泄露。但对于客户端的认证比较困难，带来的额外开销大，适合安全性要求高、小范围实施安全控制的场合。由于区域信息的可靠传输对于 DNS 系统的安全性非常重要，因此可以在区域传输中进行消息鉴别。

（2）数据完整性保护：提供 DNS 数据（包括资源、消息）的完整性保护，例如客户端应该能够检测出服务器发出的应答消息是否被篡改过。这样可以有效抵御 DNS 欺骗。

一般不要求对 DNS 请求（查询）和应答消息做加密处理，不对普通查询做过多的限制，因为 DNS 系统是开放的，查询和应答信息本身是可以公开的。

目前，针对 DNS 的安全协议主要有 DNSSEC（DNS security extension）、TSIG（transaction signatures）等。其中 DNSSEC 主要针对 DNS 服务器资源实施保护，通过给资源记录进行签名，可以让 DNS 客户验证服务器的 DNS 应答消息的真伪。TSIG 主要针对 DNS 消息进行鉴别，确保消息来源的真实性。TSIG 允许客户端和服务器之间进行双向身份认证，从而有效防御 DNS 欺骗和拒绝服务攻击（因为服务器可以鉴别客户端的身份），TSIG 特别适合对区域传输过程进行保护。DNSSEC 和 TSIG 可以联合使用，共同提高 DNS 系统的安全性。

三、DNSSEC 协议

为了增强 DNS 协议的安全性，IETF 开发了 DNSSEC。DNSSEC 由 RFC 2535 进行规约，它在现有的 DNS 协议上增添了附加的 DNSSEC 数据类型，以支持对资源的签名和完整性保护。伯克利 BIND 中实现了 DNSSEC 的部分功能。

在 DNSSEC 中，所有的 DNS 应答报文的内容是经过签名的。客户端可以通过检查消息中的数字签名来鉴别应答消息的来源及其完整性。这种报文内容的实现并不是对整个 DNS 消息进行签名实现的，通常是服务器对其数据库中的资源记录进行签名，然后和对应的 RR 一起保存在数据库中。在客户端发出域名查询时，签名的信息随相应的资源记录一起发送给客户端。客户端通过验证应答消息中的签名信息即可判断收到的消息是否安全可靠。

DNSSEC 可提供如下安全服务。

（1）为 DNS 提供消息源认证：即确保应答消息来自可信的服务器，这主要通过对资源记录本身进行签名存储和发布来实现。

（2）为数据提供完整性保护：由于对资源记录签名时进行了散列计算，因此可以使接收者能够验证数据在传输过程中是否被篡改过。

（3）域名否定存在权威应答：引入新的机制，对域名查询不存在的应答消息提供认证，确认授权域名服务器上不存在所查询的资源记录。并且这种否认应答本身是可信的，从而对域名不存在的 DNS 查询做出权威应答。

（4）DNS 事务认证：事务鉴别可以对包括 DNS 请求（查询）消息在内的事务处理（通信消息）进行签名和验证，以确认消息本身的合法性。事务签名可以抵御不安全的动态更新等非授权更新，以及数据包篡改类型的攻击。这种保护对于区域传输尤为重要。为了提高 DNSSEC 对消息及事务处理本身的鉴别能力，可以使用 TSIG 机制，也可以使用 IETF RFC 2931 定义的“DNS 请求和事务认证”机制，称为 SIG（0）。前者使用对称密码，后者使用公钥密码。目前，TSIG 比 SIG（0）的应用更广泛。

DNSSEC 的基本功能是提供对其资源记录的签名保护，即主要提供上述前三个安全服务。DNSSEC 采用公开密码体制实现服务器消息的数据源认证和消息数据的完整性保护。首先，为资源记录计算一个消息散列值（或消息摘要），然后使用服务器的私钥对该散列值进行非对称加密，形成签名。为此，要将一个 DNS 的区域转变为一个安全的 DNSSEC 区域，或签名区域，管理员需要为这个区域生成一个公钥 / 私钥对。私钥用于对资源记录进行签名，然后妥善保存；公钥采用某种方式发布给客户端，以便进行签名验证。

为了实现这些安全服务，DNSSEC 还需要进行密钥管理和信任关系的维护。

1. DNSSEC 的新增记录

为了提供资源签名和完整性保护，DNSSEC 新增了如下基本安全资源记录。

（1）SIG。DNSSEC 中，SIG 作为扩展的签名资源记录（SIG RR）存在，用于存放对应资源记录的签名信息。区域所有者使用自己的私钥对各个资源记录进行签名，形成相应的 SIG RR。当 DNS 客户端向 DNS 服务器发出查询请求时，服务器在消息的附加区域中加入该 RR 对应的 SIG，即把资源记录的签名附加在应答数据包中。客户端负责鉴别数据的真伪和完整性。

（2）KEY。增加密钥资源记录（KEY RR），用来存放和发布服务器的公钥。一般，每个区域拥有一对私钥及其对应的公钥。私钥用于对资源记录进行签名，公钥需要发布到客户端，客户端使用它进行签名验证。公钥的拥有者可以是一个区域、主机或某个用户。KEY RR 本身需要进行签名（以防止假冒），然后作为 DNS 资源记录的一种随 DNS 应答消息一起发送给客户端。

（3）NXT。设立 NXT 类型记录（NXTRR），以可靠地否认一个域名的存在（对于区域中不存在的域名用 NXTRR），从而抵御攻击者利用 DNS 系统中域名查询不存在的漏洞进行的攻击。DNSSEC 中，DNS 服务器对一个不存在的域名将返回 NXT RR 和它的签名。NXTRR 是经过排序的，域名中与这个被查询的域名最接近的下一个域名的 RR。排序的方法一般是把域名看成一系列经过划分的字串，从最高字串排起，若最高字串相同，再排次高字串，依次类推。当查询的域名排在最后的域名之后时，DNS 服务器将返回排在第一位的域名，即把所有域名看成一个循环的队列。当客户端查询的 DNS 资源不存在时，安全的 DNS 服务器至少要返回一个已经签名的 NXTRR，供客户端验证。而在现有的非安全 DNS 服务器中，当查询的域名不存在时，服务器不会自动返回 NXTRR，只有当显式请求时才会返回 NXTRR。

（4）DS。即委托签名者（delegation signer），是一个指向 DNSSEC 信任链的指针。

2. 新增记录的数据结构

引入新增的 RR 后，DNSSEC 需要采用某种数据结构（DNS 中称为 RDATA）来描述该资源记录。

（1）KEY 资源记录

KEY 资源记录的 RDATA 如表 12-5-3 所示。

表 12-5-3 对 KEY 资源的描述（RDATA）

<table>
<tr><td>标志</td><td>协议</td><td>算法</td></tr>
<tr><td colspan="3">公钥</td></tr>
</table>

其中，公钥字段代表某个实体的公钥，其他字段说明如下。

1）标志（flag）：指示 KEY 资源记录所代表的是何种实体，即指明公钥拥有者的身份（如区域、主机或某个用户）和其他一些附加属性。

2）协议（protocol）：现在只代表 DNS，但 KEY 资源记录将来还可用于别的因特网协议。因为 KEY 资源记录可以作为一种通用的公钥分配方案，不应仅局限于 DNSSEC。

3）算法（algorithm）：指明生成和验证签名时使用的加密算法，可选用 RSA，也可以是其他一些公开密钥算法或某种内部商定的算法，此时 PublicKey 域的格式与加密算法有关。注意，对于一些特殊的加密算法，Public Key 域（字段）还可以有它的子域。

（2）SIG 资源记录

SIG 资源记录的 RDATA 如表 12-5-4 所示

表 12-5-4 SIG 资源的描述（RDATA）

<table>
<tr><td>覆盖类型</td><td>算法</td><td>标签</td></tr>
<tr><td colspan="3">原始TTL值</td></tr>
<tr><td colspan="3">签名失效</td></tr>
<tr><td colspan="3">签名时间</td></tr>
<tr><td>密钥印迹</td><td colspan="2">签名者的名字</td></tr>
<tr><td colspan="3">签名者的名字</td></tr>
<tr><td colspan="3">签名</td></tr>
</table>

其中名字段的说明如下：

覆盖类型（type covered）：制定对那种类型的 RR 进行加密。

算法（algorithm）：与 Key RR 中的字段相同。

标签（1abels）：域名中的字段数，用以快速决定域名是否使用了通配符。

原始 TTL 值（original TTL）：表明对资源签名时的 TTL 值，因为报文在传输过程中 TTL 值会改变，所以必须保存这个值，当验证时以此值替换改变后的 TTL。

签名失效（signature expiration）：指明该签名的失效期。

签名者的名字（signer's name）：指明对该 RR 进行签名的签名者的名字。

签名时间（timesigned）：指明对该 RR 进行签名的时间。

密钥印迹（key footprint）：当有多个 Key 可选时，用该字段能快速地选出一种。

签名（signature）：是加密后的密文（签名）。

DNSSEC 中的签名和验证签名会产生额外的开销，从而影响网络和服务器的性能。如果签名的数据量很大，就会加重 DNS 对 Internet 骨干网及一些非骨干连接的负担。此外，如果使用 DNSSEC，还需要对原有的 DNS 软件进行改造。DNSSEC 软件自身还需要完善和更新，需要进行实际操作和测试。目前，DNSSEC 还没有和 Internet 的迅速发展同步，仍在不断发展之中。

四、TSIG 和 TKEY

如前所述，DNSSEC 着重保护 DNS 资源记录。为了增强传统 DNSSEC 的事物鉴别能力，即保护 DNS 通信消息的安全传输，IETF 开发了事物签名 TSIG。TSIG 由 RFC 2845 进行规约。TSIG 使用共享密码对 DNS 消息实施鉴别，这尤其适用于保护 DNS 解析的响应和更新、保护区域数据传输。对消息的保护可以是双向的，因此，TSIG 中，客户端和服务器的消息均可以进行认证和鉴别。

如图 12-5-2 所示，当配置了 TSIG 后，DNS 消息将会增加一个 TSIG 记录数据项，该数据项对 DNS 消息进行签名，签名信息附加在 DNS 消息的尾部，提供消息源鉴别和完整性保护。

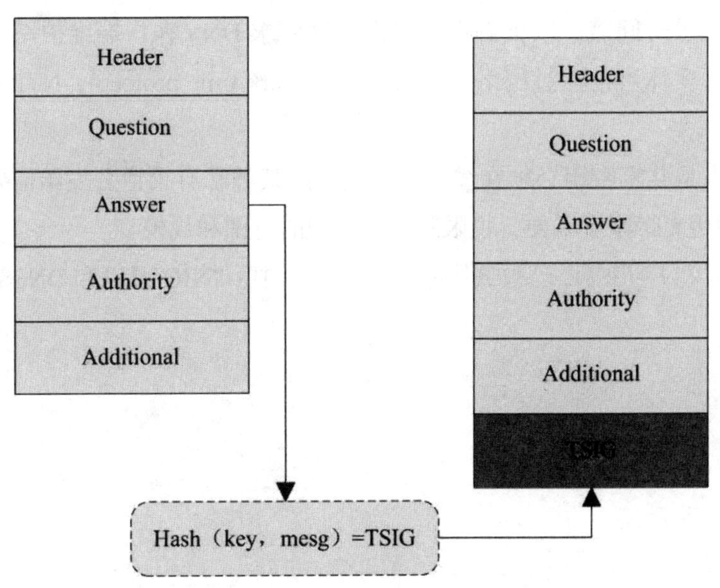

图12-5-2　TSIG对DNS消息的封装

签名消息通过 HMAC 算法实现，即 TSIG=Hash（key，message）。因此，通信双方需要一对共享密钥。TSIG 中的共享密钥可以在一台主机上产生，然后使用安全的方式分发给对等实体。也可以通过协议自动产生共享密钥。

TSIG 中使用 TKEY 为 DNS 客户端和服务器之间自动生成共享密钥，即用来自动产生 TSIG 中的加密密钥。TKEY 消息交换过程本身必须使用签名信息，可以使用 TSIG 或者 SIG(0) 签名。TKEY 也被用来删除先前使用过的密钥。初始时，客户机向服务器发送一个签名的 TKEY 请求消息（包含一个适当的密钥），密钥发送到一个理解 TKEY 的服务器。服务器进行应答，如果成功，它会包含一个 TKEY 记录和一个适当的密钥。经过这个交换后，双方都有足够信息来计算共享密钥，细节的过程依赖于 TKEY 的模式选择。可以采用 Diffie-Hellman TKEY 模式交换密钥，以得到通信双方产生 TSIG 签名的共享密钥。图 12-5-3 中给出了一个 DNS 通信双方使用 TKEY 协商产生共享密钥的例子。

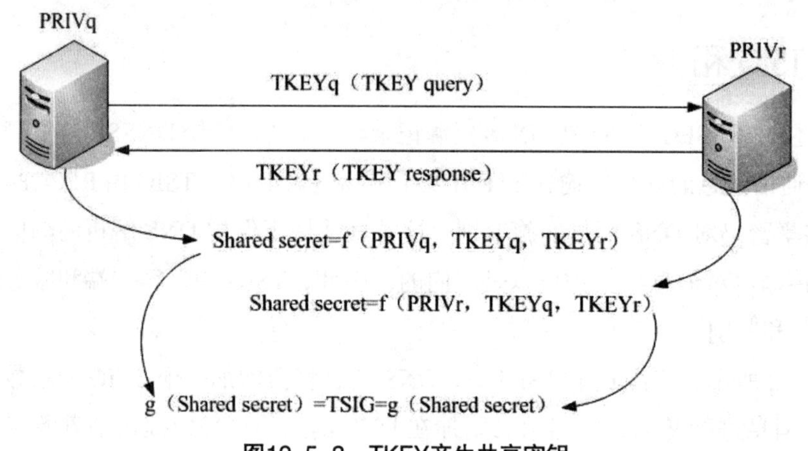

图12-5-3　TKEY产生共享密钥

TSIG 中加入了时间戳，以抵御重放攻击，这要求 DNS 客户端维护一个精确的时钟。TSIG 协议的对等实体可以通过网络时间协议（network time protocol，NTP）来获取精确的时间信息。

TSIG 的缺点是共享密钥必须在线传递，或通过某种私有渠道分发给需要进行消息鉴别的实体，这给使用者带来了不便，也限制了其使用的范围和规模。

目前，TSIG 和 DNSSEC 已被共同集成到 BIND 中，TSIG 可以和 DNSSEC 也可以单独使用。

第十三章　网络综合安全管理

第一节　网络安全保障体系

一、网络安全保障体系的总体架构

网络信息安全涉及立法、技术、管理等许多方面，包括网络信息系统本身的安全问题，以及信息、数据的安全问题。信息安全也有物理的和逻辑的技术措施，网络信息安全体系就是从实体安全、平台安全、数据安全、通信安全、应用安全、运行安全、管理安全等层面上进行综合的分析和管理。安全保障体系总体架构如下图所示：

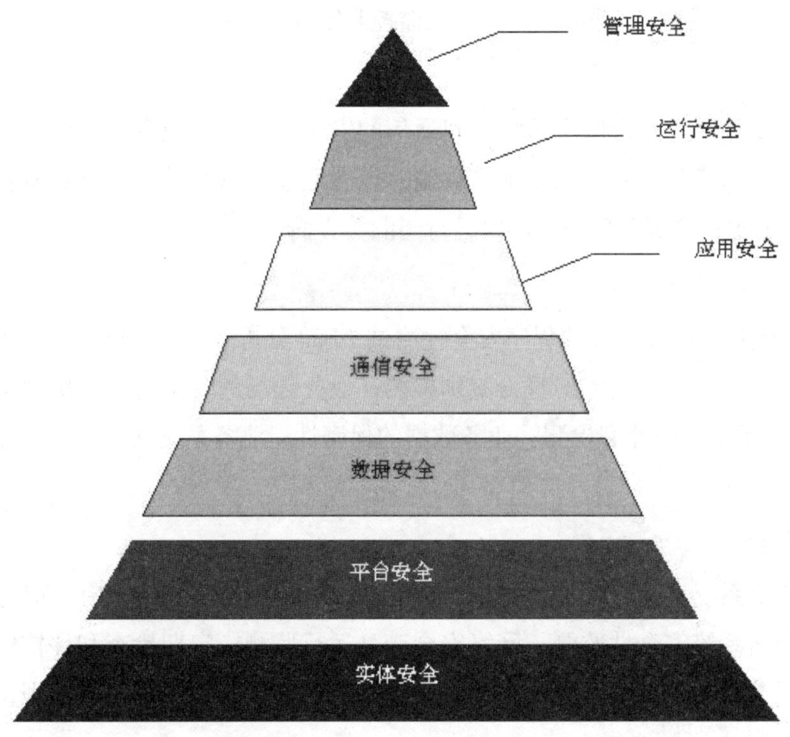

图13-1-1　安全保障体系架构图

二、安全保障体系层次

按照计算机网络系统体系结构，我们将安全保障体系分为 7 个层面：

1. 实体安全

实体安全包含机房安全、设施安全、动力安全、等方面。其中，机房安全涉及：场地安全、机房环境 / 温度 / 湿度 / 电磁 / 噪声 / 防尘 / 静电 / 振动、建筑 / 防火 / 防雷 / 围墙 / 门禁；设施安全如：设备可靠性、通信线路安全性、辐射控制与防泄露等；动力包括电源、空调等。这几方面的检测优化实施过程按照国家相关标准和公安部颁发实体安全标准实施。

2. 平台安全

平台安全包括：操作系统漏洞检测与修复（Unix 系统、Windows 系统、网络协议）；网络基础设施漏洞检测与修复（路由器、交换机、防火墙）；通用基础应用程序漏洞检测与修复（数据库、Web/ftp/mail/DNS/ 其他各种系统守护进程）；网络安全产品部署（防火墙、入侵检测、脆弱性扫描和防病毒产品）；整体网络系统平台安全综合测试、模拟入侵与安全优化。

3. 数据安全

数据安全包括：介质与载体安全保护；数据访问控制（系统数据访问控制检查、标识与鉴别）；数据完整性；数据可用性；数据监控和审计；数据存储与备份安全。

4. 通信安全

既通信及线路安全。为保障系统之间通信的安全采取的措施有：通信线路和网络基础设施安全性测试与优化；安装网络加密设施；设置通信加密软件；设置身份鉴别机制；设置并测试安全通道；测试各项网络协议运行漏洞等方面。

5. 应用安全

应用安全包括：业务软件的程序安全性测试（bug 分析）；业务交往的防抵赖；业务资源的访问控制验证；业务实体的身份鉴别检测；业务现场的备份与恢复机制检查；业务数据的唯一性 / 一致性 / 防冲突检测；业务数据的保密性；业务系统的可靠性；业务系统的可用性。

6. 运行安全

以网络安全系统工程方法论为依据，为运行安全提供的实施措施有：应急处置机制和配套服务；网络系统安全性监测；网络安全产品运行监测；定期检查和评估；系统升级和补丁提供；跟踪最新安全漏洞及通报；灾难恢复机制与预防；系统改造管理；网络安全专业技术咨询服务。

7. 管理安全

管理是信息安全的重要手段，为管理安全设置的机制有：人员管理、培训管理、应用系统管理、软件管理、设备管理、文档管理、数据管理、操作管理、运行管理、机房管理。通过管理安全实施，为以上各个方面建立安全策略，形成安全制度，并通过培训和促进措施，保障各项管理制度落到实处。

第二节　网络安全的法律法规

一、信息保护相关法律法规

（一）国家秘密

包括国家领土完整、主权独立不受侵犯；国家经济秩序、社会秩序不受破坏；

公民生命、生活不受侵害；民族文化价值和传统不受破坏等；

产生于政治、国防军事、外交外事、经济、科技和政法等领域的秘密事项。

（二）国家秘密的密级

绝密—最重要的国家秘密—使国家安全和利益遭受特别严重的损害—破坏国家主权和领土完整，威胁国家政权巩固，使国家政治、经济遭受巨大损失—全局性、战略性

机密—重要的国家秘密—使国家安全和利益遭受严重的损失—某一领域内的国家安全和利益遭受重大损失—较大范围

秘密——般的国家秘密—使国家安全和利益遭到损害—某一方面的国家安全利益遭受损失—局部性

（三）危害国家秘密安全的行为

1. 严重违反保密规定行为

1）违反涉密信息系统和信息设备保密管理规定的行为；

2）违反国家秘密载体管理规定的行为；

3）违反国家秘密信息管理规定的行为。

2. 定密不当行为

1）定密不当包括对应当定密的事项不定密，或者对不应当定密的事项定密；

2）对应当定密的事项不定密，可能导致国家秘密失去保护，造成泄密；

3）对不应当定密的事项定密，会严重影响信息资源合理利用，可能造成较大的负面影响。

3. 公共信息网络运营商、服务商不履行保密义务的行为

1）互联网及其他公共信息网络运营商、服务商没有履行配合公安机关、国家安全机关、

检察机关对泄密案件进行调查的义务；

2）发现发布的信息涉及泄露国家秘密，没有立即停止传输和保存客户发布信息的内容及有关情况记录，并及时向公安机关、国家安全机关、保密行政管理部门报告；

3）没有按照公安机关、国家安全机关、保密行政管理部门要求，及时对互联网或公共信息网上发布的涉密消息予以删除，致使涉密信息继续扩散。

4. 保密行政管理部门工作人员的违法行为

1）保密行政管理部门的工作人员在履行保密管理职责时滥用职权、玩忽职守、徇私舞弊；

2）滥用职权是指保密行政管理部门工作人员超越职权范围或者违背法律授权的宗旨、违反法律程序行使职权的行为；

3）玩忽职守是指保密行政管理部门工作人员严重不负责任，不履行或不正确履行职责的行为；

4）徇私舞弊是指保密行政管理部门工作人员在履行职责过程中，利用职务之便，弄虚作假、徇私舞弊的行为。

（四）危害国家秘密安全的犯罪行为

1. 危害国家安全的犯罪行为

1）掌握国家秘密的国家工作人员在履行公务期间，擅离岗位，叛逃境外或者在境外叛逃；

2）参加间谍组织或者接受间谍组织及其代理人的任务；

3）为敌人指示轰击目标，为境外的机构、组织、人员窃取、刺探、收买、非法提供国家秘密或者情报。

2. 妨碍社会管理秩序的犯罪行为

1）以窃取、刺探、收买方法，非法获取国家秘密；

2）非法持有属于国家绝密、机密的文件、资料或者其他物品，拒不说明来源与用途。

3. 渎职的犯罪行为

1）国家机关工作人员、非国家机关工作人员违反保守国家秘密法的规定，故意泄露国家秘密；

2）国家机关工作人员、非国家机关工作人员违反保守国家秘密法的规定，过失泄露国家秘密。

4. 军人违反职责的犯罪行为

1）以窃取、刺探、收买方法，非法获取军事秘密；

2）为境外的机构、组织、人员窃取、刺探、收买、非法提供军事秘密；

3）违反保守国家秘密法规，故意泄露军事秘密（战时有此行为会受到从重处罚）；

4）违反保守国家秘密法规，过失泄露军事机密（战时有此行为会受到从重处罚）。

（五）保护国家秘密相关法律

《保密法》

2010 年 10 月 1 日起正式施行的新《保密法》从四个方面明确了危害国家秘密安全的行为的法律责任，使查处泄密违法行为有据可依、有章可循。

严重违反保密规定的法律责任

《中华人民共和国公务员法》《中华人民共和国行政监察法》《行政机关公务员处分条例》

互联网及其他公共信息网络运营商、服务商的有关法律责任

《中华人民共和国治安管理处罚法》《中华人民共和国电信条例》《计算机信息网络国际联网安全保护管理办法》《互联网信息服务管理办法》

（六）商业秘密

不为公众所知悉、能为权利人带来经济利益、具有实用性并由权利人采取保密措施的技术信息和经营信息。

技术信息商业秘密包括由单位研制开发或者以其他合法方式掌握的、未公开的设计、程序、产品配方、制作工艺、制作方法等信息，以及完整的技术方案、开发过程中的阶段性技术成果以及取得的有价值的技术数据，包括但不限于设计图纸（含草图），试验结果和试验记录、样品、数据等，也包括针对技术问题的技术诀窍。

经营信息类商业秘密包括经营策略、产品策略、管理诀窍、客户名单、货源情报、招投标中的标底及标书内容等信息。

（七）侵犯商业秘密的行为

1. 以盗窃、利诱、胁迫或者其他不正当手段获取权利人的商业秘密

2. 披露、使用或者允许他人使用上述手段获取权利人的商业秘密

3. 违反约定或者违反权利人有关保守商业秘密的要求，披露、使用或者允许他人使用其所掌握的商业秘密

权利人：是指商业秘密的所有人和经商业秘密所有人许可的商业秘密使用人

（八）保护商业秘密相关法律法规

《中华人民共和国刑法》

《中华人民共和国不正当竞争法》

《中华人民共和国合同法》

《中华人民共和国劳动合同法》

（九）侵犯个人隐私信息行为

1. 未经他人同意，擅自公布他人的隐私资料，或者以书面、口头形式宣扬他人隐私

2. 窃取或者以其他非法方式获取公民个人电子信息

3. 出售或者非法向他人提供公民个人电子信息

4. 网络服务提供者和其他企业事业单位在业务活动中未经被收集者同意就收集、使用公民个人电子信息

5. 对在业务活动中经被收集者同意收集公民个人电子信息没有采取必要的保密措施

6. 医疗机构及其医务人员泄露患者隐私或者未经患者同意，公开其病历资料、健康体检报告等行为

（十）侵犯个人隐私信息犯罪行为

1. 隐匿、毁弃或者非法开拆他人信件，侵犯公民通信自由权利，情节严重的；

2. 邮政工作人员私自开拆或者隐匿、毁弃邮件、电报的；

3. 国家机关或者金融、电信、交通、教育、医疗等单位的工作人员，违反国家规定，将本单位在履行职责或者提供服务过程中获得的公民个人信息，出售或者非法提供给他人，情节严重的；

4. 窃取或者以其他方法非法获取公民个人信息，情节严重的；

5. 非法截获、篡改、删除他人电子邮件或者其他数据资料，情节严重的；

6. 人民警察泄露因制作、发放、查验、扣押居民身份证而知悉公民个人信息，情节严重的。

二、打击网络违法犯罪相关法律法规

网络违法犯罪行为

1. 破坏互联网运行安全的行为

1）侵入国家事务、国防建设、尖端科学技术领域的计算机信息系统；

2）违反国家规定，侵入计算机系统，造成危害；

3）故意制作、传播计算机病毒等破坏程序，攻击计算机系统及通信网络，致使计算机系统及通信网络遭到损害；

4）违反国家规定，对计算机信息系统功能进行删除、修改、增加、干扰，造成计算机信息系统不能正常运行；

5）违反国家规定，对计算机信息系统中存储、处理、传输的数据和应用程序进行删除、修改、增加。

2. 破坏国家安全和社会稳定的行为

1）利用互联网造谣、诽谤或者发表、传播其他有害信息，煽动颠覆国家政权、推翻社

会主义制度，或者煽动分裂国家、破坏国家统一；

2）通过互联网窃取、泄露国家秘密、情报或者军事秘密；

3）利用互联网煽动民族仇恨、民族歧视，破坏民族团结；

4）利用互联网组织邪教组织、联络邪教组织成员，破坏国家法律、行政法规实施。

3. 破坏市场经济秩序和社会管理秩序的行为

1）利用互联网销售伪劣产品或者对商品、服务作虚假宣传；

2）利用互联网损坏他人商业信誉和商品声誉；

3）利用互联网侵犯他人知识产权；

4）利用互联网编造并传播影响证券、期货交易或者其他扰乱金融秩序的虚假信息；

5）在互联网上建立淫秽网站、网页，提供淫秽站点链接服务，或者传播淫秽书刊、影片、音像、图片。

4. 侵犯个人、法人和其他组织的人身、财产等合法权利的行为

1）利用互联网侮辱他人或者捏造事实诽谤他人；

2）非法截获、篡改、删除他人电子邮件或者其他数据资料，侵犯公民通信自由和通信秘密；

3）利用互联网进行盗窃、诈骗、敲诈勒索，利用网络写恐吓信或者以其他方法威胁他人人身安全的；

4）利用网络捏造事实诬告陷害他人，企图使他人受到刑事追究或者受到治安管理处罚；

5）利用网络对证人及其近亲属进行威胁、侮辱或者打击报复；

6）利用网络多次发送淫秽、侮辱、恐吓或者其他信息，干扰他人正常生活；

7）利用网络偷窥、偷拍、窃听、散步他人隐私；

8）利用网络煽动民族仇恨、民族歧视，或者在网络中刊载民族歧视、侮辱内容。

5. 利用互联网实施以上四类所列行为以外的违法 / 犯罪行为

相关法律

《刑法》

《关于维护互联网安全的决定》

《治安管理处罚法》

三、信息安全管理相关法律法规

相关法律条例

《中华人民共和国保守国家秘密法》

在保护国家秘密方面，在第一章“总则”第五条、第六条，对保密工作的监督进行了明确授权，由国家保密行政管理部门主管全国的保密工作：

1. 县级以上地方各级保密行政管理部门主管本行政区域的保密工作；

2. 国家机关和涉及国家秘密的单位管理本机关和本单位的保密工作；

3. 中央国家机关在其职权范围内，管理或者指导本系统的保密工作；

4. 国家保密行政管理部门的最高机构是国家保密局。

在“监督管理”第四十一条。第四十二条中规定：

1. 国家保密行政管理部门依照法律、行政法规的规定，制定保密规章和国家保密标准；

2. 保密行政管理部门依法组织开展保密宣传教育、保密检查、保密技术防护和泄密案件查处工作，对机关、单位的保密工作进行指导和监督。

《中华人民共和国警察法》

在维护公共安全方面，《中华人民共和国人民警察法》进行了相应规定。《中华人民共和国人民警察法》第二章“职权”第六条规定，公安机关的人民警察按照职责分工，依法履行下列职责：预防、制止和侦查违法犯罪活动；维护社会治安秩序，制止危害社会治安秩序的行为；监督管理计算机信息系统的安全保护工作。

《中华人民共和国电子签名法》

2004年8月28日通过并公布的《中华人民共和国电子签名法》在第三章“电子签名与认证”中，对电子认证服务提供者的监管进行了授权。在第十六条、第十八条中规定，电子签名需要第三方认证的，由依法设立的电子认证服务提供者提供认证服务；从事电子认证服务，应当向国务院信息产业主管部门提出申请，并提交符合规定条件的相关材料、国务院信息产业主管部门接到申请后经依法审查、征求国务院商务主管部门等有关部门的意见后，自接到申请之日起四十五日内做出许可或不予许可的决定。予以许可的，颁发电子认证许可证；不予许可的，应当书面通知申请人并告知理由。申请人应当持电子认证许可证书依法向工商行政管理部门办理企业登记手续，取得认证资格的电子认证服务提供者，应当按照国务院信息产业主管部门的规定在互联网上公布其名、许可证号等信息。

第三节　网络安全管理规范及策略

一、网络安全管理规范

（一）电脑设备管理

1. 计算机基础设备管理

2. 各部门对该部门的每台计算机应指定保管人，共享计算机则由部门指定人员保管，保管人对计算机软、硬件有使用、保管责任。

3. 公司计算机只有网络管理员进行维护时有权拆封，其他员工不得私自拆开封。

4. 计算机设备不使用时，应关掉设备的电源。人员暂离岗时，应锁定计算机。

5. 计算机为公司生产设备，不得私用，转让借出；除笔记本电脑外，其他设备严禁无故带出办公生产工作场所。

6. 按正确方法清洁和保养设备上的污垢，保证设备正常使用。

7. 计算机设备老化、性能落后或故障严重，不能应用于实际工作的，应报信息技术部处理。

8. 计算机设备出现故障或异常情况（包括气味、冒烟与过热）时，应当立即关闭电源开关，拔掉电源插头，并及时通知计算机管理人员检查或维修。

9. 公司计算机及周边设备，计算机操作系统和所装软件均为公司财产，计算机使用者不得随意损坏或卸载。

10. 公司电脑的 IP 地址由网络管理员统一规划分配，员工不得擅自更改其 IP 地址， 更不得恶意占用他人的地址。计算机保管人对计算机软硬负保管之责，使用者如有使用不当，造成毁损或遗失，应负赔偿责任。

11. 保管人和使用人应对计算机操作系统和所安装软件口令严格保密，并至少每 180 天更改一次密码，密码应满足复杂性原则，长度应不低于 8 位，并由大写字母、小写字母、数字和标点符号中至少 3 类混合组成；对于因为软件自身原因无法达到要求的，应按照软件允 3 许的最高密码安全策略处理。

12. 重要资料、电子文档、重要数据等不得放在桌面、我的文档和系统盘（一般为 C 盘）以免系统崩溃导致数据丢失。与工作相关的重要文件及数据保存两份以上的备份，以防丢失。公司设立文件服务器，重要文件应及时上传备份，各部门专用软件和数据由计算机保管人定期备份上传，需要信息技术部负责备份的应填写《数据备份申请表》，数据中心信息系统数据应按《备份管理》备份。

13. 正确开机和关机。开机时，先开外设（显示器、打印机等），再开主机；关机时，应先退出应用程序和操作系统，再关主机和外设，避免非正常关机。

14. 公司邮箱帐号必须由本帐号职员使用，未经公司网络管理员允许不得将帐号让与他人使用，如造成公司损失或名誉影响，公司将追究其个人责任，并保留法律追究途径。

15. 未经允许，员工不得在网上下载软件、音乐、电影或者电视剧等，不得使用 BT、电驴、POCO 等严重占用带宽的 P2P 下载软件。员工在上网时，除非工作需要，不允许使用 QQ、MSN 等聊天软件。员工不得利用公司电脑及网络资源玩游戏，浏览与工作无关的网站。若发现信息技术部可暂停其 Internet 使用权限，并报相关领导处理。不得随意安装工作不需要的软件。公司拥有的授权软件须报公司副总审批通过后由信息技术部或授权相关部门执行。

16. 计算机出现重大故障，如硬盘损坏，计算机保管人应立即向部门负责人和信息技术部报告，并填写《设备故障登记表》。

17. 员工离职时，人力资源应及时通知信息技术部取消其所有的 IT 资源使用权限，回收其电脑并保留一个星期，若一个星期之内人事部没有招到新员工顶替，电脑将备份数据后入库。

18. 如需要私人计算机连接到公司网络，需信息技术部授权并进行登记。

19. 不得随意安装软件，软件安装按照《软件管理》实施。

20. 所有计算机设备必须统一安装防病毒软件，未经信息技术部同意，不得私自在计算机中安装非公司统一规定的任何防病毒软件及个人防火墙。所有计算机必须及时升级操作系统补丁和防病毒软件。

21. 任何人不得在公司的局域网上制造传播任何计算机病毒，不得故意引入病毒。

22. 计算机使用者发现病毒后应立即停机并及时通知公司信息技术部或本部门病毒防治工作负责人，按《计算机病毒防治管理》处理。

23. 因工作需要使用 QQ、MSN 等通讯工作，应当仔细辨别后再接收，对接收的文件应用安全软件查杀后确认无毒再打开。

24. 使用电子邮件时，附件都应用安全软件查杀后确认无毒再打开。对于陌生的电子邮件，请直接予以删除。

25. 任何人不得进入未经许可的计算机系统更改系统信息和用户数据，不得以任何形式攻击公司的其他电脑或者服务器。

26、不得利用计算机技术侵占其他用户合法利益，不得非法侵入他人电脑，不得制作、复制、和传播妨害公司稳定的有关信息。

27. 不得利用公司的网络资源发布，传播迷信、淫秽、色情、赌博、暴力、凶杀、恐怖等信息，违者将送公安机关处理。

28. 不得利用公司的网络资源进行入侵、破解、篡改其他 Internet 工作站或者服务器等网络犯罪行为，若发现立即终止其 Internet 权限，并上报公司最高领导保留送公安机关处理的权力。

（二）软件管理

部门权责

1. 此处软件指公司所有操作系统、系统安全软件、办公软件、专用软件，数据中心信息系统等。公司所有业务所需的软件由公司综合部网络管理员统一管理和安装。员工无权要求综合部网络管理提供软件介质和软件授权号码给其他人。更不允许将某某产权的软件安装在非某某产权的电脑上。

2. 信息技术部负责全公司所使用软件的管理。为确保公司计算机软件之适当使用，各部门对该部门的每台计算机应指定保管人，共享计算机则由部门指定人员保管，保管人对计算机软、硬件具使用、保管之责。

3. 各部门专用软件和数据由计算机保管人定期备份，信息技术部对备份情况进行抽查，需要信息技术部备份的应填写《数据备份申请表》，数据中心信息系统数据应按《备份管理制度》备份。

4. 信息技术部负责管理监督公司软件使用情况，并负责软件预算编列及软件异动等事项。

5. 信息技术部负责公司数据中心信息系统的选型、变更、安装、设置、测试、维护管理。

6. 针对新的信息系统上线，需由信息技术部会同需求部门对软件系统进行评估，并做出上线计划，上线前后进行测试，并记录各项测试数据、参数配置及测试结果。在测试中发现的问题需及时向供应商反馈并进行书面记录进行整改。当由新系统替换旧系统时，业务部门需对旧系统下线前的期末数据与新系统上线后的期初数据进行核实，确认无误后方可投入使用。供应商完成系统测试后，需获取测试验收确认函，确保软件系统满足业务需求，并及时对系统用户进行培训指导。软件采购

7. 各部门对该部门使用的软件，应视需要查核实际使用状况，以作为软件增置与编列预算的参考。软件采购时应考量软件用途、授权形式及价格以评估软件需求，由信息技术部统一提出采购计划。

计算机软件安装及保管

8. 公司之各类授权计算机软件，统一由信息技术部负责保管，并每年至少进行一次盘点。各单位因业务需要需使用时可提出申请，由信息技术部依该软件之授权使用范围进行安装。

9. 公司拥有的授权计算机软件，由信息技术部门统一部署安装；计算机使用人对个别软件有安装变动需求，必须先填写《软件安装申请单》，信息系统软件申请须经部门经理和相关部门副总同意后，信息技术部则依据软件实施申请单，安装或授权安装至各计算机之内。

10. 计算机保管人对软件负保管之责，软件使用者如有使用不当，造成毁损或遗失，应负赔偿责任。软件使用者应当对口令严格保密，并至少每 180 天更改一次密码，密码应满足复杂性原则，长度应不低于 8 位，并由大写字母、小写字母、数字和标点符号中至少 3 类混合组成。对于因为软件自身原因无法达到要求的，应按照软件允许的最高密码安全策略处理。

11. 各部门软件分配使用后，保管人或使用人职务变动或离职时，应按照人事部门流程移交其保管或使用之软硬件，并办理交接，由信息技术部对其软件使用权限进行调整。

12. 信息技术部在实施系统变更，如变更操作系统、软件安装、升级时都必须做《计算机设备软硬件变更清单》。

13. 信息技术部每半年会同需求部门对计算机系统和数据中心信息系统用户情况进行一次复查。

软件使用者的权利和义务

14. 禁止员工使用会干扰或破坏网络上其他使用者或节点的软、硬件系统。

15. 员工不得将公司授权软件私自拷贝、借于他人或私自将软、硬件带回家中。

16. 软件保管人或使用人，对于保管或使用软件不可盗卖、循私营利或其他不法情事，违者除提报主管及依公司规定惩处外，如因此触犯著作权者或造成公司损失，则该员应负刑事及民事之全部责任。

17. 尊重知识财产权，禁止下载未经授权的音乐、影片及软件。

（三）数据安全管理

1. 工作所需的资料、数据，不得带出办公区。因外派等业务需带出的情况除外，但需始终注意做好相关资料的保密工作。外派等业务活动结束后，必须将相关资料数据及时带回，并清除保留在公司以外设备上的资料。

2. 当使用公司的网络打印机时，打印的资料必须在 30 分钟内取回，保密资料的打印不得使用公用的网络打印机。

3. 保密的资料应设置密码并妥善保管，不得随意置于桌面。

4. 在执行资产转移时，要对那些存储保密资料或数据的载体（如计算机或软、硬盘）使用 < cipher > 命令对整个磁盘进行彻底清除，以防泄密。具体使用方法请向综合部网络管理员咨询，对于需要保存的资料或数据应加强保密措施并进行保护。

5. 个人资料，工作资料应定期做好备份工作（重要资料应随时双重备份在其他电脑和其他介质上），以防病毒侵袭、硬件损坏等造成数据丢失。

（四）网络信息安全管理

1. 新员工入职，在得到自己的办公平台的帐户名和密码后，应立即更改自己的密码，如果因为没有更改密码而造成办公平台或公共管理系统帐户被他人盗用的情况，后果将由员工本人负责。

2. 公司办公平台是为全体员工从事生产活动以及业务沟通提供服务的。不得利用公司的办公平台从事与工作无关的活动，一经查出或对公司造成不良影响的，将追究其责任。

3. 员工有责任预防邮件病毒的传播，员工的电脑必须安装公司指定的杀毒软件，并启用杀毒软件的邮件防火墙功能。不允许在没有防火墙的电脑上进行收发邮件的操作，如果员工本人无法确定邮件附件的用途，那么即使杀毒软件没有给出提示，也不要轻易打开此类邮件。在使用电子邮件的过程中，有任何疑问都可以与综合部网络管理员联系。如果员工未按照上述要求执行，导致电脑感染电脑病毒并在公司局域网内传播电脑病毒，造成严重后果的，公司将追究该员工的责任。

4. 由于办公平台服务器磁盘空间有限，公司通常情况下默认分配给每个员工的空间是 200M，员工应将在办公平台存储超过一年的文件删除，以节约磁盘空间，重要文件请自行保存在个人电脑内。

5. 公司 IP 地址由综合部网络管理员统一规划和分配使用，员工个人不得随意变更个人电脑的 IP 地址。

6. 个人由于业务学习等而需用计算机以及计算机网络的，可以利用休息时间进行，不可以占用工作时间。

7. 不得利用计算机技术侵占用户合法利益，不得制作、复制、和传播妨害公司稳定的有关信息。

8. 不得利用公司计算机网络从事危害国家安全及其他法律明文禁止的活动；

9. 不访问不明网站的内容，以避免恶意网络攻击和病毒的侵扰。

10. 员工个人 QQ 等其他网络通信工具，在个人信息资料中不得包含公司相关（如公司电话、IP 地址等）信息，在工作时间不使用 QQ 进行与工作无关的事情。

（五）病毒防护管理

1. 公司为员工配备的电脑以及员工所负责的服务器必须安装防病毒软件，并且应遵循综合部网络管理员指定的计算机病毒防护标准，如：安装并注意始终启用网络管理员指定的防病毒软件，并及时更新病毒库代码等。如因未及时升级防病毒软件而引起的系统问题和网络问题，由个人承担责任。

2. 办公平台服务器的病毒防治由综合部网络管理员负责，各部门的工作站病毒的防治由各部门负责周期性查毒和升级病毒库，综合部网络管理员进行指导和协助。

3. 任何人不得在公司的网络上制造、传播任何计算机病毒，不得故意引入病毒。网络使用者发现病毒应立即向综合部网络管理报告以便获得及时处理。

4. 各部门定期对本部门计算机系统和网络数据进行备份以防发生故障时进行恢复。

（六）下载管理

1. 不准在任何时间利用公司网络下载黑客工具、解密软件，系统扫描工具，木马程序等威胁系统和网络安全的软件。

2. 工作期间不允许下载和在线观看与工作无关的软件或其他内容，如 MP3、小说、电影、电视和图片等。

3. 由于擅自进行下载 / 上传造成网络堵塞甚至瘫痪或致使病毒传播者，一经核实，公司依据相关规定将给予警告、通报批评。

（七）备份及恢复

备份操作管理

1. 备份工作应由信息技术部门安排备份管理人员和备份数据保管人员。备份管理人员负责实施备份、恢复操作和登记工作，备份保管人员负责备份介质的取放、更换。

2. 数据被大规模更新前后，须对数据进行备份，在操作系统和应用程序发生重大改变前后，须对系统和应用程序进行备份。

3. 各部门专用软件和数据由计算机保管人定期备份，信息技术部对备份情况进行抽查，需要信息技术部备份的应填写《数据备份申请表》，提出具体的备份要求，包括备份内容、备份周期等，申请部门负责人审批后由备份管理人员制定相应策略，并由信息技术部门负责人审批后执行。

4. 备份操作人员每次备份填写《备份工作汇总记录》。

5. 备份对象发生变更后，应及时评估和调整备份策略。备份策略的变更应得到需求申请部门以及信息技术部负责人审批。

6.《数据备份申请表》和《备份工作汇总记录》必须由备份管理员妥善保管，信息技术部负责人每三个月对备份工作进行审核，核对系统中的备份工作与备份申请是否吻合，以保证备份是按照要求进行的，核对系统中的备份日志与备份工作汇总记录，以保证备份的有效性、完整性以及出现的问题能得到适当的处理。

7. 信息技术部负责人应制定相应的备份恢复计划。

8. 需要恢复备份数据时，应由需求部门填写《数据恢复申请表》，内容包括数据内容、恢复原因、恢复数据来源、计划恢复时间、恢复方案等，由需求部门以及信息技术部门相关负责人审批后由备份管理员负责实施。

9. 备份管理员应对《数据恢复申请表》进行保存和归档，信息技术部负责人应每三个月对上述文档进行审阅，确保备份恢复工作的合规性。

备份介质的存放与管理

10. 对数据、操作系统以及程序的备份，须保存在两份介质中，一份本地存放，另一份异地存放；本地和异地的备份介质均需填写《备份介质登记表》。

11. 备份介质存放场所必须满足防火、防水、防潮、防磁、防盗、防鼠等要求。无论是存放在本地还是异地，须确保存放场所的安全，经信息部门负责人批准后实施，只有授权人员才可以访问；

12. 备份介质的存取应由备份保管人员负责，其他人员未经批准不能操作。

13. 存放备份的介质必须具有明确的标识；标识必须使用统一的命名规范。

14. 在本地和异地建立《备份目录清单》，用以记录备份数据的名称、内容、存放位置、数据录入时间和数据保留期限等，由备份管理人员负责每次填写，备份保管人员核对并保管。数据存放应以压缩包的形式。

备份数据命名规则：

（1）操作系统：SYST 操作系统名称 + 日期。

如 SYST 邮件服务器操作系统 20101230。

（2）应用系统软件：SOFT 应用系统软件名称 + 日期。

如 SOFT 用友 ERP 服务器端 20101230。

（3）数据库：DATE 数据库名称 + 应用系统软件名称 + 日期。

（4）其他文件：FILE+ 文件名称 + 日期。

15. 所有备份介质一律不准外借，不准流出公司，除备份管理员任何人员不得擅自取用，若要取用须经信息技术部门负责人批准，并填《备份介质登记表》。借用人员使用完介质后，应立即归还。由备份管理员检查，确认介质物理和数据完好无误。备份管理人员及借用人

员须分别在《备份介质借用登记表》上签字确认介质归还。

16. 备份介质要每 3 个月进行检查，以确认介质能否继续使用、备份内容是否正确。一旦发现介质损坏，应立即更换，并对损坏介质进行销毁处理；对超出保存期的数据可以进行冲洗。存放介质需要冲洗或销毁时，应填写《备份介质冲洗 / 销毁登记表》，由需求部门负责人和信息技术部负责人审批后，备份管理人员与备份保管人员办理交接手续后由备份管理人员销毁，必须使备份介质中的数据永久不可读取，备份数据介质销毁后，在《备份介质登记表》中注明冲洗或销毁。销毁时须备份管理人员和备份保管人员双人以上在场，防止数据的泄漏。《备份介质冲洗 / 销毁登记表》由备份保管人员保管。

17. 长期保存的备份介质，必须按照制造厂商确定的存储寿命定期转储，磁盘、磁带、光盘等介质使用有效期规定为三年，三年后更换新介质进行备份。需要长期保存的数据，应在介质有效期内进行转存，防止存储介质过期失效。以上操作由备份管理员提出申请，信息部门负责人审批后执行并在《备份介质登记表》和《备份介质冲洗 / 销毁登记表》中登记，备份保管员负责核对。

二、计算机安全策略

（一）物理防护安全策略

物理防护策略的目标是保护计算机网络中的物理设备和通信电路免受破坏。主要防护措施是进行设备的电磁屏蔽、隔离以防止电磁辐射和电磁波的干扰，另外防雷防盗等物理措施也必不可少。

（二）访问控制策略

访问控制是网络安全防范和保护的主要策略。其目的是保证网络资源不被非法使用和非法访问，是非法用户和恶意软件进入的屏障，下面就几种访问控制作以阐述：

1. 入网访问控制

入网访问控制为网络访问提供了第一层访问控制。它控制哪些用户能够登录到服务器并获取网络资源，控制准许用户入网的时间和准许他们在哪台工作站入网。用户的入网访问控制可分为三个步骤：用户名的识别与验证、用户口令的识别与验证、用户帐号的缺省限制检查。三道关卡中只要任何一关未过，该用户便不能进入该网络。

2. 网络操作的权限控制

权限控制是对网络用户非法操作所进行的重要安全防护。用户一般分为系统管理员、一般用户和审计用户。不同的用户有不同的权限并赋予不同操作权限，以避免用户进行危险的操作。网管控制不同的用户对目录、文件、设备的访问。通过设置目录、文件的等操作权限（如系统管理权限、读、写、删除、修改、创建、存取等权限）控制对目录、文件、设备的访问。

3. 属性安全控制

它是在权限安全的基础上提供的进一步的安全控制。系统管理人员对网络中的文件目录指定访问属性，以控制文件、目录的复制、隐藏、删除执行查看等。

4. 网络服务器的安全控制

网络服务器是网络的核心，一旦受到攻击，后果不堪设想。因此对网络控制台要设置口令加以锁定，防止非法用户修改删除信息及更改服务器的功能设置等操作。

5. 网络监测和锁定的安全控制

网管必须全天候对网络实施监控。及时记录用户对服务器的访问，并对非法用户的访问和攻击进行报警和锁定。

6. 网络节点和端口的安全控制

网络中端口应使用一定的设备加以保护，并以加密形式识别节点自动回呼设备，防止假冒合法用户及黑客自动拨号程序对计算机的攻击，同时对进入端口的工作人员进行严格控制。

（三）防火墙安全策略

它是近期发展的网络安全技术，处于网络安全的最低层，负责网络间的安全认证与传输，随着网络安全技术的整体发展和网络应用的不断变化，现代防火墙已经逐步走向网络层之外的其他安全层次。它即可防止非法用户的入侵，也可防止加密数据未经授权而发出。目前防火墙类型主要有以下几种：

1. 包过滤防火墙

它使用了包过滤路由器，对收到数据包进行检查，看是否与过滤规则相匹配，以此来做出许可或拒绝的决定。但该技术不能识别有危险的数据包，无法实施对网络应用级的处理。

2. 代理型防火墙

又称应用层网关，其代理服务器位于客户机与服务器之间，完全阻挡了二者的直接交换。客户要使用服务器的数据时，先将数据申请发给代理服务器，代理服务器将根据请求向服务器索取数据，然后转发给客户，内部服务器与外部客户无直接通道，所以一般难以破坏服务器。

3. 监测型防火墙

它能对网络中各层数据进行主动的实时监测，以判断各层的非法入侵，同时它一般还带有分布式探测器，分布于服务器和网络节点中，它不仅能检测网络外部的攻击同时对内部的恶意攻击也有防范作用。

4. 网络地址转换型防火墙

它可用来将 IP 地址转换成临时的外部的注册 IP 地址，以达到隐藏了其真实内部网络地址的目的。使得外部无法搞清楚内部网络情况，以达屏蔽外部的链接的目的。

（四）信息加密安全策略

信息加密的目的是保护网内数据、文件、口令等信息，保护网上数据传输的正确性。网络加密常采用链路加密、端点加密、节点加密等，加密过程由各种算法实现。一般归为常规密码和公钥密码算法。当然实际应用中人们常将二者结合使用。密码技术是网络安全最有效技术之一，不但防止非法用户窃听、侵入也是对付恶意软件的有效方法之一。

（五）“打补丁”策略

系统漏洞也称安全缺陷。有些是软件人员有意留下的后门，有些是编程人员的水平问题，经验和当时安全加密方法所限，在程序中总会或多或少的有些不足之处，这些地方有的影响程序的效率，有的会导致非授权用户的权利提升。安全与不安全从来都是相对的。常见的因特网的基石 TCP/IP 协议，该协议在实现上办求效率而没有较多的考虑安全问题，存在较大的安全隐患。针对这一问题，要常常不断推出一些补丁，关闭黑客的后门，以弥补上述缺陷。

（六）网络安全管理策略

在计算机网络安全中，制定严格的规章制度，树立良好的职业道德规范，制定积极有效的应急预案，强化安全意识，全天候的网络监测，同时制定网络安全法规，有章、有法、有序地管理和检查，同样起到很有效的作用。

第四节　网络安全评估准则和方法

一、可信计算机系统评估准则（TCSEC）

1983 年，由美国国家计算机安全中心（NCSC）初次颁布。

1985 年，进行了更新，并重新发布。

2005 年被国际标准信息安全通用评估准则（CC）代替。

（一）标准制定的目的

1. 提供一种标准，使用户可以对其计算机系统内敏感信息安全操作的可信程度做评估。

2. 给计算机行业的制造商提供一种可循的指导规则；使其产品能够更好地满足敏感应

用的安全需求。

（二）计算机系统安全等级

1. D1 级

这是计算机安全最低的一级。D1 级计算机系统标准规定对用户没有验证，也就是任何人都可以使用该计算机系统而不会有任何障碍。D1 级的计算机系统包括：MS-Dos、Windows95、Apple 的 System7X。

2. C1 级

C1 级系统要求硬件有一定的安全机制，用户在使用前必须登录到系统。C1 级系统还要求具有完全访问控制能力，经应当允许系统管理员为一些程序或数据设立访问许可权限。常见的 C1 级兼容计算机系统有：UNIX 系统、XENIX、Novell3.x 或更高版本、Windows NT。

3. C2 级

C2 级实际是安全产品的最低档次，提供受控的存取保护。

C2 级引进了受控访问环境（用户权限级别）的增强特性。授权分级使系统管理员能够分用户分组，授予他们访问某些程序的权限或访问分级目录。

C2 及系统还采用了系统审计。审计特性跟踪所有的“安全事件”，以及系统管理员的工作。

常见的 C2 及系统有：操作系统中 Microsoft 的 Windows NT3.5，UNIX 系统。数据库产品有 Oracle 公司的 Oracle7，Sybase 公司的 SQL Server11.0.6 等。

4. B1 级

B1 级系统支持多级安全，多级是指这一安全保护安装在不同级别的系统中（网络、应用程序、工作站等），它对敏感信息提供更高级的保护。

5. B2 级

这一级别称为结构化的保护（Structured Protection）。B2 级安全要求计算机系统中所有对象加标签，而且给设备（如工作站、终端和磁盘驱动器）分配安全级别。

6. B3 级

B3 级要求用户工作站或终端通过可信任途径连接网络系统，这一级必须采用硬件来保护安全系统的存储区。

7. A 级

这一级有时也称为验证设计（verified design）。必须采用严格的形式化方法来证明该系统的安全性，所有构成系统的部件的来源必须安全保证 。

二、信息技术安全评估准则（ITSEC）

1990 年 5 月，英、法、德、荷根据对各国的评估标准进行协调制定 ITSEC

1991 年 6 月，ITSEC 1.2 版由欧共体标准化委员会发布

目前，ITSEC 已大部分被 CC 替代

安全性要求

1. 功能

为满足安全需求而采取的技术安全措施。

功能要求从 F1 ～ F10 共分 10 级。1 ～ 5 级对应于 TCSEC 的 C1、C2、B1、B2、B3。F6 至 F10 级分别对应数据和程序的完整性、系统的可用性数据通信的完整性、数据通信的保密性以及机密性和完整性的网络安全。

2. 保证

确保功能正确实现和有效执行的安全措施。

保证要求从 E0（没有任何保证）～ E6（形式化验证）共分 7 级 .

TSEC 把完整性、可用性与保密性作为同等重要的因素。

三、信息安全技术通用评估准则（CC）

（一）信息安全技术通用评估准则（CC）的概述

1996 年 6 月，CC 第一版发布

1998 年 5 月，CC 第二版发布

1999 年 10 月，CCV2.1 版发布

1999 年 12 月，ISO 采纳 CC，并作为国际标准 ISO/IEC 15408 发布

2004 年 1 月，CCV2.2 版发布

2005 年 8 月，CCV2.3 版发布

2005 年 7 月，CCV3.0 版发布

2006 年 9 月，CCV3.1.release1 发布

2007 年 9 月，CCV3.2.release2 发布

2009 年 9 月，CCV3.1.release3 发布

PP（Protection Profile）及其评估：

PP 是一类 TOE 基于其应用环境定义的一组安全要求，不管这些要求如何实现，实现问题交由具体 ST 实现，PP 确定在安全解决方案中的需求。

ST（Security Target）及其评估：

ST 是依赖于具体的 TOE 的一组安全要求和说明，用来指定 TOE 的评估基础。ST 确定在安全解决方案中的具体要求。

TOE（Target of Evaluation）及其评估：

TOE 评估对象，作为评估主体的 IT 产品及系统以及相关的管理员和用户指南文档。

（二）CC 的组成

1. 简介和一般模型

描述了对安全保护轮廓（PP）和安全目标（ST）的要求。PP 实际上就是安全需求的完整表示，ST 则是通常所说的安全方案。

2. 安全功能要求

详细介绍了为实现 PP 和 ST 所需要的安全功能要求

3. 安全保证要求

详细介绍了为实现 PP 和 ST 所需要的安全保证要求

CC 的中心内容

当第一部分在 PP（安全保护框架）和 ST（安全目标）中描述 TOE（评测对象）的安全要求时应尽可能使用其与第二部分描述的安全功能组件和第三部分描述的安全保证组件相一致。

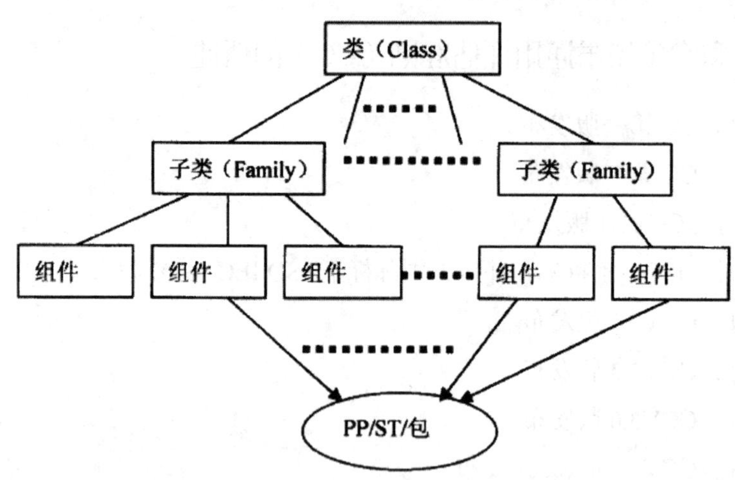

图13-4-1　CC组成的层次关系

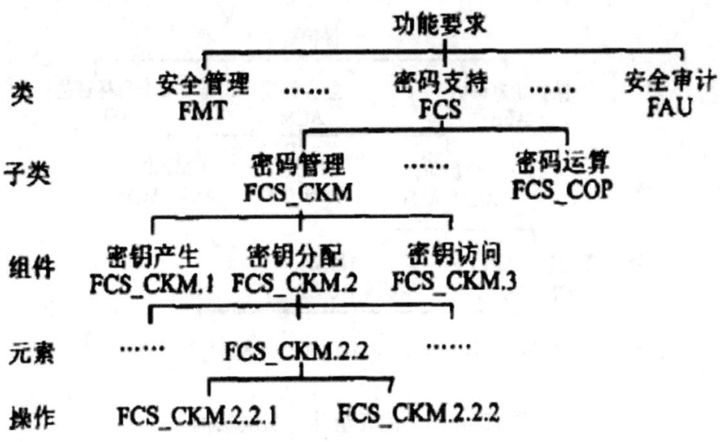

图13-4-2　功能组件的层次结构

CC 将安全功能要求分为以下 11 类：

1. 安全审计类
2. 通信类（主要是身份真实性和抗抵赖）
3. 密码支持类
4. 用户数据保护类
5. 标识和鉴别类
6. 安全管理类（与 TSF 有关的管理）
7. 隐秘类（保护用户隐私）

前七类的安全功能是提供给信息系统使用的

8. TOE 保护功能类（TOE 自身安全保护）
9. 资源利用类（从资源管理角度确保 TSF 安全）
10. TOE 访问类（从对 TOE 的访问控制确保安全性）
11. 可信路径 / 信道类。

后四类安全功能是为确保安全功能模块（TSF）的自身安全而设置的。

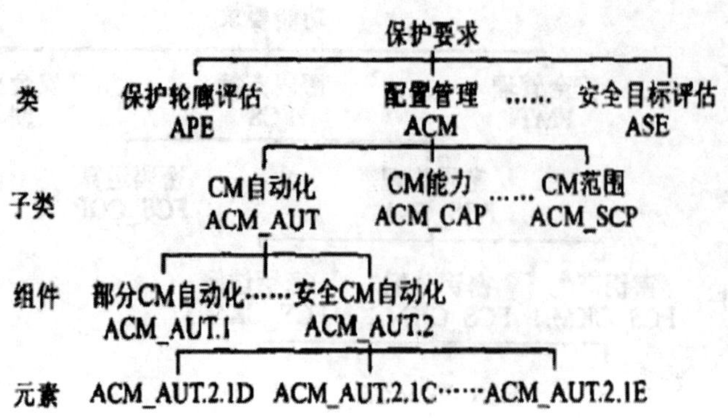

图13-4-3　保证组件的层次结构

具体的安全保证要求分为以下 10 类：

1. 配置管理类
2. 分发和操作类
3. 开发类
4. 指导性文档类
5. 生命周期支持类
6. 测试类
7. 脆弱性评定类
8. 保证的维护类
9. 保护轮廓评估类
10. 安全目标评估类

按照对上述 10 类安全保证要求的不断递增，CC 将 TOE 分为 7 个安全保证级，分别是：

第一级（EAL1）：功能测试级

第二级（EAL2）：结构测试极

第三级（EAL3）：系统测试和检查级

第四级（EAL4）：系统设计、测试和复查级

第五级（EAL5）：半形式化设计和测试级

第六级（EAL6）：半形式化验证的设计和测试级

第七级（EAL7）：形式化验证的设计和测试级

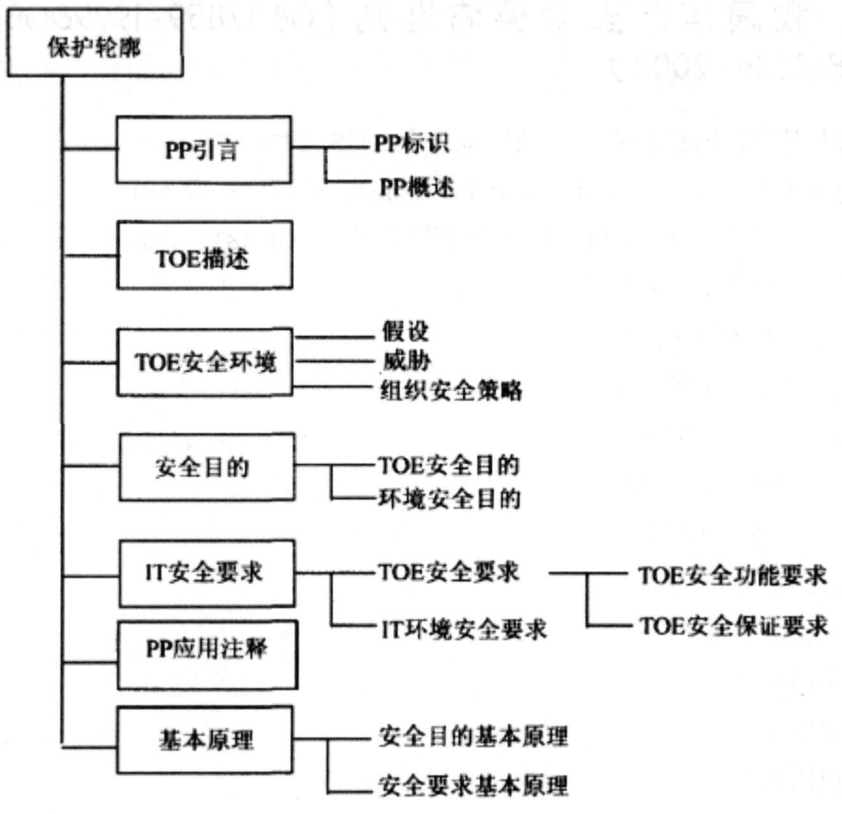

图13-4-4　保护轮廓（PP）的文档结构

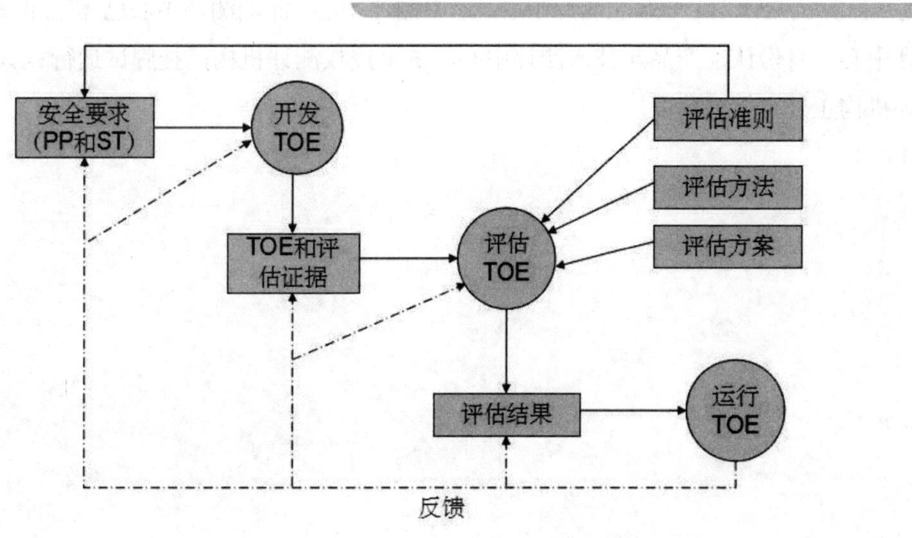

图13-4-5　CC一般模型中的TOE评估过程

四、我国信息安全评估准则（GB 17859-1999&GB 18336-2001&GB18336-2008）

《计算机信息系统安全保护等级划分标准》：GB 17859-1999

《信息技术 安全技术 信息技术安全性评估准则》：GB 18336-2001

《信息技术 安全技术 信息技术安全性评估准则》：GB 18336-2008

第一级：用户自主保护级

第二级：系统审计保护级

第三级：安全标记保护级

第四级：结构化保护级

第五级：访问验证保护级

其他 IT 产品安全性认证

（1）操作系统

（2）数据库

（3）交换机

（4）路由器

（5）应用软件

（6）其他

到目前为止，国家中心根据发展需要，已批准筹建了 14 家授权测评机构。其中，上海测评中心、计算机测评中心、东北测评中心、华中测评中心、深圳测评中心已 获得正式授权；西南测评中心、身份认证产品与技术测评中心等 5 个授权测评机构已挂牌试运行；其他 4 个授权测评机构正处于筹建阶段。

结　语

总之，在实现信息化的时代，使用计算机教学，必须保证在计算机网络使用方面，一定要提高安全使用意识。定期对系统及网络进行维护，加强安全检测和防护，及时有效的防治各类网络病毒、木马和黑客的攻击，从而提高网络及计算机系统的安全使用性能，避免出现不必要的风险和各种损失，并通过不断地信息及技术水平的提高和创新，提高网络安全的有效防护能力。